线性代数

（第二版）

朱　玮　周光明　朱　砾　谢清明　编

科学出版社

北　京

内 容 简 介

本书根据《工科类本科数学基础课程教学基本要求》编写. 全书共五章,内容包括行列式、矩阵、向量空间、线性方程组、相似矩阵与二次型,每章均配有内容概要与典型例题分析及习题. 书后配有习题答案.

本书可作为高等学校非数学专业本科生教材或教学参考书,也可作为相关专业人员的参考书.

图书在版编目 (CIP) 数据

线性代数 / 朱玮等编. —2 版. —北京: 科学出版社, 2022. 8
ISBN 978-7-03-072939-2

Ⅰ. ①线… Ⅱ. ①朱… Ⅲ. ①线性代数-教材 Ⅳ. ①O151. 2

中国版本图书馆 CIP 数据核字 (2022) 第 151583 号

责任编辑: 王 静 贾晓瑞 / 责任校对: 杨聪敏
责任印制: 赵 博 / 封面设计: 蓝正设计

科学出版社 出版
北京东黄城根北街 16 号
邮政编码: 100717
http://www sciencep com
固安县铭成印刷有限公司印刷
科学出版社发行 各地新华书店经销
*
2015 年 6 月第 一 版 开本: 720×1000 1/16
2022 年 8 月第 二 版 印张: 12 1/2
2025 年 1 月第六次印刷 字数: 250 000

定价: 39. 00 元

(如有印装质量问题, 我社负责调换)

前　　言

本书第一版自 2015 年出版以来，受到了广大学生和教师的广泛好评，同时我们也收到了读者对书中的一些内容提出的宝贵的建议，在此表示衷心的感谢.

本次修订，对部分章节的内容作了适当调整，增加了一些重要的定理、性质及推论，重新配置了例题与习题，能更有益于读者了解数学科学与人类社会的互动关系，体会数学的人文价值、应用价值，引导读者践行社会主义核心价值观，也能使读者更好地理解和掌握本课程的内容、方法及应用，为实现教育强国、全面提高人才自主培养质量服务.

感谢湘潭大学教务处对本次修订工作给予的支持和帮助.

由于编者水平所限，书中难免存在不足之处，恳请广大读者指正.

编　者

2021 年 8 月

2023 年 7 月修改

第一版前言

线性代数作为现代数学的重要分支，是理工类和经济管理类等相关专业的一门主要的基础课程，它不仅是学习其他课程的基础，也是自然科学与社会科学各个领域应用广泛的数学工具. 它对培养学生的逻辑思维、分析和解决问题的能力，提高创新意识起着重要的作用.

本书根据教育部高等学校数学与统计学教学指导委员会制定的《工科类本科数学基础课程教学基本要求》，参考《全国硕士研究生入学统一考试数学考试大纲(2014 年版)》的要求，并结合我们多年从事线性代数教学的经验与体会编写而成. 我们对教材的内容选择、体系安排等作了仔细的考虑，力求做到知识引入自然、内容由浅入深、符号使用规范、文字通俗易懂；对例题和习题的选择作了合理的配置. 为便于读者更好地掌握重点与难点，每章均配有内容概要与典型例题分析.

本书共五章，主要内容包括行列式、矩阵、向量空间、线性方程组、相似矩阵与二次型. 本书可作为高等院校理工类与经济管理类各专业线性代数课程教材，根据各专业的不同要求，完成本书所需课时为 32～48 课时.

在编写过程中，我们参考了许多国内外教材，湘潭大学数学与计算科学学院、湘潭大学教务处给予了很多帮助，科学出版社给予了大力支持，在此深表感谢！

限于编者的学识水平和经验，书中难免存在不妥之处，恳请同行和读者指正.

编　者

2015 年 3 月

目　　录

第一章　行　列　式

行列式是线性代数的一个基本工具，产生于求解线性方程组，在许多的领域中都有广泛的应用，在本课程的后续学习中也很重要. 本章介绍行列式的定义、性质、计算方法以及在求解线性方程组中的应用.

第一节　全排列及其逆序数

把 n 个不同元素按某种次序排成一列，称为 n 个元素的**全排列**. n 个元素的全排列的总个数，一般用 P_n 表示，且

$$\mathrm{P}_n=n!.$$

对于 n 个不同元素，先规定各元素间有一个标准次序（如 n 个不同的自然数，可规定由小到大为标准次序），于是在这 n 个元素的任一排列中，当某两个元素的先后次序与标准次序不同时，就说它们构成了一个**逆序**.

定义 1.1　一个排列中所有逆序的总和，称为该排列的**逆序数**. 排列 $i_1i_2\cdots i_n$ 的逆序数记作 $\tau(i_1i_2\cdots i_n)$.

例如，对排列 32514 而言，4 与 5 就构成一个逆序，1 与 3，2，5 也分别构成一个逆序，2 与 3 也构成一个逆序，所以，$\tau(32514)=5$.

按标准次序排成的全排列称为标准排列（自然排列），其逆序数为 0.

逆序数的计算法：不失一般性，不妨设 n 个元素为 1 至 n 这 n 个自然数，并规定由小到大为标准次序. 设 $i_1i_2\cdots i_n$ 为这 n 个自然数的一个排列，自右至左，先计算排在最后一位数字 i_n 的逆序数，它等于排在 i_n 前面且比 i_n 大的数字的个数，再类似计算 $i_{n-1},\cdots,i_2$ 的逆序数，然后把所有数字的逆序数加起来，就是该排列的逆序数.

逆序数的计算方法有多种，请读者自行总结.

例 1　求下列全排列的逆序数.

(1) 134782695；　　(2) $135\cdots(2n-1)246\cdots(2n)$.

解　(1) $\tau(134782695)=4+0+2+4+0+0+0+0=10$；

(2) 从排列 $135\cdots(2n-1)246\cdots(2n)$ 看，前 n 个数 $135\cdots(2n-1)$ 之间没有逆序，后 n 个数 $246\cdots(2n)$ 之间也没有逆序，只有前 n 个数与后 n 个数之间才构成逆序.

$2n$ 最大且排在最后,逆序数为 0;

$2n-2$ 的前面有 $2n-1$ 比它大,故逆序数为 1;

$2n-4$ 的前面有 $2n-1,2n-3$ 比它大,故逆序数为 2;

……

2 前面有 $n-1$ 个数比它大,故逆序数为 $n-1$,因此有

$$\tau[135\cdots(2n-1)246\cdots(2n)]=0+1+\cdots+(n-1)=\frac{n(n-1)}{2}.$$

读者也可选择按数字从小到大分别求逆序的方法求逆序数,如排列 134782695 中,1 最小,排 1 前面的数为 0 个,然后划掉 1,则 2 变最小,排 2 前面的数为 4 个(1 已划去),然后划掉 2,则 3 变最小,排 3 前面的数为 0 个,以此类推,排 4 前面的数为 0 个,排 5 前面的数为 4 个,排 6 前面的数为 2 个,排 7 前面的数为 0 个,排 8 前面的数为 0 个,排 9 前面的数为 0 个,则 $\tau(134782695)=0+4+0+0+4+2+0+0+0=10$.

定义 1.2 逆序数为奇数的排列称为**奇排列**,逆序数为偶数的排列称为**偶排列**.

在排列中,将任意两个元素的位置对调,其余元素位置保持不动,这样得出新排列的方法称为**对换**. 若是将相邻位置的两个元素对换,叫作**相邻对换**.

定理 1.1 一个排列中的任意两个元素位置对换,排列改变奇偶性.

证 先证相邻对换的情形.

设排列为 $a_1a_2\cdots a_mabb_1b_2\cdots b_n$,对换 a 与 b,变为 $a_1a_2\cdots a_mbab_1b_2\cdots b_n$,显然排列中除 a,b 两数的次序改变外,其他任意两数之间及任意一个数与 a 或 b 之间的次序都没有变. 当 $a>b$ 时,经对换后,逆序数减少 1;当 $a<b$ 时,经对换后,逆序数增加 1. 所以,新排列与原排列的奇偶性不同.

再证一般对换的情形.

设排列为 $a_1a_2\cdots a_mab_1b_2\cdots b_nbc_1c_2\cdots c_p$,对换 a 与 b,变为 $a_1a_2\cdots a_mbb_1b_2\cdots b_nac_1c_2\cdots c_p$. 它等同于先将原排列作 n 次相邻对换变成 $a_1a_2\cdots a_mb_1b_2\cdots b_nabc_1c_2\cdots c_p$,再作 $n+1$ 次相邻对换变成 $a_1a_2\cdots a_mbb_1b_2\cdots b_nac_1c_2\cdots c_p$. 因此总共经过 $2n+1$ 次相邻对换后,排列 $a_1a_2\cdots a_mab_1b_2\cdots b_nbc_1c_2\cdots c_p$ 变为 $a_1a_2\cdots a_mbb_1b_2\cdots b_nac_1c_2\cdots c_p$,所以这两个排列的奇偶性不同.

推论 1.1 奇排列调成标准排列的对换次数为奇数,偶排列调成标准排列的对换次数为偶数.

推论 1.2 在 n 个元素的全排列中,奇排列与偶排列的个数相等.

第二节　n 阶行列式的定义

一、二元线性方程组与二阶行列式

对于二元线性方程组

$$\begin{cases} a_{11}x_1+a_{12}x_2=b_1, \\ a_{21}x_1+a_{22}x_2=b_2, \end{cases} \tag{1.1}$$

使用加减消元法，当 $a_{11}a_{22}-a_{12}a_{21}\neq 0$ 时，方程组(1.1)有解为

$$x_1=\frac{b_1a_{22}-b_2a_{12}}{a_{11}a_{22}-a_{12}a_{21}},\quad x_2=\frac{b_2a_{11}-b_1a_{21}}{a_{11}a_{22}-a_{12}a_{21}}. \tag{1.2}$$

式(1.2)中的分子、分母都是四个数分两对相乘再相减而得，其中分母 $a_{11}a_{22}-a_{12}a_{21}$ 是由方程组(1.1)的四个系数确定的. 为方便记忆，把这四个数按它们在方程组(1.1)中的位置，排成两行两列(横排称行、竖排称列)的数表

$$\begin{matrix} a_{11} & a_{12} \\ a_{21} & a_{22} \end{matrix} \tag{1.3}$$

表达式 $a_{11}a_{22}-a_{12}a_{21}$ 称为数表(1.3)所确定的**二阶行列式**，记作

$$\begin{vmatrix} a_{11} & a_{12} \\ a_{21} & a_{22} \end{vmatrix},$$

即

$$\begin{vmatrix} a_{11} & a_{12} \\ a_{21} & a_{22} \end{vmatrix}=a_{11}a_{22}-a_{12}a_{21}.$$

数 $a_{ij}(i=1,2;j=1,2)$ 称为行列式的**元素**，元素 a_{ij} 的第一个下标 i 称为**行标**，表明该元素位于第 i 行；第二个下标 j 称为**列标**，表明该元素位于第 j 列.

二阶行列式共有 2! 项，为所有不同行不同列的元素乘积的代数和.

上述二阶行列式的定义可用对角线法则记忆. 如图 1.1 所示，即实线连接的两个元素(主对角线)的乘积减去虚线连接的两个元素(次对角线)的乘积.

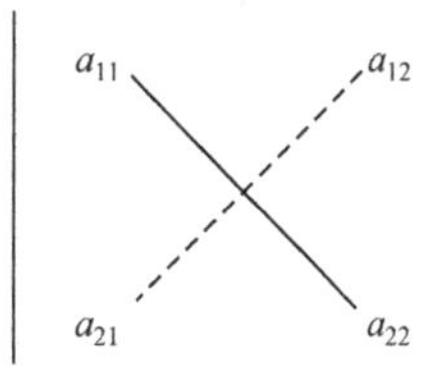

图 1.1

例 1　求行列式 $\begin{vmatrix} 3 & -2 \\ 2 & 1 \end{vmatrix}$.

解　$\begin{vmatrix} 3 & -2 \\ 2 & 1 \end{vmatrix}=3\times 1-(-2)\times 2=7.$

二、三阶行列式

对于三元线性方程组

$$\begin{cases} a_{11}x_1+a_{12}x_2+a_{13}x_3=b_1, \\ a_{21}x_1+a_{22}x_2+a_{23}x_3=b_2, \\ a_{31}x_1+a_{32}x_2+a_{33}x_3=b_3, \end{cases} \tag{1.4}$$

使用加减消元法,为便于记忆其求解公式,我们定义三阶行列式.

定义 1.3　设有 9 个数排成三行三列的数表

$$\begin{matrix} a_{11} & a_{12} & a_{13} \\ a_{21} & a_{22} & a_{23} \\ a_{31} & a_{32} & a_{33} \end{matrix} \tag{1.5}$$

用记号

$$\begin{vmatrix} a_{11} & a_{12} & a_{13} \\ a_{21} & a_{22} & a_{23} \\ a_{31} & a_{32} & a_{33} \end{vmatrix}$$

表示代数和

$$a_{11}a_{22}a_{33}+a_{12}a_{23}a_{31}+a_{13}a_{21}a_{32}-a_{13}a_{22}a_{31}-a_{12}a_{21}a_{33}-a_{11}a_{23}a_{32}.$$

上式称为数表(1.5)所确定的**三阶行列式**,即

$$D=\begin{vmatrix} a_{11} & a_{12} & a_{13} \\ a_{21} & a_{22} & a_{23} \\ a_{31} & a_{32} & a_{33} \end{vmatrix}=a_{11}a_{22}a_{33}+a_{12}a_{23}a_{31}+a_{13}a_{21}a_{32}$$
$$-a_{13}a_{22}a_{31}-a_{12}a_{21}a_{33}-a_{11}a_{23}a_{32}.$$

三阶行列式共有 3! =6 项,为所有不同行不同列的元素乘积的代数和.

三阶行列式表示的代数和,也可以由下面的对角线法则来记忆,如图 1.2 所示,其中各实线连接的三个元素(主对角线及平行线)的乘积是代数和中的正项,各虚线连接的三个元素(次对角线及平行线)的乘积是代数和中的负项.

读者可自行验证,方程组(1.4)在满足条件

$$D=\begin{vmatrix} a_{11} & a_{12} & a_{13} \\ a_{21} & a_{22} & a_{23} \\ a_{31} & a_{32} & a_{33} \end{vmatrix}\neq 0$$

时,有解

$$x_1=\frac{D_1}{D},\quad x_2=\frac{D_2}{D},\quad x_3=\frac{D_3}{D},$$

其中 $D_i(i=1,2,3)$是把 D 中的第 i 列元素用方程组(1.4)右端的常数项代替后所得的三阶行列式.

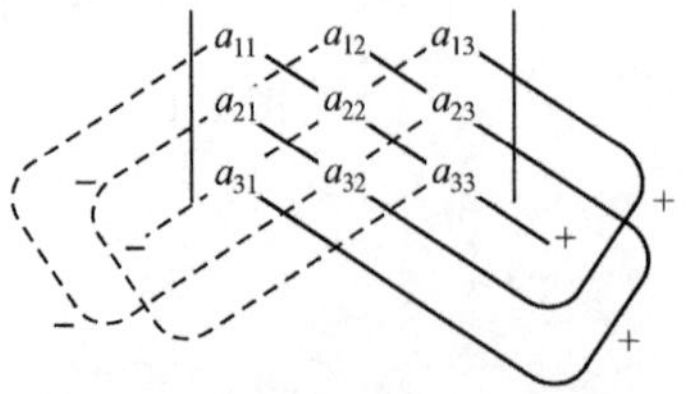

图 1.2

例 2 计算三阶行列式

$$D=\begin{vmatrix} 1 & 2 & 3 \\ 2 & -2 & -1 \\ -3 & 4 & -5 \end{vmatrix}.$$

解 由对角线法则有

$$\begin{aligned} D=&1\times(-2)\times(-5)+2\times(-1)\times(-3)+3\times4\times2\\ &-3\times(-2)\times(-3)-2\times2\times(-5)-1\times4\times(-1)=46. \end{aligned}$$

例 3 求 $\begin{vmatrix} a & 1 & 0 \\ 1 & a & 0 \\ 4 & 1 & 1 \end{vmatrix}>0$ 的充分必要条件.

解 由对角线法则有

$$\begin{vmatrix} a & 1 & 0 \\ 1 & a & 0 \\ 4 & 1 & 1 \end{vmatrix}=a^2-1.$$

当且仅当 $|a|>1$ 时, $a^2-1>0$, 因而可得

$$\begin{vmatrix} a & 1 & 0 \\ 1 & a & 0 \\ 4 & 1 & 1 \end{vmatrix}>0$$

的充分必要条件是 $|a|>1$.

三、*n* 阶行列式的定义

类似地, 要求含 n 个未知量 n 个方程的线性方程组

$$\begin{cases} a_{11}x_1+a_{12}x_2+\cdots+a_{1n}x_n=b_1, \\ a_{21}x_1+a_{22}x_2+\cdots+a_{2n}x_n=b_2, \\ \qquad\cdots\cdots \\ a_{n1}x_1+a_{n2}x_2+\cdots+a_{nn}x_n=b_n \end{cases}$$

在满足一定条件下的公式解, 从前面的讨论过程可以看出, 问题在于如何定义出 n 阶行列式.

为了给出 n 阶行列式的定义, 我们先研究二阶、三阶行列式的定义

$$\begin{vmatrix} a_{11} & a_{12} \\ a_{21} & a_{22} \end{vmatrix}=a_{11}a_{22}-a_{12}a_{21};$$

$$\begin{aligned} \begin{vmatrix} a_{11} & a_{12} & a_{13} \\ a_{21} & a_{22} & a_{23} \\ a_{31} & a_{32} & a_{33} \end{vmatrix}=&a_{11}a_{22}a_{33}+a_{12}a_{23}a_{31}+a_{13}a_{21}a_{32}\\ &-a_{11}a_{23}a_{32}-a_{12}a_{21}a_{33}-a_{13}a_{22}a_{31}. \end{aligned}$$

由定义可看出：

(1) 二阶行列式共有 2! 项，为所有不同行不同列的元素乘积的代数和；三阶行列式共有 3! 项，为所有不同行不同列的元素乘积的代数和.

(2) 各项的正、负号与列标排列的奇偶性有关. 当把行标排成标准排列时，带正号的项的列标排列都是偶排列，带负号的项的列标排列都是奇排列. 因此各项所带符号由该项列标排列的奇偶性所决定.

从而

$$\begin{vmatrix} a_{11} & a_{12} \\ a_{21} & a_{22} \end{vmatrix} = \sum (-1)^{\tau(j_1 j_2)} a_{1j_1} a_{2j_2};$$

$$\begin{vmatrix} a_{11} & a_{12} & a_{13} \\ a_{21} & a_{22} & a_{23} \\ a_{31} & a_{32} & a_{33} \end{vmatrix} = \sum (-1)^{\tau(j_1 j_2 j_3)} a_{1j_1} a_{2j_2} a_{3j_3}.$$

其中 $\sum$ 表示对相应的所有全排列求和.

推广而得，我们定义 n 阶行列式.

定义 1.4 设有 n^2 个数，排成 n 行 n 列的数表

$$\begin{matrix} a_{11} & a_{12} & \cdots & a_{1n} \\ a_{21} & a_{22} & \cdots & a_{2n} \\ \vdots & \vdots & & \vdots \\ a_{n1} & a_{n2} & \cdots & a_{nn} \end{matrix} \tag{1.6}$$

作出数表中位于不同行不同列的 n 个数的乘积 $a_{1p_1} a_{2p_2} \cdots a_{np_n}$，并冠以符号 $(-1)^{\tau(p_1 p_2 \cdots p_n)}$，即得

$$(-1)^{\tau(p_1 p_2 \cdots p_n)} a_{1p_1} a_{2p_2} \cdots a_{np_n} \tag{1.7}$$

的项，由于 $p_1 p_2 \cdots p_n$ 为自然数 $1,2,\cdots,n$ 的一个全排列，这样的排列共有 $n!$ 个，所以形如式(1.7)的项共有 $n!$ 项，所有这 $n!$ 项的和

$$\sum (-1)^{\tau(p_1 p_2 \cdots p_n)} a_{1p_1} a_{2p_2} \cdots a_{np_n}$$

称为数表(1.6)所确定的 **n 阶行列式**，记为

$$D = \begin{vmatrix} a_{11} & a_{12} & \cdots & a_{1n} \\ a_{21} & a_{22} & \cdots & a_{2n} \\ \vdots & \vdots & & \vdots \\ a_{n1} & a_{n2} & \cdots & a_{nn} \end{vmatrix},$$

简记为 $\det(a_{ij})$，其中数 a_{ij} 称为行列式 $\det(a_{ij})$ 的元素，即

$$\begin{vmatrix} a_{11} & a_{12} & \cdots & a_{1n} \\ a_{21} & a_{22} & \cdots & a_{2n} \\ \vdots & \vdots & & \vdots \\ a_{n1} & a_{n2} & \cdots & a_{nn} \end{vmatrix} = \sum (-1)^{\tau(p_1 p_2 \cdots p_n)} a_{1p_1} a_{2p_2} \cdots a_{np_n}.$$

按此定义的二阶、三阶行列式，与用对角线法则定义的二阶、三阶行列式是一致的. 特别当 $n=1$ 时，一阶行列式 $|-a|=-a$，注意与绝对值记号的区别.

行列式中从 a_{11} 至 a_{nn} 的对角线称为**主对角线**，从 a_{n1} 至 a_{1n} 的对角线称为**次对角线**. 要注意的是，当阶数大于 3 时，行列式就没有对角线法则定义了.

例 4 用定义计算五阶行列式

$$\begin{vmatrix} 0 & a_{12} & a_{13} & 0 & 0 \\ a_{21} & a_{22} & a_{23} & a_{24} & a_{25} \\ a_{31} & a_{32} & a_{33} & a_{34} & a_{35} \\ 0 & a_{42} & a_{43} & 0 & 0 \\ 0 & a_{52} & a_{53} & 0 & 0 \end{vmatrix},$$

其中所有的 $a_{ij}\neq 0(i,j=1,\cdots,5)$.

解 行列式五行中的非零元素的列标分别为：$p_1=2,3$；$p_2=1,2,3,4,5$；$p_3=1,2,3,4,5$；$p_4=2,3$；$p_5=2,3$.

在上述所有可能的取值中，不能组成 1，2，3，4，5 的任何一个全排列 $p_1p_2p_3p_4p_5$，从而行列式的任意一项均含有 0，因此行列式等于 0.

例 5 按行列式的定义计算**下三角形行列式**

$$D=\begin{vmatrix} a_{11} & & & \\ a_{21} & a_{22} & & \\ \vdots & \vdots & \ddots & \\ a_{n1} & a_{n2} & \cdots & a_{nn} \end{vmatrix},$$

其中主对角线上方未写出的元素全为零.

解 由定义，n 阶行列式中共有 $n!$ 项，其一般项为

$$(-1)^{\tau}a_{1p_1}a_{2p_2}\cdots a_{np_n},$$

其中 $\tau=\tau(p_1p_2\cdots p_n)$. 现求出其中所有可能的非零项，第 1 行除 a_{11} 外其余元素全为零，故非零项只有取元素 a_{11}；在第 2 行除了 a_{21}，a_{22} 外全是零，故应在 a_{21}，a_{22} 中取一个，且只能取一个，因为 a_{11} 是第一行第一列的元素，$p_1=1$，故 $p_2,\cdots,p_n$ 不能再取 1，所以 $p_2=2$，即第二行取 a_{22}；以此类推，第 n 行只能取 $p_n=n$，即取元素 a_{nn}，从而可能的非零项只有一项，即

$$D=\begin{vmatrix} a_{11} & & & \\ a_{21} & a_{22} & & \\ \vdots & \vdots & \ddots & \\ a_{n1} & a_{n2} & \cdots & a_{nn} \end{vmatrix}=a_{11}a_{22}\cdots a_{nn},$$

即 D 等于主对角线上元素的乘积.

同理可得，**上三角形行列式**（主对角线下方未写出的元素全为零）

$$\begin{vmatrix} a_{11} & a_{12} & \cdots & a_{1n} \\ & a_{22} & \cdots & a_{2n} \\ & & \ddots & \vdots \\ & & & a_{nn} \end{vmatrix} = a_{11}a_{22}\cdots a_{nn}.$$

作为三角形行列式特例的**对角行列式**(除对角线上的元素外,其他元素都为 0)

$$\begin{vmatrix} a_{11} & & & \\ & a_{22} & & \\ & & \ddots & \\ & & & a_{nn} \end{vmatrix} = a_{11}a_{22}\cdots a_{nn}.$$

例 6　证明

$$\begin{vmatrix} & & & a_{1n} \\ & & a_{2,n-1} & \\ & \iddots & & \\ a_{n1} & & & \end{vmatrix} = (-1)^{\frac{n(n-1)}{2}} a_{1n}a_{2,n-1}\cdots a_{n1}.$$

证　由行列式的定义

$$\begin{vmatrix} & & & a_{1n} \\ & & a_{2,n-1} & \\ & \iddots & & \\ a_{n1} & & & \end{vmatrix} = (-1)^{\tau} a_{1n}a_{2,n-1}\cdots a_{n1},$$

其中 $\tau=\tau[n(n-1)\cdots 1]$ 为排列 $n(n-1)\cdots 1$ 的逆序数,又

$$\tau[n(n-1)\cdots 1] = (n-1)+(n-2)+\cdots+1 = \frac{n(n-1)}{2},$$

所以结论成立.

由例 6 可得

$$\begin{vmatrix} & & & a_{1n} \\ & & a_{2,n-1} & a_{2n} \\ & \iddots & \vdots & \vdots \\ a_{n1} & \cdots & a_{n,n-1} & a_{nn} \end{vmatrix} = \begin{vmatrix} a_{11} & \cdots & a_{1,n-1} & a_{1n} \\ a_{21} & \cdots & a_{2,n-1} & \\ \vdots & \iddots & & \\ a_{n1} & & & \end{vmatrix} = (-1)^{\frac{n(n-1)}{2}} a_{1n}a_{2,n-1}\cdots a_{n1}.$$

例 5 与例 6 的结论以后会经常用到,应该牢记.

四、*n* 阶行列式定义的其他形式

利用定理 1.1,我们来讨论行列式定义的其他表示法.

对于 n 阶行列式 $D=\det(a_{ij})$ 中的任一项

$$(-1)^{\tau(p_1p_2\cdots p_n)} a_{1p_1}a_{2p_2}\cdots a_{ip_i}\cdots a_{jp_j}\cdots a_{np_n},$$

其中行标 $1\cdots i\cdots j\cdots n$ 为标准排列，交换 a_{ip_i} 与 a_{jp_j} 的位置成

$$(-1)^{\tau(p_1p_2\cdots p_n)}a_{1p_1}a_{2p_2}\cdots a_{jp_j}\cdots a_{ip_i}\cdots a_{np_n},$$

此时，该项的值没有变化，只是对行标排列与列标排列同时作了一次相应的对换. 设新的行标排列 $1\cdots j\cdots i\cdots n$ 的逆序数为 τ_1，则 τ_1 为奇数；设新的列标排列 $p_1\cdots p_j\cdots p_i\cdots p_n$ 的逆序数为 τ_2，则

$$(-1)^{\tau_2}=-(-1)^{\tau(p_1p_2\cdots p_n)},$$

故

$$(-1)^{\tau(p_1p_2\cdots p_n)}=(-1)^{\tau_1+\tau_2},$$

于是

$$(-1)^{\tau(p_1p_2\cdots p_n)}a_{1p_1}\cdots a_{ip_i}\cdots a_{jp_j}\cdots a_{np_n}=(-1)^{\tau_1+\tau_2}a_{1p_1}\cdots a_{jp_j}\cdots a_{ip_i}\cdots a_{np_n}.$$

这就说明，对换乘积中两元素的次序，从而行标与列标排列同时作了一次对换，因此行标排列与列标排列的逆序数之和并不改变奇偶性. 经过一次对换如此，经过多次对换亦如此. 于是经过若干次对换，使列标排列 $p_1p_2\cdots p_n$[逆序数为 $\tau=\tau(p_1p_2\cdots p_n)$]变为标准排列(逆序数为 0)时，行标排列则相应的从标准排列变为某个新的排列，设此新排列为 $q_1q_2\cdots q_n$，则有

$$(-1)^{\tau(p_1p_2\cdots p_n)}a_{1p_1}a_{2p_2}\cdots a_{np_n}=(-1)^{\tau(q_1q_2\cdots q_n)}a_{q_11}a_{q_22}\cdots a_{q_nn}.$$

又若 $p_i=j$，则 $q_j=i$(即 $a_{ip_i}=a_{ij}=a_{q_jj}$)，可见排列 $q_1q_2\cdots q_n$ 由排列 $p_1p_2\cdots p_n$ 所唯一确定.

由此可得

定理 1.2 n 阶行列式 $D=\det(a_{ij})$ 可定义为

$$D=\sum(-1)^{\tau(q_1q_2\cdots q_n)}a_{q_11}a_{q_22}\cdots a_{q_nn}.$$

证 按行列式定义，有

$$D=\sum(-1)^{\tau(p_1p_2\cdots p_n)}a_{1p_1}a_{2p_2}\cdots a_{np_n}.$$

记

$$D_1=\sum(-1)^{\tau(q_1q_2\cdots q_n)}a_{q_11}a_{q_22}\cdots a_{q_nn},$$

按上面的讨论知：对于 D 中任一项 $(-1)^{\tau(p_1p_2\cdots p_n)}a_{1p_1}a_{2p_2}\cdots a_{np_n}$，总有 D_1 中唯一的一项 $(-1)^{\tau(q_1q_2\cdots q_n)}a_{q_11}a_{q_22}\cdots a_{q_nn}$ 与之对应并相等；反之，对于 D_1 中的任一项 $(-1)^{\tau(q_1q_2\cdots q_n)}a_{q_11}a_{q_22}\cdots a_{q_nn}$，同理总有 D 中唯一的一项 $(-1)^{\tau(p_1p_2\cdots p_n)}a_{1p_1}a_{2p_2}\cdots a_{np_n}$ 与之对应并相等，所以 $D=D_1$.

定理 1.3 n 阶行列式 $D=\det(a_{ij})$ 可定义为

$$D=\sum(-1)^{\tau_1+\tau_2}a_{p_1q_1}a_{p_2q_2}\cdots a_{p_nq_n},$$

其中 $\tau_1=\tau(p_1p_2\cdots p_n)$，$\tau_2=\tau(q_1q_2\cdots q_n)$.

例 7 判断 $a_{11}a_{23}a_{35}a_{44}a_{56}a_{62}$ 和 $-a_{41}a_{63}a_{35}a_{14}a_{26}a_{52}$ 是否为六阶行列式 $D_6=$

$\det(a_{ij})$中的项.

解 $a_{11}a_{23}a_{35}a_{44}a_{56}a_{62}$中,六个因子的第一个下标排列为标准排列,第二个下标排列 135462 的逆序数为 5 是奇排列,则 $a_{11}a_{23}a_{35}a_{44}a_{56}a_{62}$不是六阶行列式 $D_6=\det(a_{ij})$中的项;$a_{41}a_{63}a_{35}a_{14}a_{26}a_{52}$中,六个因子的第一个下标排列 463125 的逆序数为 9,第二个下标排列 135462 的逆序数为 5,9+5=14,因此$-a_{41}a_{63}a_{35}a_{14}a_{26}a_{52}$不是六阶行列式 $D_6=\det(a_{ij})$中的项.

第三节 行列式的性质

记

$$D=\begin{vmatrix} a_{11} & a_{12} & \cdots & a_{1n} \\ a_{21} & a_{22} & \cdots & a_{2n} \\ \vdots & \vdots & & \vdots \\ a_{n1} & a_{n2} & \cdots & a_{nn} \end{vmatrix},$$

将其中的行与列互换,即把行列式中的各行换成对应的列,得到行列式

$$\begin{vmatrix} a_{11} & a_{21} & \cdots & a_{n1} \\ a_{12} & a_{22} & \cdots & a_{n2} \\ \vdots & \vdots & & \vdots \\ a_{1n} & a_{2n} & \cdots & a_{nn} \end{vmatrix},$$

上式称为行列式 D 的**转置行列式**,记作 D^{T}.

性质 1 $D=D^{\mathrm{T}}$,即行列式与它的转置行列式相等.

证 记 $D=\det(a_{ij})$的转置行列式

$$D^{\mathrm{T}}=\begin{vmatrix} b_{11} & b_{12} & \cdots & b_{1n} \\ b_{21} & b_{22} & \cdots & b_{2n} \\ \vdots & \vdots & & \vdots \\ b_{n1} & b_{n2} & \cdots & b_{nn} \end{vmatrix},$$

则 $b_{ij}=a_{ji}(i,j=1,2,\cdots,n)$,按行列式的定义

$$D^{\mathrm{T}}=\sum(-1)^{\tau(p_1p_2\cdots p_n)}b_{1p_1}b_{2p_2}\cdots b_{np_n}=\sum(-1)^{\tau(p_1p_2\cdots p_n)}a_{p_11}a_{p_22}\cdots a_{p_nn}.$$

由定理 1.3 知,$D^{\mathrm{T}}=D$.

此性质有很重要的理论意义,表明在行列式中行与列有相同的地位,凡是有关行的性质对列同样成立,反之亦然.

性质 2 交换行列式的两行(或两列),行列式改变符号.

证 设行列式

$$D_1=\begin{vmatrix} b_{11} & b_{12} & \cdots & b_{1n} \\ b_{21} & b_{22} & \cdots & b_{2n} \\ \vdots & \vdots & & \vdots \\ b_{n1} & b_{n2} & \cdots & b_{nn} \end{vmatrix}$$

是由行列式 $D=\det(a_{ij})$ 交换第 i,j 两行得到的,即当 $k\neq i,j$ 时,$b_{kp}=a_{kp}$;当 $k=i$ 或 j 时,$b_{ip}=a_{jp}$,$b_{jp}=a_{ip}$. 于是

$$\begin{aligned} D_1 &= \sum (-1)^{\tau(p_1\cdots p_i\cdots p_j\cdots p_n)} b_{1p_1}\cdots b_{ip_i}\cdots b_{jp_j}\cdots b_{np_n} \\ &= \sum (-1)^{\tau(p_1\cdots p_i\cdots p_j\cdots p_n)} a_{1p_1}\cdots a_{jp_i}\cdots a_{ip_j}\cdots a_{np_n} \\ &= \sum (-1)^{\tau(p_1\cdots p_i\cdots p_j\cdots p_n)} a_{1p_1}\cdots a_{ip_j}\cdots a_{jp_i}\cdots a_{np_n} \\ &= -\sum (-1)^{\tau(p_1\cdots p_j\cdots p_i\cdots p_n)} a_{1p_1}\cdots a_{ip_j}\cdots a_{jp_i}\cdots a_{np_n} \\ &= -D. \end{aligned}$$

推论 1.3 如果行列式有两行(或两列)完全相同,则此行列式等于零.

证 把相同的两行(或两列)互换,有 $D=-D$,故 $D=0$.

性质 3 行列式中某一行(或列)的各元素有公因子,则可提到行列式符号的外面,即

$$\begin{vmatrix} a_{11} & a_{12} & \cdots & a_{1n} \\ \vdots & \vdots & & \vdots \\ ka_{i1} & ka_{i2} & \cdots & ka_{in} \\ \vdots & \vdots & & \vdots \\ a_{n1} & a_{n2} & \cdots & a_{nn} \end{vmatrix} = k\begin{vmatrix} a_{11} & a_{12} & \cdots & a_{1n} \\ \vdots & \vdots & & \vdots \\ a_{i1} & a_{i2} & \cdots & a_{in} \\ \vdots & \vdots & & \vdots \\ a_{n1} & a_{n2} & \cdots & a_{nn} \end{vmatrix}.$$

推论 1.4 用数 k 乘行列式等于行列式的某一行(或列)所有元素都扩大 k 倍.

推论 1.5 行列式的某一行(或列)的元素全为零时,行列式等于零.

注 若 n 阶行列式的每个元素都有公因子 k,则可提出 k^n 到行列式符号的外面.

例 1 若 n 阶行列式 $D=\det(a_{ij})$ 中,元素满足 $a_{ij}=-a_{ji}\,(i,j=1,2,\cdots,n)$,证明:当 n 为奇数时,$D=0$.

证 由 $a_{ij}=-a_{ji}\,(i,j=1,2,\cdots,n)$,知 $a_{ii}=0\,(i=1,2,\cdots,n)$,则

$$D=\begin{vmatrix} 0 & a_{12} & \cdots & a_{1n} \\ -a_{12} & 0 & \cdots & a_{2n} \\ \vdots & \vdots & & \vdots \\ -a_{1n} & -a_{2n} & \cdots & 0 \end{vmatrix} = (-1)^n \begin{vmatrix} 0 & -a_{12} & \cdots & -a_{1n} \\ a_{12} & 0 & \cdots & -a_{2n} \\ \vdots & \vdots & & \vdots \\ a_{1n} & a_{2n} & \cdots & 0 \end{vmatrix} = (-1)^n D^{\mathrm{T}}.$$

当 n 为奇数时,有 $D=-D^{\mathrm{T}}$,则 $D=0$.

性质 4 若行列式中有两行(或两列)的元素对应成比例,则此行列式等于零.

性质 5 若行列式的某一行(或列)的元素都是两个数之和,如

$$D=\begin{vmatrix} a_{11} & a_{12} & \cdots & a_{1i}+a'_{1i} & \cdots & a_{1n} \\ a_{21} & a_{22} & \cdots & a_{2i}+a'_{2i} & \cdots & a_{2n} \\ \vdots & \vdots & & \vdots & & \vdots \\ a_{n1} & a_{n2} & \cdots & a_{ni}+a'_{ni} & \cdots & a_{nn} \end{vmatrix},$$

则 D 等于下列两个行列式之和,即

$$D=\begin{vmatrix} a_{11} & a_{12} & \cdots & a_{1i} & \cdots & a_{1n} \\ a_{21} & a_{22} & \cdots & a_{2i} & \cdots & a_{2n} \\ \vdots & \vdots & & \vdots & & \vdots \\ a_{n1} & a_{n2} & \cdots & a_{ni} & \cdots & a_{nn} \end{vmatrix}+\begin{vmatrix} a_{11} & a_{12} & \cdots & a'_{1i} & \cdots & a_{1n} \\ a_{21} & a_{22} & \cdots & a'_{2i} & \cdots & a_{2n} \\ \vdots & \vdots & & \vdots & & \vdots \\ a_{n1} & a_{n2} & \cdots & a'_{ni} & \cdots & a_{nn} \end{vmatrix}.$$

证 在行列式的定义中,各项都含有第 i 列的一个元素 $(a_{ki}+a'_{ki})$,从而每一项均可拆成两项之和.

注 若 n 阶行列式的每个元素都表示成两个元素之和,则它可分解成 2^n 个行列式之和.

性质 6 把行列式的某一行(或列)的各元素乘以同一数 k 后加到另一行(或列)对应的元素上去,行列式不变.

例如,把行列式的第 j 列乘以常数 k 后加到第 i 列的对应元素上,有

$$\begin{vmatrix} a_{11} & \cdots & a_{1i} & \cdots & a_{1j} & \cdots & a_{1n} \\ a_{21} & \cdots & a_{2i} & \cdots & a_{2j} & \cdots & a_{2n} \\ \vdots & & \vdots & & \vdots & & \vdots \\ a_{n1} & \cdots & a_{ni} & \cdots & a_{nj} & \cdots & a_{nn} \end{vmatrix}=\begin{vmatrix} a_{11} & \cdots & a_{1i}+ka_{1j} & \cdots & a_{1j} & \cdots & a_{1n} \\ a_{21} & \cdots & a_{2i}+ka_{2j} & \cdots & a_{2j} & \cdots & a_{2n} \\ \vdots & & \vdots & & \vdots & & \vdots \\ a_{n1} & \cdots & a_{ni}+ka_{nj} & \cdots & a_{nj} & \cdots & a_{nn} \end{vmatrix}.$$

以上没有给出证明的性质,读者可根据行列式的定义证明.

为了表达简便起见,以 r_i 表示第 i 行,c_i 表示第 i 列,交换 i,j 两行(列)记为 $r_i\leftrightarrow r_j\,(c_i\leftrightarrow c_j)$,第 i 行(列)乘以数 k 记为 $kr_i\,(kc_i)$,第 j 行(列)的元素乘以 k 加到第 i 行(列)上记为 $r_i+kr_j\,(c_i+kc_j)$,第 i 行(列)提取公因子记为 $r_i\div k\,(c_i\div k)$.

计算行列式的一种常用方法就是利用性质将行列式化为特殊行列式,如将行列式化为上三角形行列式,从而得出行列式的值.

例 2 计算行列式 $\begin{vmatrix} 2012 & 2013 \\ 2014 & 2015 \end{vmatrix}$.

解 $\begin{vmatrix} 2012 & 2013 \\ 2014 & 2015 \end{vmatrix} \overset{c_2-c_1}{=\!=\!=} \begin{vmatrix} 2012 & 1 \\ 2014 & 1 \end{vmatrix}=-2.$

例 3 计算行列式

$$D=\begin{vmatrix} 2 & -5 & 1 & 2 \\ -3 & 7 & -1 & 4 \\ 5 & -9 & 2 & 7 \\ 4 & -6 & 1 & 2 \end{vmatrix}.$$

解

$$D \xlongequal{c_1 \leftrightarrow c_3} -\begin{vmatrix} 1 & -5 & 2 & 2 \\ -1 & 7 & -3 & 4 \\ 2 & -9 & 5 & 7 \\ 1 & -6 & 4 & 2 \end{vmatrix} \xlongequal[\substack{r_3-2r_1 \\ r_4-r_1}]{r_2+r_1} -\begin{vmatrix} 1 & -5 & 2 & 2 \\ 0 & 2 & -1 & 6 \\ 0 & 1 & 1 & 3 \\ 0 & -1 & 2 & 0 \end{vmatrix}$$

$$\xlongequal{r_2 \leftrightarrow r_3} \begin{vmatrix} 1 & -5 & 2 & 2 \\ 0 & 1 & 1 & 3 \\ 0 & 2 & -1 & 6 \\ 0 & -1 & 2 & 0 \end{vmatrix} \xlongequal[r_4+r_2]{r_3-2r_2} \begin{vmatrix} 1 & -5 & 2 & 2 \\ 0 & 1 & 1 & 3 \\ 0 & 0 & -3 & 0 \\ 0 & 0 & 3 & 3 \end{vmatrix}$$

$$\xlongequal{r_4+r_3} \begin{vmatrix} 1 & -5 & 2 & 2 \\ 0 & 1 & 1 & 3 \\ 0 & 0 & -3 & 0 \\ 0 & 0 & 0 & 3 \end{vmatrix} = 1\times 1\times(-3)\times 3=-9.$$

例 4 计算 n 阶行列式

$$D=\begin{vmatrix} a & b & b & \cdots & b \\ b & a & b & \cdots & b \\ b & b & a & \cdots & b \\ \vdots & \vdots & \vdots & & \vdots \\ b & b & b & \cdots & a \end{vmatrix}.$$

解 注意到行列式的各行(列)对应元素相加之和相等这一特点,把第 2 列至第 n 列的元素都加到第一列对应元素上去,得

$$D \xlongequal{c_1+c_2+\cdots+c_n} \begin{vmatrix} a+(n-1)b & b & \cdots & b \\ a+(n-1)b & a & \cdots & b \\ \vdots & \vdots & & \vdots \\ a+(n-1)b & b & \cdots & a \end{vmatrix}$$

$$\xlongequal{c_1 \div [a+(n-1)b]} [a+(n-1)b]\cdot \begin{vmatrix} 1 & b & \cdots & b \\ 1 & a & \cdots & b \\ \vdots & \vdots & & \vdots \\ 1 & b & \cdots & a \end{vmatrix}$$

$$\xlongequal[r_n-r_1]{r_2-r_1,r_3-r_1,\cdots}[a+(n-1)b]\cdot\begin{vmatrix}1 & b & \cdots & b\\0 & a-b & \cdots & 0\\\vdots & \vdots & & \vdots\\0 & 0 & \cdots & a-b\end{vmatrix}$$

$$=[a+(n-1)b](a-b)^{n-1}.$$

例 5 计算行列式

$$D=\begin{vmatrix}a & b & c & d\\a & a+b & a+b+c & a+b+c+d\\a & 2a+b & 3a+2b+c & 4a+3b+2c+d\\a & 3a+b & 6a+3b+c & 10a+6b+3c+d\end{vmatrix}.$$

解 从第 4 行开始,后行减前行,得

$$D=\begin{vmatrix}a & b & c & d\\0 & a & a+b & a+b+c\\0 & a & 2a+b & 3a+2b+c\\0 & a & 3a+b & 6a+3b+c\end{vmatrix}$$

$$\xlongequal[r_3-r_2]{r_4-r_3}\begin{vmatrix}a & b & c & d\\0 & a & a+b & a+b+c\\0 & 0 & a & 2a+b\\0 & 0 & a & 3a+b\end{vmatrix}$$

$$\xlongequal{r_4-r_3}\begin{vmatrix}a & b & c & d\\0 & a & a+b & a+b+c\\0 & 0 & a & 2a+b\\0 & 0 & 0 & a\end{vmatrix}=a^4.$$

不难证明:任何 n 阶行列式均可利用行列式性质将其化为三角形行列式.

例 6 设

$$D=\begin{vmatrix}a_{11} & \cdots & a_{1k} & & & \\\vdots & & \vdots & & & \\a_{k1} & \cdots & a_{kk} & & & \\c_{11} & \cdots & c_{1k} & b_{11} & \cdots & b_{1n}\\\vdots & & \vdots & \vdots & & \vdots\\c_{n1} & \cdots & c_{nk} & b_{n1} & \cdots & b_{nn}\end{vmatrix},$$

$$D_1=\det(a_{ij})=\begin{vmatrix}a_{11} & \cdots & a_{1k}\\\vdots & & \vdots\\a_{k1} & \cdots & a_{kk}\end{vmatrix},$$

$$D_2=\det(b_{ij})=\begin{vmatrix} b_{11} & \cdots & b_{1n} \\ \vdots & & \vdots \\ b_{n1} & \cdots & b_{nn} \end{vmatrix},$$

其中 D 的右上角未写出的元素全为零. 证明:$D=D_1D_2$.

证 对 D_1 作运算 r_i+kr_j,把 D_1 化为下三角形行列式,设为

$$D_1=\begin{vmatrix} p_{11} & & \\ \vdots & \ddots & \\ p_{k1} & \cdots & p_{kk} \end{vmatrix}=p_{11}p_{22}\cdots p_{kk},$$

对 D_2 作运算 c_i+kc_j,把 D_2 化为下三角形行列式,设为

$$D_2=\begin{vmatrix} q_{11} & & \\ \vdots & \ddots & \\ q_{n1} & \cdots & q_{nn} \end{vmatrix}=q_{11}q_{22}\cdots q_{nn}.$$

于是,对 D 的前 k 行作运算 r_i+kr_j,再对后 n 列作运算 c_i+kc_j,把 D 化为

$$D=\begin{vmatrix} p_{11} & & & & & \\ \vdots & \ddots & & & & \\ p_{k1} & \cdots & p_{kk} & & & \\ d_{11} & \cdots & d_{1k} & q_{11} & & \\ \vdots & & \vdots & \vdots & \ddots & \\ d_{n1} & \cdots & d_{nk} & q_{n1} & \cdots & q_{nn} \end{vmatrix}=p_{11}p_{22}\cdots p_{kk}q_{11}q_{22}\cdots q_{nn}=D_1D_2.$$

思考 按例 6 的结论,若 $D=\begin{vmatrix} & & & a_{11} & \cdots & a_{1k} \\ & & & \vdots & & \vdots \\ & & & a_{k1} & \cdots & a_{kk} \\ b_{11} & \cdots & b_{1n} & c_{11} & \cdots & c_{1k} \\ \vdots & & \vdots & \vdots & & \vdots \\ b_{n1} & \cdots & b_{nn} & c_{n1} & \cdots & c_{nk} \end{vmatrix}$,$D_1$,$D_2$ 同上,则结果又如何?

第四节 行列式按行(列)展开

将高阶行列式化为低阶行列式是计算行列式的又一途径,为此先引进余子式和代数余子式的概念.

在 n 阶行列式 $D=\det(a_{ij})$ 中,划去元素 a_{ij} 所在的行和列,余下的 $n-1$ 阶行列式(依原来的排法)称为元素 a_{ij} 的**余子式**,记为 M_{ij}. 余子式前面冠以符号 $(-1)^{i+j}$ 称为元素 a_{ij} 的**代数余子式**,记为 $A_{ij}=(-1)^{i+j}M_{ij}$.

例如,四阶行列式

$$\begin{vmatrix} a_{11} & a_{12} & a_{13} & a_{14} \\ a_{21} & a_{22} & a_{23} & a_{24} \\ a_{31} & a_{32} & a_{33} & a_{34} \\ a_{41} & a_{42} & a_{43} & a_{44} \end{vmatrix}$$

中,元素 a_{23} 的余子式和代数余子式分别为

$$M_{23}=\begin{vmatrix} a_{11} & a_{12} & a_{14} \\ a_{31} & a_{32} & a_{34} \\ a_{41} & a_{42} & a_{44} \end{vmatrix},$$

$$A_{23}=(-1)^{2+3}M_{23}=-M_{23}.$$

引理 1.1　一个 n 阶行列式 D,如果第 i 行所有元素除 a_{ij} 外全为零,则行列式

$$D=a_{ij}A_{ij}.$$

证　先证 a_{ij} 位于第 1 行第 1 列的情形,此时

$$D=\begin{vmatrix} a_{11} & 0 & \cdots & 0 \\ a_{21} & a_{22} & \cdots & a_{2n} \\ \vdots & \vdots & & \vdots \\ a_{n1} & a_{n2} & \cdots & a_{nn} \end{vmatrix},$$

这是第三节例 6 中当 $k=1$ 时的特殊情形,按第三节例 6 的结论有

$$D=a_{11}M_{11}=a_{11}A_{11}.$$

再证一般情形,此时

$$D=\begin{vmatrix} a_{11} & \cdots & a_{1j} & \cdots & a_{1n} \\ \vdots & & \vdots & & \vdots \\ 0 & \cdots & a_{ij} & \cdots & 0 \\ \vdots & & \vdots & & \vdots \\ a_{n1} & \cdots & a_{nj} & \cdots & a_{nn} \end{vmatrix}.$$

我们将 D 作如下的调换:把 D 的第 i 行依次与第 $i-1$ 行,第 $i-2$ 行,…,第 1 行对调,这样数 a_{ij} 就调到了第 1 行第 j 列的位置,调换次数为 $i-1$ 次;再把第 j 列依次与第 $j-1$ 列,第 $j-2$ 列,…,第 1 列对调,数 a_{ij} 就调到了第 1 行第 1 列的位置,调换次数为 $j-1$;总共经过 $(i-1)+(j-1)$ 次对调,将数 a_{ij} 调到第 1 行第 1 列的位置,第一行其他元素为零,所得的行列式记为 D_1,则

$$D_1=(-1)^{i+j-2}D=(-1)^{i+j}D,$$

而 a_{ij} 在 D_1 中的余子式仍然是 a_{ij} 在 D 中的余子式 M_{ij},利用前面的结果有

$$D_1=a_{ij}M_{ij},$$

于是

$$D=(-1)^{i+j}D_1=(-1)^{i+j}a_{ij}M_{ij}=a_{ij}A_{ij}.$$

定理 1.4 行列式等于它的任一行(列)的各元素与其对应的代数余子式的乘积之和,即

$$D=a_{i1}A_{i1}+a_{i2}A_{i2}+\cdots+a_{in}A_{in}\quad(i=1,2,\cdots,n),$$

或

$$D=a_{1j}A_{1j}+a_{2j}A_{2j}+\cdots+a_{nj}A_{nj}\quad(j=1,2,\cdots,n).$$

证

$$D=\begin{vmatrix} a_{11} & a_{12} & \cdots & a_{1n} \\ \vdots & \vdots & & \vdots \\ a_{i1}+0+\cdots+0 & 0+a_{i2}+0+\cdots+0 & \cdots & 0+\cdots+0+a_{in} \\ \vdots & \vdots & & \vdots \\ a_{n1} & a_{n2} & \cdots & a_{nn} \end{vmatrix}$$

$$=\begin{vmatrix} a_{11} & a_{12} & \cdots & a_{1n} \\ \vdots & \vdots & & \vdots \\ a_{i1} & 0 & \cdots & 0 \\ \vdots & \vdots & & \vdots \\ a_{n1} & a_{n2} & \cdots & a_{nn} \end{vmatrix}+\begin{vmatrix} a_{11} & a_{12} & \cdots & a_{1n} \\ \vdots & \vdots & & \vdots \\ 0 & a_{i2} & \cdots & 0 \\ \vdots & \vdots & & \vdots \\ a_{n1} & a_{n2} & \cdots & a_{nn} \end{vmatrix}+\cdots+\begin{vmatrix} a_{11} & a_{12} & \cdots & a_{1n} \\ \vdots & \vdots & & \vdots \\ 0 & 0 & \cdots & a_{in} \\ \vdots & \vdots & & \vdots \\ a_{n1} & a_{n2} & \cdots & a_{nn} \end{vmatrix},$$

根据引理 1.1 有

$$D=a_{i1}A_{i1}+a_{i2}A_{i2}+\cdots+a_{in}A_{in}=\sum_{k=1}^{n}a_{ik}A_{ik}\quad(i=1,2,\cdots,n).$$

类似地,我们可得到列的结论,即

$$D=a_{1j}A_{1j}+a_{2j}A_{2j}+\cdots+a_{nj}A_{nj}=\sum_{k=1}^{n}a_{kj}A_{kj}\quad(j=1,2,\cdots,n).$$

这个定理称为**行列式按行(列)展开法则**,利用这一法则并结合行列式的性质,可将行列式降阶,从而达到简化计算的目的.

例 1 设行列式 $\begin{vmatrix} a & b & c & d \\ c & b & a & d \\ d & b & a & c \\ c & b & d & a \end{vmatrix}$,求 $A_{14}+A_{24}+A_{34}+A_{44}$.

解 $A_{14}+A_{24}+A_{34}+A_{44}=\begin{vmatrix} a & b & c & 1 \\ c & b & a & 1 \\ d & b & a & 1 \\ c & b & d & 1 \end{vmatrix}=0.$

例 2 计算行列式

$$D=\begin{vmatrix}0&a&b&0\\a&0&0&b\\0&c&d&0\\c&0&0&d\end{vmatrix}.$$

解　按第1列展开

$$\begin{aligned}D&=-a\begin{vmatrix}a&b&0\\c&d&0\\0&0&d\end{vmatrix}-c\begin{vmatrix}a&b&0\\0&0&b\\c&d&0\end{vmatrix}\\&=-ad\begin{vmatrix}a&b\\c&d\end{vmatrix}+bc\begin{vmatrix}a&b\\c&d\end{vmatrix}\\&=-ad(ad-bc)+bc(ad-bc)=-(ad-bc)^2.\end{aligned}$$

例3　计算行列式

$$D_{2n}=\begin{vmatrix}a_n&&&&&b_n\\&\ddots&&&\unicode{x22F0}&\\&&a_1&b_1&&\\&&c_1&d_1&&\\&\unicode{x22F0}&&&\ddots&\\c_n&&&&&d_n\end{vmatrix}.$$

解　按第1行展开有

$$D_{2n}=a_n\cdot\begin{vmatrix}a_{n-1}&&&&&b_{n-1}&0\\&\ddots&&&\unicode{x22F0}&&\\&&a_1&b_1&&&\\&&c_1&d_1&&&\\&\unicode{x22F0}&&&\ddots&&\\c_{n-1}&&&&&d_{n-1}&0\\0&&&&&0&d_n\end{vmatrix}$$

$$+b_n\times(-1)^{1+2n}\begin{vmatrix}0&a_{n-1}&&&&&b_{n-1}\\&&\ddots&&&\unicode{x22F0}&\\&&&a_1&b_1&&\\&&&c_1&d_1&&\\&&\unicode{x22F0}&&&\ddots&\\0&c_{n-1}&&&&&d_{n-1}\\c_n&0&&&&&0\end{vmatrix}$$

$$=a_nd_nD_{2(n-1)}-b_nc_nD_{2(n-1)}=(a_nd_n-b_nc_n)D_{2(n-1)}.$$

以此作递推公式，得

$$\begin{aligned}D_{2n}&=(a_nd_n-b_nc_n)D_{2(n-1)}=(a_nd_n-b_nc_n)(a_{n-1}d_{n-1}-b_{n-1}c_{n-1})D_{2(n-2)}\\&=\cdots=(a_nd_n-b_nc_n)(a_{n-1}d_{n-1}-b_{n-1}c_{n-1})\cdots(a_2d_2-b_2c_2)\begin{vmatrix}a_1&b_1\\c_1&d_1\end{vmatrix}\\&=(a_nd_n-b_nc_n)(a_{n-1}d_{n-1}-b_{n-1}c_{n-1})\cdots(a_2d_2-b_2c_2)(a_1d_1-b_1c_1)\\&=\prod_{i=1}^{n}(a_id_i-b_ic_i),\end{aligned}$$

其中记号“$\prod$”表示所有同类型因子的乘积.

例 4 证明范德蒙德(Vandermonde)行列式

$$D_n=\begin{vmatrix}1&1&\cdots&1\\x_1&x_2&\cdots&x_n\\x_1^2&x_2^2&\cdots&x_n^2\\\vdots&\vdots&&\vdots\\x_1^{n-1}&x_2^{n-1}&\cdots&x_n^{n-1}\end{vmatrix}=\prod_{n\geqslant i>j\geqslant 1}(x_i-x_j).\tag{1.8}$$

证 用数学归纳法证明.

当 $n=2$ 时，

$$D_2=\begin{vmatrix}1&1\\x_1&x_2\end{vmatrix}=x_2-x_1=\prod_{2\geqslant i>j\geqslant 1}(x_i-x_j),$$

式(1.8)成立.

假设式(1.8)对 $n-1$ 阶范德蒙德行列式 D_{n-1} 成立，将 D_n 降阶，从第 n 行开始，后一行减前一行的 x_1 倍得

$$D_n=\begin{vmatrix}1&1&1&\cdots&1\\0&x_2-x_1&x_3-x_1&\cdots&x_n-x_1\\0&x_2(x_2-x_1)&x_3(x_3-x_1)&\cdots&x_n(x_n-x_1)\\\vdots&\vdots&\vdots&&\vdots\\0&x_2^{n-2}(x_2-x_1)&x_3^{n-2}(x_3-x_1)&\cdots&x_n^{n-2}(x_n-x_1)\end{vmatrix},$$

按第 1 列展开，并提取每一列的公因子有

$$D_n=(x_2-x_1)(x_3-x_1)\cdots(x_n-x_1)\begin{vmatrix}1&1&\cdots&1\\x_2&x_3&\cdots&x_n\\\vdots&\vdots&&\vdots\\x_2^{n-2}&x_3^{n-2}&\cdots&x_n^{n-2}\end{vmatrix}.$$

上式右端行列式是 $n-1$ 阶范德蒙德行列式，由归纳假设它等于 $\prod\limits_{n\geqslant i>j\geqslant 2}(x_i-x_j)$，故

$$D_n=(x_2-x_1)(x_3-x_1)\cdots(x_n-x_1)\prod_{n\geqslant i>j\geqslant 2}(x_i-x_j)$$
$$=\prod_{n\geqslant i>j\geqslant 1}(x_i-x_j).$$

结论对 n 阶范德蒙德行列式 D_n 也成立.

显然,范德蒙德行列式不为零的充要条件是 $x_1,x_2,\cdots,x_n$ 互不相等.范德蒙德行列式的计算公式可作为已知结论使用.

由定理 1.4 还可以得到下述推论.

推论 1.6 行列式任一行(列)的元素与另一行(列)的对应元素的代数余子式乘积之和等于零.即

$$a_{i1}A_{j1}+a_{i2}A_{j2}+\cdots+a_{in}A_{jn}=0,\quad i\neq j,$$

或

$$a_{1i}A_{1j}+a_{2i}A_{2j}+\cdots+a_{ni}A_{nj}=0,\quad i\neq j.$$

证 作行列式($i\neq j$)

$$D_1=\begin{vmatrix} a_{11} & a_{12} & \cdots & a_{1n} \\ \vdots & \vdots & & \vdots \\ a_{i1} & a_{i2} & \cdots & a_{in} \\ \vdots & \vdots & & \vdots \\ a_{i1} & a_{i2} & \cdots & a_{in} \\ \vdots & \vdots & & \vdots \\ a_{n1} & a_{n2} & \cdots & a_{nn} \end{vmatrix},$$

则 D_1 除第 j 行与行列式 D 的第 j 行不相同外,其余各行均与行列式 D 的对应行相同.但因 D_1 的第 i 行与第 j 行相同,故 D_1 等于零.将 D_1 按第 j 行展开,便得

$$a_{i1}A_{j1}+a_{i2}A_{j2}+\cdots+a_{in}A_{jn}=0.$$

同理可证

$$a_{1i}A_{1j}+a_{2i}A_{2j}+\cdots+a_{ni}A_{nj}=0.$$

将定理 1.4 与推论 1.6 综合起来,得

$$\sum_{k=1}^{n}a_{ik}A_{jk}=\begin{cases}D, & i=j,\\ 0, & i\neq j,\end{cases}$$

或

$$\sum_{k=1}^{n}a_{ki}A_{kj}=\begin{cases}D, & i=j,\\ 0, & i\neq j.\end{cases}$$

第五节 克拉默法则

设含有 n 个未知数 $x_1,x_2,\cdots,x_n$ 的 n 个线性方程的方程组为

$$\begin{cases} a_{11}x_1+a_{12}x_2+\cdots+a_{1n}x_n=b_1, \\ a_{21}x_1+a_{22}x_2+\cdots+a_{2n}x_n=b_2, \\ \cdots\cdots \\ a_{n1}x_1+a_{n2}x_2+\cdots+a_{nn}x_n=b_n. \end{cases} \tag{1.9}$$

由未知量系数组成的 n 阶行列式

$$D=\begin{vmatrix} a_{11} & a_{12} & \cdots & a_{1n} \\ a_{21} & a_{22} & \cdots & a_{2n} \\ \vdots & \vdots & & \vdots \\ a_{n1} & a_{n2} & \cdots & a_{nn} \end{vmatrix}$$

称为方程组(1.9)的**系数行列式.**

方程组(1.9)有与二、三元线性方程组类似的结论,它的解可以用 n 阶行列式表示,即

定理 1.5(克拉默法则)　若方程组(1.9)的系数行列式

$$D=\begin{vmatrix} a_{11} & a_{12} & \cdots & a_{1n} \\ a_{21} & a_{22} & \cdots & a_{2n} \\ \vdots & \vdots & & \vdots \\ a_{n1} & a_{n2} & \cdots & a_{nn} \end{vmatrix}\neq 0,$$

则方程组有唯一解且可表示为

$$x_1=\frac{D_1}{D},\quad x_2=\frac{D_2}{D},\quad \cdots,\quad x_n=\frac{D_n}{D}, \tag{1.10}$$

其中 $D_j(j=1,2,\cdots,n)$是将 D 中的第 j 列元素换成常数项所得的行列式,即

$$D_j=\begin{vmatrix} a_{11} & \cdots & a_{1,j-1} & b_1 & a_{1,j+1} & \cdots & a_{1n} \\ a_{21} & \cdots & a_{2,j-1} & b_2 & a_{2,j+1} & \cdots & a_{2n} \\ \vdots & & \vdots & \vdots & \vdots & & \vdots \\ a_{n1} & \cdots & a_{n,j-1} & b_n & a_{n,j+1} & \cdots & a_{nn} \end{vmatrix}.$$

证　设 $x_1,x_2,\cdots,x_n$ 是方程组(1.9)的解,按行列式的性质有

$$Dx_j=\begin{vmatrix} a_{11} & a_{12} & \cdots & a_{1j}x_j & \cdots & a_{1n} \\ a_{21} & a_{22} & \cdots & a_{2j}x_j & \cdots & a_{2n} \\ \vdots & \vdots & & \vdots & & \vdots \\ a_{n1} & a_{n2} & \cdots & a_{nj}x_j & \cdots & a_{nn} \end{vmatrix},$$

再把行列式的第 1 列,$\cdots$,第 $j-1$ 列,第 $j+1$ 列,$\cdots$,第 n 列分别乘以 $x_1,\cdots,x_{j-1}$,$x_{j+1},\cdots,x_n$ 加到第 j 列上去,行列式的值不变,即

$$Dx_j=\begin{vmatrix} a_{11} & a_{12} & \cdots & \sum_{j=1}^{n} a_{1j}x_j & \cdots & a_{1n} \\ a_{21} & a_{22} & \cdots & \sum_{j=1}^{n} a_{2j}x_j & \cdots & a_{2n} \\ \vdots & \vdots & & \vdots & & \vdots \\ a_{n1} & a_{n2} & \cdots & \sum_{j=1}^{n} a_{nj}x_j & \cdots & a_{nn} \end{vmatrix}$$

$$=\begin{vmatrix} a_{11} & a_{12} & \cdots & b_1 & \cdots & a_{1n} \\ a_{21} & a_{22} & \cdots & b_2 & \cdots & a_{2n} \\ \vdots & \vdots & & \vdots & & \vdots \\ a_{n1} & a_{n2} & \cdots & b_n & \cdots & a_{nn} \end{vmatrix}=D_j.$$

因 $D\neq 0$,故

$$x_j=\frac{D_j}{D} \quad (j=1,2,\cdots,n).$$

这说明方程组(1.9)若有解,则解只能是 $x_j=\frac{D_j}{D}(j=1,2,\cdots,n)$.

下面证明 $x_j=\frac{D_j}{D}(j=1,2,\cdots,n)$确为方程组(1.9)的解,也即证明

$$a_{i1}\frac{D_1}{D}+a_{i2}\frac{D_2}{D}+\cdots+a_{in}\frac{D_n}{D}=b_i \quad (i=1,2,\cdots,n).$$

构造有两行相同的 $n+1$ 阶行列式

$$\begin{vmatrix} b_i & a_{i1} & \cdots & a_{in} \\ b_1 & a_{11} & \cdots & a_{1n} \\ \vdots & \vdots & & \vdots \\ b_n & a_{n1} & \cdots & a_{nn} \end{vmatrix} \quad (i=1,2,\cdots,n),$$

它的值为 0. 把它按第一行展开,由于第一行中元素 a_{ij} 的代数余子式为 $-D_j$,所以 $0=b_iD-a_{i1}D_1-\cdots-a_{in}D_n$,即

$$a_{i1}\frac{D_1}{D}+a_{i2}\frac{D_2}{D}+\cdots+a_{in}\frac{D_n}{D}=b_i \quad (i=1,2,\cdots,n).$$

这说明 $x_j=\frac{D_j}{D}(j=1,2,\cdots,n)$确为方程组(1.9)的解.

推论 1.7 方程组(1.9)若无解或有两个以上不同的解,则它的系数行列式必等于零.

例 1 求解线性方程组

$$\begin{cases} x_1-x_2+x_3+2x_4=1, \\ x_1+x_2-2x_3+x_4=1, \\ x_1+x_2+x_4=2, \\ x_1+x_3-x_4=1. \end{cases}$$

解

$$D=\begin{vmatrix} 1 & -1 & 1 & 2 \\ 1 & 1 & -2 & 1 \\ 1 & 1 & 0 & 1 \\ 1 & 0 & 1 & -1 \end{vmatrix}=\begin{vmatrix} 1 & -1 & 1 & 2 \\ 0 & 2 & -3 & -1 \\ 0 & 2 & -1 & -1 \\ 0 & 1 & 0 & -3 \end{vmatrix}$$

$$=\begin{vmatrix} 2 & -3 & -1 \\ 2 & -1 & -1 \\ 1 & 0 & -3 \end{vmatrix}=\begin{vmatrix} 2 & -3 & 5 \\ 2 & -1 & 5 \\ 1 & 0 & 0 \end{vmatrix}=\begin{vmatrix} -3 & 5 \\ -1 & 5 \end{vmatrix}=-10,$$

故方程组有唯一解. 计算得

$$D_1=\begin{vmatrix} 1 & -1 & 1 & 2 \\ 1 & 1 & -2 & 1 \\ 2 & 1 & 0 & 1 \\ 1 & 0 & 1 & -1 \end{vmatrix}=-8, \quad D_2=\begin{vmatrix} 1 & 1 & 1 & 2 \\ 1 & 1 & -2 & 1 \\ 1 & 2 & 0 & 1 \\ 1 & 1 & 1 & -1 \end{vmatrix}=-9,$$

$$D_3=\begin{vmatrix} 1 & -1 & 1 & 2 \\ 1 & 1 & 1 & 1 \\ 1 & 1 & 2 & 1 \\ 1 & 0 & 1 & -1 \end{vmatrix}=-5, \quad D_4=\begin{vmatrix} 1 & -1 & 1 & 1 \\ 1 & 1 & -2 & 1 \\ 1 & 1 & 0 & 2 \\ 1 & 0 & 1 & 1 \end{vmatrix}=-3,$$

则方程组的唯一解为

$$x_1=\frac{-8}{-10}=\frac{4}{5}, \quad x_2=\frac{-9}{-10}=\frac{9}{10}, \quad x_3=\frac{1}{2}, \quad x_4=\frac{3}{10}.$$

例 2 设 $a_i\neq a_j(i,j=1,2,\cdots,n)$，求解线性方程组

$$\begin{cases} x_1+a_1x_2+a_1^2x_3+\cdots+a_1^{n-1}x_n=1, \\ x_1+a_2x_2+a_2^2x_3+\cdots+a_2^{n-1}x_n=1, \\ \qquad\qquad \cdots\cdots \\ x_1+a_nx_2+a_n^2x_3+\cdots+a_n^{n-1}x_n=1. \end{cases}$$

解 方程组的系数行列式

$$D=\begin{vmatrix} 1 & a_1 & \cdots & a_1^{n-1} \\ 1 & a_2 & \cdots & a_2^{n-1} \\ \vdots & \vdots & & \vdots \\ 1 & a_n & \cdots & a_n^{n-1} \end{vmatrix}$$

为 n 阶范德蒙德行列式的转置,则

$$D=\prod_{1\leqslant i<j\leqslant n}(a_j-a_i)\neq 0.$$

因此,方程组有唯一解.

计算得 $D_1=D$,且当 $i\geqslant 2$ 时,$D_i=0$,故方程组的唯一解为

$$x_1=1,\quad x_2=x_3=\cdots=x_n=0.$$

一般说来,用克拉默法则解方程组并不方便,因它需要计算很多行列式,故只适用于解未知量较少的方程组和某些特殊的方程组(如例 2).但它能判定方程组解的存在性并把方程组的解用一般公式表示出来,这在理论上是很重要的.

使用克拉默法则必须注意:

(1) 未知量的个数与方程组的个数要相等;

(2) 系数行列式不为零.

对于不符合这两个条件的方程组,将在以后的一般线性方程组中讨论.

常数项全为零的线性方程组

$$\begin{cases}a_{11}x_1+a_{12}x_2+\cdots+a_{1n}x_n=0,\\a_{21}x_1+a_{22}x_2+\cdots+a_{2n}x_n=0,\\\quad\cdots\cdots\\a_{n1}x_1+a_{n2}x_2+\cdots+a_{nn}x_n=0\end{cases}\tag{1.11}$$

称为**齐次线性方程组**.而方程组(1.9)称为**非齐次线性方程组**.

显然 $x_1=x_2=\cdots=x_n=0$ 是方程组(1.11)的解,称为方程组(1.11)的**零解**;若方程组(1.11)除了零解外,还有 $x_1,x_2,\cdots,x_n$ 不全为零的解,这样的解称为方程组(1.11)的**非零解**.由克拉默法则有

定理 1.6 如果齐次线性方程组(1.11)的系数行列式 $D\neq 0$,则齐次线性方程组(1.11)只有零解.

定理 1.7 如果齐次线性方程组(1.11)有非零解,则它的系数行列式必为零.

定理 1.7 说明系数行列式 $D=0$ 是齐次线性方程组有非零解的必要条件,在后面还将证明这个条件也是充分的.

例 3 当 λ 取何值时,齐次线性方程组

$$\begin{cases}(5-\lambda)x+2y+2z=0,\\2x+(6-\lambda)y=0,\\2x+(4-\lambda)z=0\end{cases}$$

有非零解?

解 若齐次线性方程组有非零解,则其系数行列式 $D=0$.而

$$D=\begin{vmatrix}5-\lambda & 2 & 2\\2 & 6-\lambda & 0\\2 & 0 & 4-\lambda\end{vmatrix}$$

$$=(5-\lambda)(6-\lambda)(4-\lambda)-4(4-\lambda)-4(6-\lambda)$$
$$=(5-\lambda)(2-\lambda)(8-\lambda).$$

由 $D=0$ 得，$\lambda=2$，或 $\lambda=5$，或 $\lambda=8$.

容易验证，当 $\lambda=2$，或 $\lambda=5$，或 $\lambda=8$ 时，上述方程组确有非零解存在.

第六节 内容概要与典型例题分析

一、内容概要

本章的主要内容有：

(1) 全排列及逆序数，奇排列与偶排列；

(2) n 阶行列式的定义与性质；

(3) 一些特殊行列式；

(4) 行列式按行(列)展开；

(5) 克拉默法则.

学习中应注意的是，行列式是一种运算符号，表示所有位于不同行不同列的元素乘积的代数和，若元素中含有变量，则行列式是一个关于该变量的函数，若元素全为数字，则行列式就是一个数. 行列式的计算是本章的重点，常用的行列式计算方法有：

(1) 用行列式定义(多用于特殊行列式与低阶行列式)；

(2) 利用行列式性质，将行列式化成特殊行列式(上三角形或下三角形)；

(3) 将行列式按行(列)展开；

(4) 建立不同阶数特征相同的行列式之间的递推关系；

(5) 利用已知行列式的结论(如范德蒙德行列式).

行列式的计算方法很多，也有较强的技巧性，但最基本的方法还是利用行列式的性质与展开定理将其化为特殊行列式或建立起递推关系式.

二、典型例题分析

例 1 计算行列式

$$\begin{vmatrix} a_1+b_1 & a_1+b_2 & a_1+b_3 \\ a_2+b_1 & a_2+b_2 & a_2+b_3 \\ a_3+b_1 & a_3+b_2 & a_3+b_3 \end{vmatrix}.$$

解 方法 1

$$\begin{vmatrix} a_1+b_1 & a_1+b_2 & a_1+b_3 \\ a_2+b_1 & a_2+b_2 & a_2+b_3 \\ a_3+b_1 & a_3+b_2 & a_3+b_3 \end{vmatrix} = \begin{vmatrix} a_1 & a_1+b_2 & a_1+b_3 \\ a_2 & a_2+b_2 & a_2+b_3 \\ a_3 & a_3+b_2 & a_3+b_3 \end{vmatrix} + \begin{vmatrix} b_1 & a_1+b_2 & a_1+b_3 \\ b_1 & a_2+b_2 & a_2+b_3 \\ b_1 & a_3+b_2 & a_3+b_3 \end{vmatrix},$$

而

$$\begin{vmatrix} a_1 & a_1+b_2 & a_1+b_3 \\ a_2 & a_2+b_2 & a_2+b_3 \\ a_3 & a_3+b_2 & a_3+b_3 \end{vmatrix} = \begin{vmatrix} a_1 & b_2 & b_3 \\ a_2 & b_2 & b_3 \\ a_3 & b_2 & b_3 \end{vmatrix} = 0,$$

$$\begin{vmatrix} b_1 & a_1+b_2 & a_1+b_3 \\ b_1 & a_2+b_2 & a_2+b_3 \\ b_1 & a_3+b_2 & a_3+b_3 \end{vmatrix} = \begin{vmatrix} b_1 & a_1 & a_1 \\ b_1 & a_2 & a_2 \\ b_1 & a_3 & a_3 \end{vmatrix} = 0,$$

则

$$\begin{vmatrix} a_1+b_1 & a_1+b_2 & a_1+b_3 \\ a_2+b_1 & a_2+b_2 & a_2+b_3 \\ a_3+b_1 & a_3+b_2 & a_3+b_3 \end{vmatrix} = 0.$$

方法 2 将行列式的第二行减第一行,第三行减第一行,得

$$\begin{vmatrix} a_1+b_1 & a_1+b_2 & a_1+b_3 \\ a_2+b_1 & a_2+b_2 & a_2+b_3 \\ a_3+b_1 & a_3+b_2 & a_3+b_3 \end{vmatrix} = \begin{vmatrix} a_1+b_1 & a_1+b_2 & a_1+b_3 \\ a_2-a_1 & a_2-a_1 & a_2-a_1 \\ a_3-a_1 & a_3-a_1 & a_3-a_1 \end{vmatrix} = 0.$$

例 2 已知 $\det(a_{ij}) = \begin{vmatrix} 1 & 2 & 3 & 4 & 5 \\ 5 & 5 & 5 & 3 & 3 \\ 3 & 2 & 5 & 4 & 2 \\ 2 & 2 & 2 & 1 & 1 \\ 4 & 6 & 5 & 2 & 3 \end{vmatrix}$,$A_{ij}$ 为元素 a_{ij} 的代数余子式,求

(1) $A_{51}+2A_{52}+3A_{53}+4A_{54}+5A_{55}$;

(2) $A_{31}+A_{32}+A_{33}$.

分析:若分别计算出余子式,需计算多个四阶行列式,计算量较大,因此按行列式展开定理计算.

解 (1)

$$A_{51}+2A_{52}+3A_{53}+4A_{54}+5A_{55} = \begin{vmatrix} 1 & 2 & 3 & 4 & 5 \\ 5 & 5 & 5 & 3 & 3 \\ 3 & 2 & 5 & 4 & 2 \\ 2 & 2 & 2 & 1 & 1 \\ 1 & 2 & 3 & 4 & 5 \end{vmatrix} = 0.$$

$$(2)\ A_{31}+A_{32}+A_{33} = \begin{vmatrix} 1 & 2 & 3 & 4 & 5 \\ 5 & 5 & 5 & 3 & 3 \\ 1 & 1 & 1 & 0 & 0 \\ 2 & 2 & 2 & 1 & 1 \\ 4 & 6 & 5 & 2 & 3 \end{vmatrix} \xlongequal{r_2+r_3} \begin{vmatrix} 1 & 2 & 3 & 4 & 5 \\ 6 & 6 & 6 & 3 & 3 \\ 1 & 1 & 1 & 0 & 0 \\ 2 & 2 & 2 & 1 & 1 \\ 4 & 6 & 5 & 2 & 3 \end{vmatrix} = 0.$$

例 3 计算行列式

$$D=\begin{vmatrix} 1 & -1 & 1 & x-1 \\ 1 & -1 & x+1 & -1 \\ 1 & x-1 & 1 & -1 \\ x+1 & -1 & 1 & -1 \end{vmatrix}.$$

分析:虽为四阶行列式,利用行列式性质或展开直接计算较麻烦.观察可知,此行列式行和相等.

解 将行列式的第 2,3,4 列加至第 1 列,得

$$D=\begin{vmatrix} x & -1 & 1 & x-1 \\ x & -1 & x+1 & -1 \\ x & x-1 & 1 & -1 \\ x & -1 & 1 & -1 \end{vmatrix}=x\begin{vmatrix} 1 & -1 & 1 & x-1 \\ 1 & -1 & x+1 & -1 \\ 1 & x-1 & 1 & -1 \\ 1 & -1 & 1 & -1 \end{vmatrix}$$

$$=x\begin{vmatrix} 1 & 0 & 0 & x \\ 1 & 0 & x & 0 \\ 1 & x & 0 & 0 \\ 1 & 0 & 0 & 0 \end{vmatrix}=x\cdot(-1)^6x^3=x^4.$$

例 4 计算行列式 $\begin{vmatrix} 1-a & a & & & \\ -1 & 1-a & a & & \\ & -1 & 1-a & a & \\ & & -1 & 1-a & a \\ & & & -1 & 1-a \end{vmatrix}$.

分析:此行列式的第 1 行(列)与第 5 行(列)都只有两个元素不为零,可按行(列)展开得到递推关系计算.

解 按第 1 行展开,设原式为 D_5,则

$$D_5=(1-a)\begin{vmatrix} 1-a & a & & \\ -1 & 1-a & a & \\ & -1 & 1-a & a \\ & & -1 & 1-a \end{vmatrix}-a\begin{vmatrix} -1 & a & & \\ & 1-a & a & \\ & -1 & 1-a & a \\ & & -1 & 1-a \end{vmatrix}$$

$=(1-a)D_4+aD_3$.(其中后一个行列式再按第一列展开)

连续应用此递推式有

$$\begin{aligned} D_5&=(1-a)[(1-a)D_3+aD_2]+aD_3\\ &=[(1-a)^2+a]D_3+a(1-a)D_2\\ &=(a^2-a+1)[(1-a)D_2+aD_1]+a(1-a)D_2, \end{aligned}$$

注意到

$$D_2=1-a+a^2,\quad D_1=1-a,$$

则

$$D_5=1-a+a^2-a^3+a^4-a^5.$$

读者也可选择将原行列式的第 2,3,4,5 列全加到第 1 列,再按第 1 列展开计算;也可选择将第 1 列 $\begin{pmatrix}1-a\\-1\\0\\0\\0\end{pmatrix}$ 看成 $\begin{pmatrix}1\\-1\\0\\0\\0\end{pmatrix}$ 与 $\begin{pmatrix}-a\\0\\0\\0\\0\end{pmatrix}$ 之和,利用行列式性质将原行列式分成两个行列式之和计算.

例 5 计算 n 阶行列式

$$D=\begin{vmatrix}1 & 2 & 3 & \cdots & n\\ x & 1 & 2 & \cdots & n-1\\ x & x & 1 & \cdots & n-2\\ \vdots & \vdots & \vdots & & \vdots\\ x & x & x & \cdots & 1\end{vmatrix}.$$

分析:观察此行列式可知,行列式的相邻行(列)变化有规律,应选择相邻两行(列)相减.

解 从第 1 行开始,前一行减后一行,得

$$D=\begin{vmatrix}1-x & 1 & 1 & \cdots & 1 & 1\\ 0 & 1-x & 1 & \cdots & 1 & 1\\ 0 & 0 & 1-x & \cdots & 1 & 1\\ \vdots & \vdots & \vdots & & \vdots & \vdots\\ 0 & 0 & 0 & \cdots & 1-x & 1\\ x & x & x & \cdots & x & 1\end{vmatrix},$$

此时可选择按第 1 列展开计算. 但注意到右下角元素 1 如果为 x 的话,此行列式较易求,因此,选择把最后一列元素拆成两个元素之和,即

$$\begin{pmatrix}1\\1\\1\\\vdots\\1\end{pmatrix}=\begin{pmatrix}1\\1\\1\\\vdots\\x\end{pmatrix}+\begin{pmatrix}0\\0\\0\\\vdots\\1-x\end{pmatrix},$$

则

$$D=x\begin{vmatrix}1-x&1&1&\cdots&1&1\\0&1-x&1&\cdots&1&1\\\vdots&\vdots&\vdots&&\vdots&\vdots\\0&0&0&\cdots&1-x&1\\1&1&1&\cdots&1&1\end{vmatrix}+\begin{vmatrix}1-x&1&1&\cdots&1&0\\0&1-x&1&\cdots&1&0\\\vdots&\vdots&\vdots&&\vdots&\vdots\\0&0&0&\cdots&1-x&0\\x&x&x&\cdots&x&1-x\end{vmatrix},$$

把上式右端的第一个行列式的最后一行乘-1加到其他行,右端的第二个行列式按第 n 列展开,则

$$D=(-1)^{n-1}x^n+(1-x)^n.$$

例 6 计算 n 阶行列式

$$D_n=\begin{vmatrix}x&a&a&\cdots&a\\b&x&a&\cdots&a\\b&b&x&\cdots&a\\\vdots&\vdots&\vdots&&\vdots\\b&b&b&\cdots&x\end{vmatrix}\quad(a\neq b).$$

分析:观察此行列式易知,选择相邻行、列相减.

解 从最后一行开始,后一行减前一行得

$$D_n=\begin{vmatrix}x&a&\cdots&a&a\\b-x&x-a&\cdots&0&0\\\vdots&\vdots&&\vdots&\vdots\\0&0&\cdots&x-a&0\\0&0&\cdots&b-x&x-a\end{vmatrix}.$$

按第 n 列展开得

$$D_n=(-1)^{n+1}a\begin{vmatrix}b-x&x-a&0&\cdots&0\\0&b-x&x-a&\cdots&0\\\vdots&\vdots&\vdots&&\vdots\\0&0&0&\cdots&b-x\end{vmatrix}$$

$$+(x-a)\begin{vmatrix}x&a&\cdots&a&a\\b-x&x-a&\cdots&0&0\\\vdots&\vdots&&\vdots&\vdots\\0&0&\cdots&x-a&0\\0&0&\cdots&b-x&x-a\end{vmatrix}$$

$$=(-1)^{n-1}a\,(b-x)^{n-1}+(x-a)D_{n-1}=(x-a)D_{n-1}+a\,(x-b)^{n-1},\quad(1.12)$$

由于 $D_n=D_n^{\mathrm{T}}$,则又可得

$$D_n=(x-b)D_{n-1}+b\,(x-a)^{n-1}.\quad(1.13)$$

由(1.12)和(1.13)可得

$$D_n=\frac{a(x-b)^n-b(x-a)^n}{a-b}.$$

注 选择从第1行开始,前一行减后一行同样可以求出行列式.

习 题 一

1. 以自然数从小到大为标准次序,求下列全排列的逆序数,并指出其奇偶性.

(1) 354216;　　(2) 215463;

(3) $(n-1)(n-2)\cdots 21n$;　　(4) $13\cdots(2n-1)(2n)(2n-2)\cdots 2$.

2. 求 i,j 使

(1) $2i68j431$ 为奇排列;　　(2) $162i54j8$ 为偶排列.

3. 设 $\tau(j_1j_2\cdots j_n)=k$,试求 $\tau(j_n\cdots j_2j_1)$,其中 $j_1j_2\cdots j_n$ 为 $1,2,\cdots,n$ 的一个全排列.

4. 写出四阶行列式中含有因子 $a_{11}a_{23}$ 的项.

5. 在五阶行列式中,下列各项的前面应带什么符号?

(1) $a_{13}a_{24}a_{31}a_{42}a_{55}$;　　(2) $a_{31}a_{24}a_{53}a_{12}a_{45}$.

6. 利用对角线法则计算下列三阶行列式.

(1) $\begin{vmatrix} 2 & 0 & 1 \\ 1 & -4 & -1 \\ -1 & 8 & 3 \end{vmatrix}$;　　(2) $\begin{vmatrix} a & b & c \\ b & c & a \\ c & a & b \end{vmatrix}$;

(3) $\begin{vmatrix} 1 & 1 & 1 \\ a & b & c \\ a^2 & b^2 & c^2 \end{vmatrix}$;　　(4) $\begin{vmatrix} x & y & x+y \\ y & x+y & x \\ x+y & x & y \end{vmatrix}$.

7. 按定义计算行列式.

(1) $\begin{vmatrix} a_{11} & 0 & 0 & a_{14} \\ 0 & a_{22} & a_{23} & 0 \\ 0 & a_{32} & a_{33} & 0 \\ a_{41} & 0 & 0 & a_{44} \end{vmatrix}$;　　(2) $\begin{vmatrix} 0 & 0 & \cdots & 0 & 1 \\ 0 & 0 & \cdots & 2 & 0 \\ \vdots & \vdots & & \vdots & \vdots \\ 0 & n-1 & \cdots & 0 & 0 \\ n & 0 & \cdots & 0 & 0 \end{vmatrix}$;

(3) $\begin{vmatrix} 0 & 1 & 0 & \cdots & 0 & 0 \\ 0 & 0 & 2 & \cdots & 0 & 0 \\ \vdots & \vdots & \vdots & & \vdots & \vdots \\ 0 & 0 & 0 & \cdots & 0 & n-1 \\ n & 0 & 0 & \cdots & 0 & 0 \end{vmatrix}$;　　(4) $\begin{vmatrix} 0 & 0 & \cdots & 0 & 1 & 0 \\ 0 & 0 & \cdots & 2 & 0 & 0 \\ \vdots & \vdots & & \vdots & \vdots & \vdots \\ n-1 & 0 & \cdots & 0 & 0 & 0 \\ 0 & 0 & \cdots & 0 & 0 & n \end{vmatrix}$.

8. 求多项式 $f(x)=\begin{vmatrix} x & x & 1 & 2x \\ 1 & x & 2 & -1 \\ 2 & 1 & x & 1 \\ 2 & -1 & 1 & x \end{vmatrix}$ 中 x^4 与 x^3 的系数.

9. 计算下列行列式.

(1) $\begin{vmatrix} 1 & -2 & 0 & 4 \\ 2 & -5 & 1 & -3 \\ 4 & 1 & -2 & 6 \\ -3 & 2 & 7 & 1 \end{vmatrix}$；　　(2) $\begin{vmatrix} 1 & a & 0 & 0 \\ 0 & 1 & a & 0 \\ 0 & 0 & 1 & a \\ a & 0 & 0 & 1 \end{vmatrix}$；

(3) $\begin{vmatrix} 1+x & 1 & 1 & 1 \\ 1 & 1-x & 1 & 1 \\ 1 & 1 & 1+y & 1 \\ 1 & 1 & 1 & 1-y \end{vmatrix}$；　　(4) $\begin{vmatrix} a^2 & (a+1)^2 & (a+2)^2 & (a+3)^2 \\ b^2 & (b+1)^2 & (b+2)^2 & (b+3)^2 \\ c^2 & (c+1)^2 & (c+2)^2 & (c+3)^2 \\ d^2 & (d+1)^2 & (d+2)^2 & (d+3)^2 \end{vmatrix}$.

10. 已知四阶行列式 D 中第 1 行的元素分别为 1,2,0,−1,第 3 行的元素的余子式依次为 5,x,17,1,求 x.

11. 设 $D=\begin{vmatrix} 3 & -5 & 2 & 1 \\ 1 & 1 & 0 & -5 \\ -1 & 3 & 1 & 3 \\ 2 & -4 & -1 & -3 \end{vmatrix}$,$M_{ij}$ 和 A_{ij} 为 D 中元素 a_{ij} 的余子式和代数余子式,求

(1) $A_{11}+A_{12}+A_{13}+A_{14}$；　　(2) $M_{11}+M_{21}+M_{31}+M_{41}$.

12. 计算下列 n 阶行列式.

(1) $\begin{vmatrix} a_1-b_1 & a_1-b_2 & \cdots & a_1-b_n \\ a_2-b_1 & a_2-b_2 & \cdots & a_2-b_n \\ \vdots & \vdots & & \vdots \\ a_n-b_1 & a_n-b_2 & \cdots & a_n-b_n \end{vmatrix}$；

(2) $\begin{vmatrix} a & & 1 \\ & \ddots & \\ 1 & & a \end{vmatrix}$,其中对角线上元素都是 a,未写出的元素都是 0；

(3) $\begin{vmatrix} x & a & \cdots & a \\ a & x & \cdots & a \\ \vdots & \vdots & & \vdots \\ a & a & \cdots & x \end{vmatrix}$；　　(4) $\begin{vmatrix} a & b & 0 & \cdots & 0 & 0 \\ 0 & a & b & \cdots & 0 & 0 \\ \vdots & \vdots & \vdots & & \vdots & \vdots \\ 0 & 0 & 0 & \cdots & a & b \\ b & 0 & 0 & \cdots & 0 & a \end{vmatrix}$；

(5) $\begin{vmatrix} 1+a_1 & 1 & \cdots & 1 \\ 1 & 1+a_2 & \cdots & 1 \\ \vdots & \vdots & & \vdots \\ 1 & 1 & \cdots & 1+a_n \end{vmatrix}(a_1a_2\cdots a_n\neq 0)$;

(6) $\begin{vmatrix} 2 & 1 & 0 & \cdots & 0 & 0 \\ 1 & 2 & 1 & \cdots & 0 & 0 \\ 0 & 1 & 2 & \cdots & 0 & 0 \\ \vdots & \vdots & \vdots & & \vdots & \vdots \\ 0 & 0 & 0 & \cdots & 2 & 1 \\ 0 & 0 & 0 & \cdots & 1 & 2 \end{vmatrix}$.

13. 用克拉默法则求解下列方程组.

(1) $\begin{cases} x_1-x_2+2x_3+x_4=3, \\ 4x_1+x_2+2x_3=-2, \\ 5x_1+x_3+2x_4=0, \\ x_1+x_2+x_3+x_4=2; \end{cases}$　　(2) $\begin{cases} x_1+x_2+x_3+x_4=5, \\ x_1+2x_2-x_3+4x_4=-2, \\ 2x_1-3x_2-x_3-5x_4=-2, \\ 3x_1+x_2+2x_3+11x_4=0. \end{cases}$

14. 问 λ,μ 取何值时,齐次线性方程组 $\begin{cases} \lambda x_1+x_2+x_3=0, \\ x_1+\mu x_2+x_3=0, \\ x_1+2\mu x_2+x_3=0 \end{cases}$ 有非零解.

15. 问 λ 取何值时,齐次线性方程组 $\begin{cases} (1-\lambda)x_1-2x_2+4x_3=0, \\ 2x_1+(3-\lambda)x_2+x_3=0, \\ x_1+x_2+(1-\lambda)x_3=0 \end{cases}$ 只有零解.

第二章　矩　　阵

矩阵是线性代数的基本内容之一，也是数学中一个极其重要的工具，在物理学、工程技术、经济学等许多领域中有着相当广泛的应用. 本章主要介绍矩阵的概念、性质、运算. 这些内容在本课程的后续学习中是必不可少的.

第一节　矩阵的概念

引例 1　在平面解析几何中，当坐标轴逆时针旋转 θ 角时，旧坐标 (x,y) 和新坐标 (x',y') 之间存在如下的变换公式

$$\begin{cases} x=x'\cos\theta-y'\sin\theta, \\ y=x'\sin\theta+y'\cos\theta. \end{cases}$$

显然，这种新旧坐标之间的关系完全可以由公式中的系数所构成的数表

$$\begin{pmatrix} \cos\theta & -\sin\theta \\ \sin\theta & \cos\theta \end{pmatrix}$$

确定.

引例 2　给定线性方程组

$$\begin{cases} a_{11}x_1+a_{12}x_2+\cdots+a_{1n}x_n=b_1, \\ a_{21}x_1+a_{22}x_2+\cdots+a_{2n}x_n=b_2, \\ \qquad\cdots\cdots \\ a_{m1}x_1+a_{m2}x_2+\cdots+a_{mn}x_n=b_m, \end{cases} \tag{2.1}$$

其中 $x_i(i=1,2,\cdots,n)$ 代表 n 个未知量，m 是方程的个数，$a_{ij}(i=1,2,\cdots,m;j=1,2,\cdots,n)$ 称为方程组的系数，$b_i(i=1,2,\cdots,m)$ 称为常数项. 为了便于研究和求解以上线性方程组，我们把系数和常数项取出并按原来的位置排成下列数表：

$$\begin{pmatrix} a_{11} & a_{12} & \cdots & a_{1n} & b_1 \\ a_{21} & a_{22} & \cdots & a_{2n} & b_2 \\ \vdots & \vdots & & \vdots & \vdots \\ a_{m1} & a_{m2} & \cdots & a_{mn} & b_m \end{pmatrix}, \tag{2.2}$$

这样的数表被称为矩阵.

定义 2.1　由 $m\times n$ 个数 $a_{ij}(i=1,2,\cdots,m;j=1,2,\cdots,n)$ 排成 m 行 n 列的数表

$$\begin{matrix} a_{11} & a_{12} & \cdots & a_{1n} \\ a_{21} & a_{22} & \cdots & a_{2n} \\ \vdots & \vdots & & \vdots \\ a_{m1} & a_{m2} & \cdots & a_{mn} \end{matrix}$$

称为 m 行 n 列的**矩阵**,简称 $m\times n$ 矩阵.为了表示它是一个整体,总是加一个括弧(中括弧或小括弧),并用大写黑体字母表示它,记作

$$\boldsymbol{A}=\begin{pmatrix} a_{11} & a_{12} & \cdots & a_{1n} \\ a_{21} & a_{22} & \cdots & a_{2n} \\ \vdots & \vdots & & \vdots \\ a_{m1} & a_{m2} & \cdots & a_{mn} \end{pmatrix}, \tag{2.3}$$

其中,a_{ij} 表示矩阵第 i 行第 j 列的元素.矩阵(2.3)也可简记为 $\boldsymbol{A}=(a_{ij})_{m\times n}$ 或 $\boldsymbol{A}=(a_{ij})$. $m\times n$ 矩阵 $\boldsymbol{A}$ 也记为 $\boldsymbol{A}_{m\times n}$.

元素是实数的矩阵称为**实矩阵**,元素是复数的矩阵称为**复矩阵**.本书中除特别说明外,都是指实矩阵.

当 $m=n$ 时,$\boldsymbol{A}$ 称为 n 阶**方阵**,可记作 $\boldsymbol{A}_n$.

注　n 阶方阵仅仅是由 n^2 个元素排成的一个正方表,而与 n 阶行列式不同.一个由 n 阶方阵 $\boldsymbol{A}$ 的元素按原来排列的形式构成的 n 阶行列式,称为方阵 $\boldsymbol{A}$ 的行列式,记作 $|\boldsymbol{A}|$,或 $\det\boldsymbol{A}$.

两个矩阵若行数相等且列数相等,则称它们是**同型的**.若 $\boldsymbol{A}=(a_{ij})_{m\times n}$ 与 $\boldsymbol{B}=(b_{ij})_{m\times n}$ 同型,且它们的对应元素相等,即

$$a_{ij}=b_{ij}\quad(i=1,2,\cdots,m;j=1,2,\cdots,n),$$

则称矩阵 $\boldsymbol{A}$ 与 $\boldsymbol{B}$ **相等**,记为

$$\boldsymbol{A}=\boldsymbol{B}.$$

元素全为零的矩阵称为**零矩阵**,记为 $\boldsymbol{0}$.注意不同型的零矩阵是不相等的.

显然,当未知量 $x_1,x_2,\cdots,x_n$ 的顺序排定后,线性方程组(2.1)与矩阵(2.2)是一一对应的,于是可以用矩阵来研究线性方程组.

用矩阵形式可以简洁地描述某些数量关系.

例 1　设某工厂共生产甲、乙、丙三种产品.用 c_{ij} 表示第 i 个季度生产第 j 种产品的数量,其中 $i=1,2,3,4$ 依次表示第一、二、三、四季度,$j=1,2,3$ 分别对应甲、乙、丙三种产品,则该厂一年的生产情况可用以下矩阵表示:

$$\begin{pmatrix} c_{11} & c_{12} & c_{13} \\ c_{21} & c_{22} & c_{23} \\ c_{31} & c_{32} & c_{33} \\ c_{41} & c_{42} & c_{43} \end{pmatrix}.$$

例 2　将某种物资从 m 个产地 $A_1,A_2,\cdots,A_m$ 运往 n 个销地 $B_1,B_2,\cdots,B_n$.用

a_{ij} 表示由产地 $A_i(i=1,2,\cdots,m)$ 运往销地 $B_j(j=1,2,\cdots,n)$ 的物资数量，则调运方案可用矩阵(2.3)表示.

下面介绍一些特殊矩阵.

只有一行的矩阵

$$\boldsymbol{A}=(a_1 \quad a_2 \quad \cdots \quad a_n)$$

称为**行矩阵**，为了避免元素间的混淆，行矩阵一般记作

$$\boldsymbol{A}=(a_1,a_2,\cdots,a_n).$$

只有一列的矩阵

$$\boldsymbol{A}=\begin{pmatrix} a_1 \\ a_2 \\ \vdots \\ a_n \end{pmatrix}$$

称为**列矩阵**.

形如

$$\begin{pmatrix} 1 & 0 & \cdots & 0 \\ 0 & 1 & \cdots & 0 \\ \vdots & \vdots & & \vdots \\ 0 & 0 & \cdots & 1 \end{pmatrix}$$

的方阵称为单位矩阵，通常记作 $\boldsymbol{E}$，简称单位阵. 若单位阵的阶为 n，则称为 n 阶单位阵，记为 $\boldsymbol{E}_n$. 单位矩阵的特点是：从左上角到右下角的直线(称为主对角线)上的元素都是 1，其他元素都为零，也就是

$$\boldsymbol{E}=(\delta_{ij}),$$

其中

$$\delta_{ij}=\begin{cases} 1, & i=j, \\ 0, & i\neq j. \end{cases}$$

显然有 $|\boldsymbol{E}|=1$.

形如

$$\boldsymbol{\Lambda}=\begin{pmatrix} \lambda_1 & 0 & \cdots & 0 \\ 0 & \lambda_2 & \cdots & 0 \\ \vdots & \vdots & & \vdots \\ 0 & 0 & \cdots & \lambda_n \end{pmatrix}$$

的方阵称为**对角矩阵**，简称**对角阵**，对角阵也记作 $\boldsymbol{\Lambda}=\mathrm{diag}(\lambda_1,\lambda_2,\cdots,\lambda_n)$. 对角阵的特点是不在主对角线上的元素都为零. 当 $\lambda_1=\lambda_2=\cdots=\lambda_n$ 时称此矩阵为**数量矩阵**.

形如

$$A=\begin{pmatrix} a_{11} & a_{12} & \cdots & a_{1n} \\ 0 & a_{22} & \cdots & a_{2n} \\ \vdots & \vdots & & \vdots \\ 0 & 0 & \cdots & a_{nn} \end{pmatrix}$$

的方阵称为**上三角矩阵**. 上三角矩阵的特点是:主对角线以下的元素全为零,即当 $i>j$ 时,$a_{ij}=0$.

类似地,形如

$$\begin{pmatrix} a_{11} & 0 & \cdots & 0 \\ a_{21} & a_{22} & \cdots & 0 \\ \vdots & \vdots & & \vdots \\ a_{n1} & a_{n2} & \cdots & a_{nn} \end{pmatrix}$$

的方阵称为**下三角矩阵**.

第二节　矩阵的运算

一、矩阵的加法

定义 2.2　设有两个 $m\times n$ 矩阵 $A=(a_{ij})_{m\times n}$,$B=(b_{ij})_{m\times n}$,那么矩阵

$$C=(c_{ij})_{m\times n}=(a_{ij}+b_{ij})_{m\times n}=\begin{pmatrix} a_{11}+b_{11} & a_{12}+b_{12} & \cdots & a_{1n}+b_{1n} \\ a_{21}+b_{21} & a_{22}+b_{22} & \cdots & a_{2n}+b_{2n} \\ \vdots & \vdots & & \vdots \\ a_{m1}+b_{m1} & a_{m2}+b_{m2} & \cdots & a_{mn}+b_{mn} \end{pmatrix}$$

称为矩阵 A 与 B 的和,记为 $C=A+B$.

注　只有同型矩阵才能进行加法运算.

设 $A,B,C,0$ 均为 $m\times n$ 矩阵,容易证明矩阵加法满足下列运算规律:

(ⅰ) 交换律　$A+B=B+A$;

(ⅱ) 结合律　$(A+B)+C=A+(B+C)$;

(ⅲ) $A+0=A$.

设矩阵 $A=(a_{ij})_{m\times n}$,记

$$-A=(-a_{ij})_{m\times n},$$

上述矩阵称为 A 的**负矩阵**,显然有

$$A+(-A)=0_{m\times n}.$$

设 A,B 是同型矩阵,则由矩阵加法及负矩阵,可定义矩阵的减法为

$$A-B=A+(-B).$$

二、数与矩阵的乘法

定义 2.3　设 λ 是常数，$\boldsymbol{A}=(a_{ij})_{m\times n}$，则矩阵

$$\lambda\boldsymbol{A}=\boldsymbol{A}\lambda=(\lambda a_{ij})_{m\times n}=\begin{pmatrix}\lambda a_{11} & \lambda a_{12} & \cdots & \lambda a_{1n}\\ \lambda a_{21} & \lambda a_{22} & \cdots & \lambda a_{2n}\\ \vdots & \vdots & & \vdots\\ \lambda a_{m1} & \lambda a_{m2} & \cdots & \lambda a_{mn}\end{pmatrix}$$

称为数 λ 与矩阵 $\boldsymbol{A}$ 的**乘积**，也称**数乘矩阵**.

设 $\boldsymbol{A},\boldsymbol{B}$ 为 $m\times n$ 矩阵，λ,μ 为数，由定义可以证明数与矩阵的乘法满足下列运算规律：

(ⅰ) $(\lambda\mu)\boldsymbol{A}=\lambda(\mu\boldsymbol{A})=\mu(\lambda\boldsymbol{A})$；

(ⅱ) $(\lambda+\mu)\boldsymbol{A}=\lambda\boldsymbol{A}+\mu\boldsymbol{A}$；

(ⅲ) $\lambda(\boldsymbol{A}+\boldsymbol{B})=\lambda\boldsymbol{A}+\lambda\boldsymbol{B}$；

(ⅳ) $1\boldsymbol{A}=\boldsymbol{A},(-1)\boldsymbol{A}=-\boldsymbol{A}$；

(ⅴ) 若 $\boldsymbol{A}$ 为 n 阶方阵，则 $|\lambda\boldsymbol{A}|=\lambda^n|\boldsymbol{A}|$.

矩阵的加法以及数与矩阵的乘法总称为矩阵的线性运算.

三、矩阵与矩阵相乘

定义 2.4　设矩阵 $\boldsymbol{A}=(a_{ij})_{m\times s},\boldsymbol{B}=(b_{ij})_{s\times n}$，则 $m\times n$ 矩阵 $\boldsymbol{C}=(c_{ij})_{m\times n}$，其中

$$c_{ij}=a_{i1}b_{1j}+a_{i2}b_{2j}+\cdots+a_{is}b_{sj}=\sum_{k=1}^{s}a_{ik}b_{kj}$$

称为矩阵 $\boldsymbol{A}$ 与 $\boldsymbol{B}$ 的**乘积**，记为 $\boldsymbol{C}_{m\times n}=\boldsymbol{A}_{m\times s}\boldsymbol{B}_{s\times n}$，简记为 $\boldsymbol{C}=\boldsymbol{AB}$.

由定义可以看出：$\boldsymbol{C}=\boldsymbol{AB}$ 中第 i 行第 j 列的元素 c_{ij} 等于 $\boldsymbol{A}$ 的第 i 行与 $\boldsymbol{B}$ 的第 j 列的相应元素的乘积之和.

必须注意：只有当第一个矩阵(左矩阵)的列数等于第二个矩阵(右矩阵)的行数时，两个矩阵才能相乘. 其行数与列数之间的关系可简记为

$$(m\times s)(s\times n)=(m\times n).$$

例 1　设矩阵

$$\boldsymbol{A}=\begin{pmatrix}2 & 3\\ 1 & -2\\ 3 & 1\end{pmatrix},\quad \boldsymbol{B}=\begin{pmatrix}1 & -2 & -3\\ 2 & -1 & 0\end{pmatrix},$$

求乘积 $\boldsymbol{AB}$.

解　因为 $\boldsymbol{A}$ 是 3×2 矩阵，$\boldsymbol{B}$ 是 2×3 矩阵，$\boldsymbol{A}$ 的列数等于 $\boldsymbol{B}$ 的行数，所以矩阵 $\boldsymbol{A}$ 与 $\boldsymbol{B}$ 可以相乘，$\boldsymbol{AB}=\boldsymbol{C}$ 是 3×3 矩阵. 由定义 2.4 有

$$\boldsymbol{AB}=\begin{pmatrix}2&3\\1&-2\\3&1\end{pmatrix}\begin{pmatrix}1&-2&-3\\2&-1&0\end{pmatrix}$$

$$=\begin{pmatrix}2\times1+3\times2&2\times(-2)+3\times(-1)&2\times(-3)+3\times0\\1\times1+(-2)\times2&1\times(-2)+(-2)\times(-1)&1\times(-3)+(-2)\times0\\3\times1+1\times2&3\times(-2)+1\times(-1)&3\times(-3)+1\times0\end{pmatrix}$$

$$=\begin{pmatrix}8&-7&-6\\-3&0&-3\\5&-7&-9\end{pmatrix}.$$

例 2　设 $\boldsymbol{A}=\begin{pmatrix}1&1\\-1&-1\end{pmatrix}$，$\boldsymbol{B}=\begin{pmatrix}1&-1\\-1&1\end{pmatrix}$，求 $\boldsymbol{AB}$ 与 $\boldsymbol{BA}$.

解

$$\boldsymbol{AB}=\begin{pmatrix}1&1\\-1&-1\end{pmatrix}\begin{pmatrix}1&-1\\-1&1\end{pmatrix}=\begin{pmatrix}0&0\\0&0\end{pmatrix},$$

$$\boldsymbol{BA}=\begin{pmatrix}1&-1\\-1&1\end{pmatrix}\begin{pmatrix}1&1\\-1&-1\end{pmatrix}=\begin{pmatrix}2&2\\-2&-2\end{pmatrix}.$$

一般来说 $\boldsymbol{AB}\neq\boldsymbol{BA}$. 乘积 $\boldsymbol{AB}$ 有意义时，$\boldsymbol{BA}$ 不一定有意义，即使 $\boldsymbol{BA}$ 有意义，由例 2 知，$\boldsymbol{AB}\neq\boldsymbol{BA}$. 由此可知，在矩阵乘法中必须注意矩阵相乘的顺序. $\boldsymbol{AB}$ 通常说成"$\boldsymbol{A}$ 左乘 $\boldsymbol{B}$"，$\boldsymbol{BA}$ 称为"$\boldsymbol{A}$ 右乘 $\boldsymbol{B}$". 因此，矩阵乘法不满足交换律，即在一般情况下，$\boldsymbol{AB}\neq\boldsymbol{BA}$.

对于两个 n 阶方阵 $\boldsymbol{A}$，$\boldsymbol{B}$，若 $\boldsymbol{AB}=\boldsymbol{BA}$，则称 $\boldsymbol{A}$ 与 $\boldsymbol{B}$ 是**可交换的**.

请读者验证矩阵 $\begin{pmatrix}1&1\\0&1\end{pmatrix}$ 与 $\begin{pmatrix}1&2\\0&1\end{pmatrix}$ 是可交换的.

由例 2 还可看出：当 $\boldsymbol{A}$，$\boldsymbol{B}$ 都不是零矩阵时，但 $\boldsymbol{AB}=\boldsymbol{0}$，这是矩阵乘法与数的乘法又一不同之处. 特别注意：由 $\boldsymbol{AB}=\boldsymbol{0}$ 不能推出 $\boldsymbol{A}=\boldsymbol{0}$ 或 $\boldsymbol{B}=\boldsymbol{0}$ 的结论；由 $\boldsymbol{AB}=\boldsymbol{AC}$，$\boldsymbol{A}\neq\boldsymbol{0}$ 也不能推出 $\boldsymbol{B}=\boldsymbol{C}$ 的结论，即矩阵乘法不满足消去律.

可以证明，矩阵乘法满足以下运算规律，其中所涉及的运算均假定是可行的.

(ⅰ) $(\boldsymbol{AB})\boldsymbol{C}=\boldsymbol{A}(\boldsymbol{BC})$(结合律)；

(ⅱ) $\boldsymbol{A}(\boldsymbol{B}+\boldsymbol{C})=\boldsymbol{AB}+\boldsymbol{AC}$，$(\boldsymbol{B}+\boldsymbol{C})\boldsymbol{A}=\boldsymbol{BA}+\boldsymbol{CA}$(分配律)；

(ⅲ) $\lambda(\boldsymbol{AB})=(\lambda\boldsymbol{A})\boldsymbol{B}=\boldsymbol{A}(\lambda\boldsymbol{B})$(其中 λ 为数).

以上性质可以根据矩阵运算的定义得到证明.

矩阵乘法的记号可以简化某些表达形式.

例 3　设一组变量 $x_1,x_2,\cdots,x_n$ 到另一组变量 $y_1,y_2,\cdots,y_m$ 的变换由 m 个线性表达式给出

$$\begin{cases} y_1 = a_{11}x_1 + a_{12}x_2 + \cdots + a_{1n}x_n, \\ y_2 = a_{21}x_1 + a_{22}x_2 + \cdots + a_{2n}x_n, \\ \quad\cdots\cdots \\ y_m = a_{m1}x_1 + a_{m2}x_2 + \cdots + a_{mn}x_n, \end{cases} \tag{2.4}$$

其中常数 $a_{ij}\ (i=1,2,\cdots,m;j=1,2,\cdots,n)$ 为变换(2.4)的系数,这种从变量 x_1,x_2,$\cdots$,x_n 到变量 y_1,y_2,$\cdots$,y_m 的变换称为**线性变换**.

用矩阵乘法的定义,以上线性变换可简记为

$$\boldsymbol{y}=\boldsymbol{A}\boldsymbol{x},$$

其中系数矩阵 $\boldsymbol{A}$ 以及两列向量 $\boldsymbol{x}$,$\boldsymbol{y}$ 分别为

$$\boldsymbol{A}=\begin{pmatrix} a_{11} & a_{12} & \cdots & a_{1n} \\ a_{21} & a_{22} & \cdots & a_{2n} \\ \vdots & \vdots & & \vdots \\ a_{m1} & a_{m2} & \cdots & a_{mn} \end{pmatrix}, \quad \boldsymbol{x}=\begin{pmatrix} x_1 \\ x_2 \\ \vdots \\ x_n \end{pmatrix}, \quad \boldsymbol{y}=\begin{pmatrix} y_1 \\ y_2 \\ \vdots \\ y_m \end{pmatrix}. \tag{2.5}$$

在式(2.4)中,若 $m=n$,$\boldsymbol{A}=\boldsymbol{E}$,则该线性变换也称为恒等变换.

例 4 设有两个线性变换

$$\begin{cases} y_1 = a_{11}x_1 + a_{12}x_2, \\ y_2 = a_{21}x_1 + a_{22}x_2, \\ y_3 = a_{31}x_1 + a_{32}x_2 \end{cases} \tag{2.6}$$

与

$$\begin{cases} x_1 = b_{11}t_1 + b_{12}t_2 + b_{13}t_3, \\ x_2 = b_{21}t_1 + b_{22}t_2 + b_{23}t_3, \end{cases} \tag{2.7}$$

试用矩阵表示从变量 t_1,t_2,t_3 到变量 y_1,y_2,y_3 的变换[这个变换称为线性变换(2.6)和(2.7)的乘积].

解 记

$$\boldsymbol{A}=\begin{pmatrix} a_{11} & a_{12} \\ a_{21} & a_{22} \\ a_{31} & a_{32} \end{pmatrix}, \quad \boldsymbol{B}=\begin{pmatrix} b_{11} & b_{12} & b_{13} \\ b_{21} & b_{22} & b_{23} \end{pmatrix}, \quad \boldsymbol{x}=\begin{pmatrix} x_1 \\ x_2 \end{pmatrix}, \quad \boldsymbol{y}=\begin{pmatrix} y_1 \\ y_2 \\ y_3 \end{pmatrix}, \quad \boldsymbol{t}=\begin{pmatrix} t_1 \\ t_2 \\ t_3 \end{pmatrix},$$

则线性变换(2.6)和(2.7)可分别表示为

$$\boldsymbol{y}=\boldsymbol{A}\boldsymbol{x}, \quad \boldsymbol{x}=\boldsymbol{B}\boldsymbol{t},$$

所以

$$\boldsymbol{y}=\boldsymbol{A}\boldsymbol{x}=\boldsymbol{A}(\boldsymbol{B}\boldsymbol{t})=(\boldsymbol{A}\boldsymbol{B})\boldsymbol{t}.$$

以上说明,线性变换的乘积仍为线性变换,它对应的矩阵为两线性变换对应的矩阵的乘积.

在线性方程组(2.1)中,记

$$\boldsymbol{b}=\begin{pmatrix} b_1 \\ b_2 \\ \vdots \\ b_m \end{pmatrix},$$

矩阵 $\boldsymbol{A},\boldsymbol{x}$ 的形式同(2.5),利用矩阵乘法的定义,则该线性方程组可记为

$$\boldsymbol{Ax}=\boldsymbol{b},$$

上式称为矩阵方程.

特别地,对于单位矩阵,容易验证

$$\boldsymbol{E}_m\boldsymbol{A}_{m\times n}=\boldsymbol{A}_{m\times n},\quad \boldsymbol{A}_{m\times n}\boldsymbol{E}_n=\boldsymbol{A}_{m\times n},$$

简记为

$$\boldsymbol{EA}=\boldsymbol{A},\quad \boldsymbol{AE}=\boldsymbol{A}.$$

对于数量矩阵 $\boldsymbol{A}=\begin{pmatrix} a & & \\ & \ddots & \\ & & a \end{pmatrix}$,以数量矩阵左乘或右乘(如果可乘)一个矩阵 $\boldsymbol{B}$,其乘积等于以数 a 乘矩阵 $\boldsymbol{B}$.

有了矩阵的乘法,就可定义 n 阶方阵的幂. 设 $\boldsymbol{A}$ 是 n 阶方阵,定义

$$\boldsymbol{A}^k=\underbrace{\boldsymbol{AA}\cdots\boldsymbol{A}}_{k\text{个}}\quad (k\text{ 为正整数}).$$

这就是说,$\boldsymbol{A}^k$ 是 k 个 $\boldsymbol{A}$ 连乘. 由乘法的定义可知,只有方阵才能定义幂.

矩阵的幂具有以下运算定律:

$$\boldsymbol{A}^k\boldsymbol{A}^l=\boldsymbol{A}^{k+l},\quad (\boldsymbol{A}^k)^l=\boldsymbol{A}^{kl},$$

其中 k,l 为正整数,但一般来说,对于两个同阶方阵 $\boldsymbol{A}$ 与 $\boldsymbol{B}$

$$(\boldsymbol{AB})^k\neq\boldsymbol{A}^k\boldsymbol{B}^k.$$

例 5 求证

$$\begin{pmatrix} \cos\theta & -\sin\theta \\ \sin\theta & \cos\theta \end{pmatrix}^n=\begin{pmatrix} \cos n\theta & -\sin n\theta \\ \sin n\theta & \cos n\theta \end{pmatrix}.$$

证 用数学归纳法证明. 当 $n=1$ 时,等式显然成立. 假设当 $n=k$ 时等式成立,即

$$\begin{pmatrix} \cos\theta & -\sin\theta \\ \sin\theta & \cos\theta \end{pmatrix}^k=\begin{pmatrix} \cos k\theta & -\sin k\theta \\ \sin k\theta & \cos k\theta \end{pmatrix}.$$

要证当 $n=k+1$ 时成立,此时

$$\begin{aligned}\begin{pmatrix} \cos\theta & -\sin\theta \\ \sin\theta & \cos\theta \end{pmatrix}^{k+1}&=\begin{pmatrix} \cos\theta & -\sin\theta \\ \sin\theta & \cos\theta \end{pmatrix}^k\begin{pmatrix} \cos\theta & -\sin\theta \\ \sin\theta & \cos\theta \end{pmatrix}\\&=\begin{pmatrix} \cos k\theta & -\sin k\theta \\ \sin k\theta & \cos k\theta \end{pmatrix}\begin{pmatrix} \cos\theta & -\sin\theta \\ \sin\theta & \cos\theta \end{pmatrix}\end{aligned}$$

$$=\begin{pmatrix}\cos k\theta\cos\theta-\sin k\theta\sin\theta & -\cos k\theta\sin\theta-\sin k\theta\cos\theta\\ \sin k\theta\cos\theta+\cos k\theta\sin\theta & -\sin k\theta\sin\theta+\cos k\theta\cos\theta\end{pmatrix}$$

$$=\begin{pmatrix}\cos(k+1)\theta & -\sin(k+1)\theta\\ \sin(k+1)\theta & \cos(k+1)\theta\end{pmatrix}.$$

所以当 $n=k+1$ 时结论成立.因此对一切正整数 n 都有

$$\begin{pmatrix}\cos\theta & -\sin\theta\\ \sin\theta & \cos\theta\end{pmatrix}^n=\begin{pmatrix}\cos n\theta & -\sin n\theta\\ \sin n\theta & \cos n\theta\end{pmatrix}.$$

关于矩阵乘法还有一个重要性质：

定理 2.1　同阶方阵 $\boldsymbol{A}$ 与 $\boldsymbol{B}$ 的乘积的行列式,等于矩阵 $\boldsymbol{A}$ 的行列式与矩阵 $\boldsymbol{B}$ 的行列式的乘积,即 $|\boldsymbol{AB}|=|\boldsymbol{A}|\cdot|\boldsymbol{B}|$.

证明略.

四、矩阵的转置

定义 2.5　将 $m\times n$ 矩阵 $\boldsymbol{A}=(a_{ij})_{m\times n}$ 的行和列互换,得到一个 $n\times m$ 矩阵,称为 $\boldsymbol{A}$ 的**转置矩阵**,也简称为 $\boldsymbol{A}$ 的**转置**,记为 $\boldsymbol{A}^{\mathrm{T}}$.

例如,矩阵

$$\boldsymbol{A}=\begin{pmatrix}2 & 1 & -1\\ 3 & 0 & 4\end{pmatrix}$$

的转置矩阵为

$$\boldsymbol{A}^{\mathrm{T}}=\begin{pmatrix}2 & 3\\ 1 & 0\\ -1 & 4\end{pmatrix}.$$

矩阵的转置也可看作是一种运算,满足下列规律(假设运算都是可行的)：

(ⅰ) $(\boldsymbol{A}^{\mathrm{T}})^{\mathrm{T}}=\boldsymbol{A}$;

(ⅱ) $(\boldsymbol{A}+\boldsymbol{B})^{\mathrm{T}}=\boldsymbol{A}^{\mathrm{T}}+\boldsymbol{B}^{\mathrm{T}}$;

(ⅲ) $(\lambda\boldsymbol{A})^{\mathrm{T}}=\lambda\boldsymbol{A}^{\mathrm{T}}$;

(ⅳ) $(\boldsymbol{AB})^{\mathrm{T}}=\boldsymbol{B}^{\mathrm{T}}\boldsymbol{A}^{\mathrm{T}}$;

(ⅴ) 当 $\boldsymbol{A}$ 为方阵时,$|\boldsymbol{A}^{\mathrm{T}}|=|\boldsymbol{A}|$.

性质(ⅰ)～(ⅲ)可直接按定义验证,下面只证明(ⅳ).

证　设 $\boldsymbol{A}=(a_{ij})_{m\times n}$,$\boldsymbol{B}=(b_{ij})_{n\times p}$,$\boldsymbol{AB}=(c_{ij})_{m\times p}$.$(\boldsymbol{AB})^{\mathrm{T}}$ 中第 i 行第 j 列的元素即 $\boldsymbol{AB}$ 中第 j 行第 i 列的元素,由乘法定义,即为

$$\sum_{k=1}^{n}a_{jk}b_{ki}\quad(j=1,2,\cdots,m;i=1,2,\cdots,p).$$

而 $\boldsymbol{B}^{\mathrm{T}}$ 的第 i 行为 $(b_{1i},b_{2i},\cdots,b_{ni})$,$\boldsymbol{A}^{\mathrm{T}}$ 的第 j 列为 $(a_{j1},a_{j2},\cdots,a_{jn})^{\mathrm{T}}$,因此 $\boldsymbol{B}^{\mathrm{T}}\boldsymbol{A}^{\mathrm{T}}$ 的

第 i 行第 j 列的元素为 $\sum_{k=1}^{n} b_{ki}a_{jk} = \sum_{k=1}^{n} a_{jk}b_{ki}$，表明 $(\boldsymbol{AB})^{\mathrm{T}}$ 与 $\boldsymbol{B}^{\mathrm{T}}\boldsymbol{A}^{\mathrm{T}}$ 对应元素相等，且 $(\boldsymbol{AB})^{\mathrm{T}}$ 是 $p\times m$ 矩阵，$\boldsymbol{B}^{\mathrm{T}}\boldsymbol{A}^{\mathrm{T}}$ 也是 $p\times m$ 矩阵，所以

$$(\boldsymbol{AB})^{\mathrm{T}}=\boldsymbol{B}^{\mathrm{T}}\boldsymbol{A}^{\mathrm{T}}.$$

性质(ⅱ)，(ⅳ)还可推广到一般情形：

$$(\boldsymbol{A}_1+\boldsymbol{A}_2+\cdots+\boldsymbol{A}_n)^{\mathrm{T}}=\boldsymbol{A}_1^{\mathrm{T}}+\boldsymbol{A}_2^{\mathrm{T}}+\cdots+\boldsymbol{A}_n^{\mathrm{T}},$$

$$(\boldsymbol{A}_1\boldsymbol{A}_2\cdots\boldsymbol{A}_n)^{\mathrm{T}}=\boldsymbol{A}_n^{\mathrm{T}}\boldsymbol{A}_{n-1}^{\mathrm{T}}\cdots\boldsymbol{A}_1^{\mathrm{T}}.$$

定义 2.6　设 $\boldsymbol{A}$ 为 n 阶方阵，如果满足 $\boldsymbol{A}^{\mathrm{T}}=\boldsymbol{A}$，即

$$a_{ij}=a_{ji}\quad (i,j=1,2,\cdots,n),$$

那么称 $\boldsymbol{A}$ 为**对称矩阵**，简称**对称阵**. 其特点是：它的元素以主对角线为对称轴对应相等.

例如

$$\boldsymbol{A}=\begin{pmatrix}2 & 1 & 3\\ 1 & -1 & -4\\ 3 & -4 & 0\end{pmatrix}$$

即为对称阵.

定义 2.7　若 n 阶方阵满足 $\boldsymbol{A}^{\mathrm{T}}=-\boldsymbol{A}$，即

$$a_{ij}=-a_{ji}\quad (i,j=1,2,\cdots,n),$$

则称 $\boldsymbol{A}$ 为**反对称阵**. 据此定义，应有 $a_{ii}=-a_{ii}(i=1,2,\cdots,n)$，即 $a_{ii}=0$，即主对角线上的元素全为零.

例如

$$\boldsymbol{A}=\begin{pmatrix}0 & 1 & 3\\ -1 & 0 & -2\\ -3 & 2 & 0\end{pmatrix}$$

为反对称阵.

例 6　设列矩阵 $\boldsymbol{x}=(x_1,x_2,\cdots,x_n)^{\mathrm{T}}$ 满足 $\boldsymbol{x}^{\mathrm{T}}\boldsymbol{x}=1$，$\boldsymbol{E}$ 为 n 阶单位阵，$\boldsymbol{H}=\boldsymbol{E}-2\boldsymbol{x}\boldsymbol{x}^{\mathrm{T}}$，证明：$\boldsymbol{H}$ 是对称阵，且 $\boldsymbol{H}\boldsymbol{H}^{\mathrm{T}}=\boldsymbol{E}$.

证

$$\begin{aligned}\boldsymbol{H}^{\mathrm{T}}&=(\boldsymbol{E}-2\boldsymbol{x}\boldsymbol{x}^{\mathrm{T}})^{\mathrm{T}}=\boldsymbol{E}^{\mathrm{T}}-(2\boldsymbol{x}\boldsymbol{x}^{\mathrm{T}})^{\mathrm{T}}\\&=\boldsymbol{E}-2(\boldsymbol{x}\boldsymbol{x}^{\mathrm{T}})^{\mathrm{T}}=\boldsymbol{E}-2\boldsymbol{x}\boldsymbol{x}^{\mathrm{T}}=\boldsymbol{H},\end{aligned}$$

所以 $\boldsymbol{H}$ 是对称阵.

$$\begin{aligned}\boldsymbol{H}\boldsymbol{H}^{\mathrm{T}}&=\boldsymbol{H}^2=(\boldsymbol{E}-2\boldsymbol{x}\boldsymbol{x}^{\mathrm{T}})(\boldsymbol{E}-2\boldsymbol{x}\boldsymbol{x}^{\mathrm{T}})\\&=\boldsymbol{E}-4\boldsymbol{x}\boldsymbol{x}^{\mathrm{T}}+4(\boldsymbol{x}\boldsymbol{x}^{\mathrm{T}})(\boldsymbol{x}\boldsymbol{x}^{\mathrm{T}})\\&=\boldsymbol{E}-4\boldsymbol{x}\boldsymbol{x}^{\mathrm{T}}+4\boldsymbol{x}(\boldsymbol{x}^{\mathrm{T}}\boldsymbol{x})\boldsymbol{x}^{\mathrm{T}}\\&=\boldsymbol{E}-4\boldsymbol{x}\boldsymbol{x}^{\mathrm{T}}+4\boldsymbol{x}\boldsymbol{x}^{\mathrm{T}}=\boldsymbol{E}.\end{aligned}$$

对称(反对称)矩阵具有如下简单性质.

性质 1 若干个同阶对称(反对称)矩阵的和、差是对称(反对称)矩阵.

性质 2 数乘对称(反对称)矩阵是对称(反对称)矩阵.

性质 3 奇数阶反对称矩阵的行列式为零.

注 两个同阶对称(反对称)矩阵的乘积不一定是对称(反对称)矩阵.

例 7 设 $\boldsymbol{A}$ 与 $\boldsymbol{B}$ 是两个 n 阶对称矩阵,证明:当且仅当 $\boldsymbol{AB}=\boldsymbol{BA}$ 时,$\boldsymbol{AB}$ 是对称的.

证 如果 $\boldsymbol{AB}=\boldsymbol{BA}$,因 $\boldsymbol{A}^{\mathrm{T}}=\boldsymbol{A},\boldsymbol{B}^{\mathrm{T}}=\boldsymbol{B}$,则

$$(\boldsymbol{AB})^{\mathrm{T}}=\boldsymbol{B}^{\mathrm{T}}\boldsymbol{A}^{\mathrm{T}}=\boldsymbol{BA}=\boldsymbol{AB},$$

所以 $\boldsymbol{AB}$ 是对称矩阵.

反之,如果 $(\boldsymbol{AB})^{\mathrm{T}}=\boldsymbol{AB}$,则

$$\boldsymbol{AB}=(\boldsymbol{AB})^{\mathrm{T}}=\boldsymbol{B}^{\mathrm{T}}\boldsymbol{A}^{\mathrm{T}}=\boldsymbol{BA}.$$

第三节 逆 矩 阵

我们先来看一个具体问题.

设有从变量组 $x_1,x_2,\cdots,x_n$ 到变量组 $y_1,y_2,\cdots,y_n$ 的线性变换

$$\begin{cases}y_1=a_{11}x_1+a_{12}x_2+\cdots+a_{1n}x_n,\\ y_2=a_{21}x_1+a_{22}x_2+\cdots+a_{2n}x_n,\\ \qquad\cdots\cdots\\ y_n=a_{n1}x_1+a_{n2}x_2+\cdots+a_{nn}x_n,\end{cases}\tag{2.8}$$

记

$$\boldsymbol{A}=\begin{pmatrix}a_{11}&a_{12}&\cdots&a_{1n}\\ a_{21}&a_{22}&\cdots&a_{2n}\\ \vdots&\vdots&&\vdots\\ a_{n1}&a_{n2}&\cdots&a_{nn}\end{pmatrix},\quad \boldsymbol{x}=\begin{pmatrix}x_1\\ x_2\\ \vdots\\ x_n\end{pmatrix},\quad \boldsymbol{y}=\begin{pmatrix}y_1\\ y_2\\ \vdots\\ y_n\end{pmatrix},$$

则式(2.8)可记为

$$\boldsymbol{y}=\boldsymbol{Ax}.\tag{2.9}$$

若 $|\boldsymbol{A}|\neq 0$,则由克拉默法则可解得用 $y_1,y_2,\cdots,y_n$ 表示 $x_1,x_2,\cdots,x_n$ 的线性表达式

$$\begin{cases}x_1=b_{11}y_1+b_{12}y_2+\cdots+b_{1n}y_n,\\ x_2=b_{21}y_1+b_{22}y_2+\cdots+b_{2n}y_n,\\ \qquad\cdots\cdots\\ x_n=b_{n1}y_1+b_{n2}y_2+\cdots+b_{nn}y_n,\end{cases}\tag{2.10}$$

这就是从变量组 $y_1,y_2,\cdots,y_n$ 到变量组 $x_1,x_2,\cdots,x_n$ 的逆变换,记

$$B=\begin{pmatrix} b_{11} & b_{12} & \cdots & b_{1n} \\ b_{21} & b_{22} & \cdots & b_{2n} \\ \vdots & \vdots & & \vdots \\ b_{n1} & b_{n2} & \cdots & b_{nn} \end{pmatrix},$$

则式(2.10)可记为

$$x=By. \tag{2.11}$$

把式(2.11)代入式(2.9),有

$$y=A(By)=(AB)y,$$

该线性变换是一个恒等变换,于是

$$AB=E(E \text{ 为 } n \text{ 阶单位阵}).$$

把式(2.9)代入式(2.11),有

$$x=By=B(Ax)=(BA)x,$$

这也是一个恒等变换,于是

$$BA=E,$$

因此线性变换(2.8)与其逆变换(2.10)的矩阵 A 与 B 满足

$$AB=BA=E.$$

定义 2.8 设 A 为 n 阶方阵,若存在 n 阶方阵 B,使得

$$AB=BA=E,$$

则称方阵 A 是**可逆的**,矩阵 B 是 A 的**逆矩阵**或**逆阵**.

如果 A 是可逆的,则它的逆矩阵记为 A^{-1}. 因此,由定义 2.8 有

$$B=A^{-1},\quad AA^{-1}=A^{-1}A=E.$$

由定义 2.8 可知:

(i) 若 B 是 A 的逆矩阵,则 A 也是 B 的逆矩阵;

(ii) 若线性变换(2.8)有逆变换(2.10),则(2.10)的系数矩阵必定是(2.8)的系数矩阵的逆矩阵;

(iii) 若方阵 A 有逆矩阵,则 A 的逆阵是唯一的.

现在证明(iii). 设 B,C 都是 A 的逆矩阵,则由逆矩阵的定义知 $AC=E,BA=E$,于是

$$B=BE=B(AC)=(BA)C=EC=C.$$

下面给出方阵存在逆矩阵的条件及逆阵的求法.

定理 2.2 n 阶方阵 A 可逆的充分必要条件是 $|A|\neq 0$. 且当 A 可逆时,有

$$A^{-1}=\frac{1}{|A|}A^*,$$

其中

$$A^*=\begin{pmatrix} A_{11} & A_{21} & \cdots & A_{n1} \\ A_{12} & A_{22} & \cdots & A_{n2} \\ \vdots & \vdots & & \vdots \\ A_{1n} & A_{2n} & \cdots & A_{nn} \end{pmatrix}$$

称为 $\boldsymbol{A}$ 的**伴随矩阵**，A_{ij} 是 $|\boldsymbol{A}|$ 的元素 a_{ij} 的代数余子式.

证　必要性. 设 $\boldsymbol{A}$ 可逆，即 $\boldsymbol{A}^{-1}$ 存在，则

$$\boldsymbol{A}\boldsymbol{A}^{-1}=\boldsymbol{E},$$

于是

$$|\boldsymbol{A}\boldsymbol{A}^{-1}|=|\boldsymbol{A}|\,|\boldsymbol{A}^{-1}|=|\boldsymbol{E}|=1,$$

所以 $|\boldsymbol{A}|\neq 0$.

充分性. 设 $|\boldsymbol{A}|\neq 0$，注意到

$$\begin{aligned} a_{i1}A_{j1}+a_{i2}A_{j2}+\cdots+a_{in}A_{jn} &= a_{1i}A_{1j}+a_{2i}A_{2j}+\cdots+a_{ni}A_{nj} \\ &= |\boldsymbol{A}|\delta_{ij}=\begin{cases} |\boldsymbol{A}|, & i=j, \\ 0, & i\neq j, \end{cases} \end{aligned}$$

因此

$$\begin{aligned} \boldsymbol{A}\left(\frac{1}{|\boldsymbol{A}|}\boldsymbol{A}^*\right) &= \frac{1}{|\boldsymbol{A}|}(\boldsymbol{A}\boldsymbol{A}^*)=\frac{1}{|\boldsymbol{A}|}\left(\sum_{k=1}^{n}a_{ik}\boldsymbol{A}_{jk}\right)_{n\times n} \\ &= \frac{1}{|\boldsymbol{A}|}(|\boldsymbol{A}|\delta_{ij})_{n\times n}=(\delta_{ij})_{n\times n}=\boldsymbol{E}, \\ \left(\frac{1}{|\boldsymbol{A}|}\boldsymbol{A}^*\right)\boldsymbol{A} &= \frac{1}{|\boldsymbol{A}|}(\boldsymbol{A}^*\boldsymbol{A})=\frac{1}{|\boldsymbol{A}|}\left(\sum_{k=1}^{n}\boldsymbol{A}_{ki}a_{kj}\right)_{n\times n} \\ &= \frac{1}{|\boldsymbol{A}|}(|\boldsymbol{A}|\delta_{ij})_{n\times n}=(\delta_{ij})_{n\times n}=\boldsymbol{E}, \end{aligned}$$

所以 $\boldsymbol{A}^{-1}$ 存在，且

$$\boldsymbol{A}^{-1}=\frac{1}{|\boldsymbol{A}|}\boldsymbol{A}^*.$$

推论 2.1　设 $\boldsymbol{A}$ 是 n 阶方阵，$\boldsymbol{A}^*$ 是它的伴随矩阵，则 $\boldsymbol{A}\boldsymbol{A}^*=\boldsymbol{A}^*\boldsymbol{A}=|\boldsymbol{A}|\boldsymbol{E}$.

证　因为

$$\sum_{k=1}^{n}a_{ik}A_{jk}=a_{i1}A_{j1}+a_{i2}A_{j2}+\cdots+a_{in}A_{jn}=|\boldsymbol{A}|\delta_{ij},$$

所以

$$\boldsymbol{A}\boldsymbol{A}^*=\left(\sum_{k=1}^{n}a_{ik}A_{jk}\right)_{n\times n}=(|\boldsymbol{A}|\delta_{ij})_{n\times n}=|\boldsymbol{A}|(\delta_{ij})_{n\times n}=|\boldsymbol{A}|\boldsymbol{E}.$$

类似可证 $\boldsymbol{A}^*\boldsymbol{A}=|\boldsymbol{A}|\boldsymbol{E}$.

推论 2.2　若 $\boldsymbol{A},\boldsymbol{B}$ 都是 n 阶方阵，且 $\boldsymbol{A}\boldsymbol{B}=\boldsymbol{E}$，则 $\boldsymbol{B}\boldsymbol{A}=\boldsymbol{E}$.

证　因为 $\boldsymbol{A}\boldsymbol{B}=\boldsymbol{E}$，所以 $|\boldsymbol{A}\boldsymbol{B}|=|\boldsymbol{A}|\,|\boldsymbol{B}|=|\boldsymbol{E}|=1$，由此可知 $|\boldsymbol{A}|\neq 0$，$|\boldsymbol{B}|\neq 0$，

于是根据定理 2.2,A,B 都可逆,从而

$$AB=E\Rightarrow A^{-1}(AB)A=A^{-1}EA=A^{-1}A=E$$
$$\Rightarrow(A^{-1}A)(BA)=E\Rightarrow BA=E.$$

这个推论说明,要验证 B 是 A 的逆矩阵,只需验证 $AB=E$ 或 $BA=E$ 中的一个就可以了.

定义 2.9 设 A 为方阵,若 $|A|\neq 0$,则称 A 为**非奇异方阵**;若 $|A|=0$,则称 A 为**奇异方阵**.

由定理 2.2 知,可逆方阵即为非奇异方阵.

方阵的逆具有以下性质:

(ⅰ) 若 A 可逆,则 $(A^{-1})^{-1}=A$;

(ⅱ) 若 A 可逆,数 $\lambda\neq 0$,则 λA 可逆,且 $(\lambda A)^{-1}=\frac{1}{\lambda}A^{-1}$;

(ⅲ) 若 A,B 为同阶方阵,且都可逆,则 AB 可逆,且 $(AB)^{-1}=B^{-1}A^{-1}$;

(ⅳ) 若 A 可逆,则 A^{T} 可逆,且 $(A^{\mathrm{T}})^{-1}=(A^{-1})^{\mathrm{T}}$;

(ⅴ) 若 A 可逆,则 $|A^{-1}|=\frac{1}{|A|}=|A|^{-1}$;

(ⅵ) 若 A 可逆,则 A 的伴随矩阵 A^* 可逆,且 $(A^*)^{-1}=\frac{A}{|A|}$.

我们只证明(ⅱ),(ⅲ),其他性质留给读者证明.

证 (ⅱ) 设 A 为 n 阶方阵,因为 A 可逆,$\lambda\neq 0$,所以 $|\lambda A|=\lambda^n|A|\neq 0$,从而 λA 可逆,且由

$$(\lambda A)\left(\frac{1}{\lambda}A^{-1}\right)=\lambda\cdot\frac{1}{\lambda}(AA^{-1})=E,$$

所以

$$(\lambda A)^{-1}=\frac{1}{\lambda}A^{-1}.$$

(ⅲ) 由 A,B 均可逆,可知 $|A|\neq 0$,$|B|\neq 0$,从而 $|AB|=|A||B|\neq 0$,所以 AB 可逆.因为

$$(AB)(B^{-1}A^{-1})=A(BB^{-1})A^{-1}=AEA^{-1}=AA^{-1}=E,$$

所以

$$(AB)^{-1}=B^{-1}A^{-1}.$$

性质(ⅲ)可推广为

设 $A_1,A_2,\cdots,A_m$ 都是 n 阶方阵,m 是正整数,则 $A_1A_2\cdots A_m$ 可逆,且

$$(A_1A_2\cdots A_m)^{-1}=A_m^{-1}A_{m-1}^{-1}\cdots A_1^{-1}.$$

例 1 设

$$A=\begin{pmatrix}1&-1&2\\-2&-1&-2\\4&3&3\end{pmatrix},$$

求 A^{-1}.

解 因

$$|A|=\begin{vmatrix}1&-1&2\\-2&-1&-2\\4&3&3\end{vmatrix}=1\neq 0,$$

故 A 可逆. 又因

$$A_{11}=\begin{vmatrix}-1&-2\\3&3\end{vmatrix}=3,\qquad A_{21}=-\begin{vmatrix}-1&2\\3&3\end{vmatrix}=9,$$

$$A_{31}=\begin{vmatrix}-1&2\\-1&-2\end{vmatrix}=4,\qquad A_{12}=-\begin{vmatrix}-2&-2\\4&3\end{vmatrix}=-2,$$

$$A_{22}=\begin{vmatrix}1&2\\4&3\end{vmatrix}=-5,\qquad A_{32}=-\begin{vmatrix}1&2\\-2&-2\end{vmatrix}=-2,$$

$$A_{13}=\begin{vmatrix}-2&-1\\4&3\end{vmatrix}=-2,\qquad A_{23}=-\begin{vmatrix}1&-1\\4&3\end{vmatrix}=-7,$$

$$A_{33}=\begin{vmatrix}1&-1\\-2&-1\end{vmatrix}=-3,$$

故

$$A^{-1}=\frac{1}{|A|}A^*=\begin{pmatrix}3&9&4\\-2&-5&-2\\-2&-7&-3\end{pmatrix}.$$

例 2 设

$$A=\begin{pmatrix}1&-1&2\\-2&-1&-2\\4&3&3\end{pmatrix},\quad B=\begin{pmatrix}2&4\\-3&-5\end{pmatrix},\quad C=\begin{pmatrix}-2&0\\0&1\\1&-3\end{pmatrix},$$

解矩阵方程 $AXB=C$.

解 因为 $|A|=1\neq 0$, $|B|=2\neq 0$,所以 A^{-1}, B^{-1} 存在,分别以 A^{-1}, B^{-1} 左乘与右乘矩阵方程的两边,得

$$A^{-1}(AXB)B^{-1}=A^{-1}CB^{-1},$$

于是

$$X=A^{-1}CB^{-1}.$$

由例 1 有

$$\boldsymbol{A}^{-1}=\begin{pmatrix}3&9&4\\-2&-5&-2\\-2&-7&-3\end{pmatrix},$$

$$\boldsymbol{B}^{-1}=\frac{1}{|\boldsymbol{B}|}\boldsymbol{B}^*=\frac{1}{2}\begin{pmatrix}-5&-4\\3&2\end{pmatrix}=\begin{pmatrix}-\frac{5}{2}&-2\\\frac{3}{2}&1\end{pmatrix},$$

所以

$$\boldsymbol{X}=\boldsymbol{A}^{-1}\boldsymbol{C}\boldsymbol{B}^{-1}$$

$$=\begin{pmatrix}3&9&4\\-2&-5&-2\\-2&-7&-3\end{pmatrix}\begin{pmatrix}-2&0\\0&1\\1&-3\end{pmatrix}\begin{pmatrix}-\frac{5}{2}&-2\\\frac{3}{2}&1\end{pmatrix}=\begin{pmatrix}\frac{1}{2}&1\\-\frac{7}{2}&-3\\\frac{1}{2}&0\end{pmatrix}.$$

例 3 已知方阵 $\boldsymbol{A}$ 满足

$$\boldsymbol{A}^2-\boldsymbol{A}-2\boldsymbol{E}=\boldsymbol{0},$$

试证 $\boldsymbol{A}$ 与 $\boldsymbol{A}+2\boldsymbol{E}$ 都可逆,并求它们的逆矩阵.

证 由 $\boldsymbol{A}^2-\boldsymbol{A}-2\boldsymbol{E}=\boldsymbol{0}$,得 $\boldsymbol{A}(\boldsymbol{A}-\boldsymbol{E})=2\boldsymbol{E}$,故

$$\boldsymbol{A}\left[\frac{1}{2}(\boldsymbol{A}-\boldsymbol{E})\right]=\boldsymbol{E},$$

因此,$\boldsymbol{A}$ 可逆,且 $\boldsymbol{A}^{-1}=\frac{1}{2}(\boldsymbol{A}-\boldsymbol{E})$.

又由 $\boldsymbol{A}^2-\boldsymbol{A}-2\boldsymbol{E}=\boldsymbol{0}$,得$(\boldsymbol{A}+2\boldsymbol{E})(\boldsymbol{A}-3\boldsymbol{E})=-4\boldsymbol{E}$,故

$$(\boldsymbol{A}+2\boldsymbol{E})\left[-\frac{1}{4}(\boldsymbol{A}-3\boldsymbol{E})\right]=\boldsymbol{E},$$

因此,$\boldsymbol{A}+2\boldsymbol{E}$ 可逆,且$(\boldsymbol{A}+2\boldsymbol{E})^{-1}=-\frac{1}{4}(\boldsymbol{A}-3\boldsymbol{E})$.

例 4 设 $\boldsymbol{P}=\begin{pmatrix}1&2\\1&4\end{pmatrix}$,$\boldsymbol{\Lambda}=\begin{pmatrix}1&0\\0&2\end{pmatrix}$,$\boldsymbol{AP}=\boldsymbol{P\Lambda}$,求 $\boldsymbol{A}^n$.

解 因$|\boldsymbol{P}|=2$,$\boldsymbol{P}^{-1}=\frac{1}{2}\begin{pmatrix}4&-2\\-1&1\end{pmatrix}$,又由 $\boldsymbol{AP}=\boldsymbol{P\Lambda}$ 得 $\boldsymbol{A}=\boldsymbol{P\Lambda P}^{-1}$. 于是

$$\boldsymbol{A}^2=\boldsymbol{P\Lambda P}^{-1}\boldsymbol{P\Lambda P}^{-1}=\boldsymbol{P\Lambda}^2\boldsymbol{P}^{-1},\quad\cdots,\quad\boldsymbol{A}^n=\boldsymbol{P\Lambda}^n\boldsymbol{P}^{-1},$$

而易验证

$$\boldsymbol{\Lambda}^n=\begin{pmatrix}1^n&0\\0&2^n\end{pmatrix}=\begin{pmatrix}1&0\\0&2^n\end{pmatrix},$$

故

$$A^n=\begin{pmatrix}1&2\\1&4\end{pmatrix}\begin{pmatrix}1&0\\0&2^n\end{pmatrix}\cdot\frac{1}{2}\begin{pmatrix}4&-2\\-1&1\end{pmatrix}=\begin{pmatrix}2-2^n&2^n-1\\2-2^{n+1}&2^{n+1}-1\end{pmatrix}.$$

最后,我们给出以下结论,把证明留给读者.

(1) 设

$$\boldsymbol{\Lambda}=\begin{pmatrix}\lambda_1&&&\\&\lambda_2&&\\&&\ddots&\\&&&\lambda_n\end{pmatrix}\quad(\text{未写出的元素都为零}),$$

则

$$\boldsymbol{\Lambda}^k=\begin{pmatrix}\lambda_1^k&&&\\&\lambda_2^k&&\\&&\ddots&\\&&&\lambda_n^k\end{pmatrix}\quad(k\ \text{为正整数});$$

(2) 当 $|\boldsymbol{A}|\neq 0$ 时,定义

$$\boldsymbol{A}^0=\boldsymbol{E},\quad \boldsymbol{A}^{-k}=(\boldsymbol{A}^{-1})^k\quad(k\ \text{为正整数}),$$

设 λ,μ 都是整数,有

$$\boldsymbol{A}^{\lambda}\boldsymbol{A}^{\mu}=\boldsymbol{A}^{\lambda+\mu},\quad(\boldsymbol{A}^{\lambda})^{\mu}=\boldsymbol{A}^{\lambda\mu}.$$

第四节 分 块 矩 阵

一、分块矩阵的概念

定义 2.10 用若干条纵线和横线把 $\boldsymbol{A}$ 分成若干个小块,每一个小块构成的小矩阵称为 $\boldsymbol{A}$ 的**子块**;以子块为元素的矩阵称为 $\boldsymbol{A}$ 的**分块矩阵**.

例如

$$\boldsymbol{A}=\begin{pmatrix}a_{11}&a_{12}&a_{13}&a_{14}\\a_{21}&a_{22}&a_{23}&a_{24}\\a_{31}&a_{32}&a_{33}&a_{34}\end{pmatrix},$$

可如下分块

$$\boldsymbol{A}=\left(\begin{array}{cc:cc}a_{11}&a_{12}&a_{13}&a_{14}\\a_{21}&a_{22}&a_{23}&a_{24}\\\hdashline a_{31}&a_{32}&a_{33}&a_{34}\end{array}\right)=\begin{pmatrix}\boldsymbol{A}_{11}&\boldsymbol{A}_{12}\\\boldsymbol{A}_{21}&\boldsymbol{A}_{22}\end{pmatrix},$$

其中 $\boldsymbol{A}_{ij}$ 是 $\boldsymbol{A}$ 的子块,它们是如下矩阵:

$$\boldsymbol{A}_{11}=\begin{pmatrix}a_{11}&a_{12}\\a_{21}&a_{22}\end{pmatrix},\quad \boldsymbol{A}_{12}=\begin{pmatrix}a_{13}&a_{14}\\a_{23}&a_{24}\end{pmatrix},\quad \boldsymbol{A}_{21}=(a_{31}\quad a_{32}),\quad \boldsymbol{A}_{22}=(a_{33}\quad a_{34}).$$

一个矩阵可以按不同的方式分块,上述矩阵 $\boldsymbol{A}$ 也可以如下分块:

$$\boldsymbol{A}=\left(\begin{array}{cc:c:c} a_{11} & a_{12} & a_{13} & a_{14} \\ a_{21} & a_{22} & a_{23} & a_{24} \\ \hdashline a_{31} & a_{32} & a_{33} & a_{34} \end{array}\right)=\begin{pmatrix} \boldsymbol{A}_{11} & \boldsymbol{A}_{12} & \boldsymbol{A}_{13} \\ \boldsymbol{A}_{21} & \boldsymbol{A}_{22} & \boldsymbol{A}_{23} \end{pmatrix},$$

其中子块可类似前一分块方式写出,请读者完成.

又如,$\boldsymbol{A}=(a_{ij})_{m\times n}$按行分块得

$$\boldsymbol{A}=\begin{pmatrix} a_{11} & a_{12} & \cdots & a_{1n} \\ a_{21} & a_{22} & \cdots & a_{2n} \\ \vdots & \vdots & & \vdots \\ a_{m1} & a_{m2} & \cdots & a_{mn} \end{pmatrix}=\begin{pmatrix} \boldsymbol{A}_1 \\ \boldsymbol{A}_2 \\ \vdots \\ \boldsymbol{A}_m \end{pmatrix},$$

其中 $\boldsymbol{A}_i=(a_{i1}\quad a_{i2}\quad \cdots \quad a_{in}),i=1,2,\cdots,m.$

按列分块得

$$\boldsymbol{A}=\begin{pmatrix} a_{11} & a_{12} & \cdots & a_{1n} \\ a_{21} & a_{22} & \cdots & a_{2n} \\ \vdots & \vdots & & \vdots \\ a_{m1} & a_{m2} & \cdots & a_{mn} \end{pmatrix}=(\boldsymbol{B}_1\quad \boldsymbol{B}_2\quad \cdots \quad \boldsymbol{B}_n),$$

其中 $\boldsymbol{B}_j=(a_{1j}\quad a_{2j}\quad \cdots \quad a_{mj})^{\mathrm{T}},j=1,2,\cdots,n.$

究竟采用哪种方式分块更便利,要根据矩阵的具体运算而定.

二、分块矩阵的运算

分块后的矩阵,把小矩阵当作元素,可按普通的矩阵运算法则进行计算.

(1) 设 $\boldsymbol{A},\boldsymbol{B}$ 是两个 $m\times n$ 矩阵,且用相同的分块方法,得分块矩阵为

$$\boldsymbol{A}=\begin{pmatrix} \boldsymbol{A}_{11} & \cdots & \boldsymbol{A}_{1r} \\ \vdots & & \vdots \\ \boldsymbol{A}_{s1} & \cdots & \boldsymbol{A}_{sr} \end{pmatrix},\quad \boldsymbol{B}=\begin{pmatrix} \boldsymbol{B}_{11} & \cdots & \boldsymbol{B}_{1r} \\ \vdots & & \vdots \\ \boldsymbol{B}_{s1} & \cdots & \boldsymbol{B}_{sr} \end{pmatrix},$$

其中各对应的子块 $\boldsymbol{A}_{ij}$ 与 $\boldsymbol{B}_{ij}$ 有相同的行数和列数,则

$$\boldsymbol{A}\pm\boldsymbol{B}=\begin{pmatrix} \boldsymbol{A}_{11}\pm\boldsymbol{B}_{11} & \cdots & \boldsymbol{A}_{1r}\pm\boldsymbol{B}_{1r} \\ \vdots & & \vdots \\ \boldsymbol{A}_{s1}\pm\boldsymbol{B}_{s1} & \cdots & \boldsymbol{A}_{sr}\pm\boldsymbol{B}_{sr} \end{pmatrix}. \tag{2.12}$$

设 λ 为数,则

$$\lambda\boldsymbol{A}=\boldsymbol{A}\lambda=\begin{pmatrix} \lambda\boldsymbol{A}_{11} & \cdots & \lambda\boldsymbol{A}_{1r} \\ \vdots & & \vdots \\ \lambda\boldsymbol{A}_{s1} & \cdots & \lambda\boldsymbol{A}_{sr} \end{pmatrix}. \tag{2.13}$$

(2) 设 $\boldsymbol{A}$ 为 $m\times l$ 矩阵，$\boldsymbol{B}$ 为 $l\times n$ 矩阵，分块为

$$\boldsymbol{A}=\begin{pmatrix}\boldsymbol{A}_{11} & \cdots & \boldsymbol{A}_{1t}\\ \vdots & & \vdots\\ \boldsymbol{A}_{s1} & \cdots & \boldsymbol{A}_{st}\end{pmatrix},\quad \boldsymbol{B}=\begin{pmatrix}\boldsymbol{B}_{11} & \cdots & \boldsymbol{B}_{1r}\\ \vdots & & \vdots\\ \boldsymbol{B}_{t1} & \cdots & \boldsymbol{B}_{tr}\end{pmatrix},$$

此处 $\boldsymbol{A}$ 的列数的分法与 $\boldsymbol{B}$ 的行数的分法一致，即 $\boldsymbol{A}_{i1},\boldsymbol{A}_{i2},\cdots,\boldsymbol{A}_{it}$ 的列数分别等于 $\boldsymbol{B}_{1j},\boldsymbol{B}_{2j},\cdots,\boldsymbol{B}_{tj}$ 的行数，则

$$\boldsymbol{AB}=\begin{pmatrix}\boldsymbol{C}_{11} & \cdots & \boldsymbol{C}_{1r}\\ \vdots & & \vdots\\ \boldsymbol{C}_{s1} & \cdots & \boldsymbol{C}_{sr}\end{pmatrix},\tag{2.14}$$

其中 $\boldsymbol{C}_{ij}=\sum_{k=1}^{t}\boldsymbol{A}_{ik}\boldsymbol{B}_{kj}\,(i=1,2,\cdots,s;j=1,2,\cdots,r)$.

例 1　设

$$\boldsymbol{A}=\begin{pmatrix}1&0&0&0&0\\0&1&0&0&0\\0&1&1&0&0\\1&2&0&1&0\\-2&0&0&0&1\end{pmatrix},\quad \boldsymbol{B}=\begin{pmatrix}-1&2&1&0\\4&0&0&1\\0&1&0&0\\-2&0&0&0\\2&-1&0&0\end{pmatrix},$$

求 $\boldsymbol{AB}$.

解

$$\boldsymbol{A}=\left(\begin{array}{cc:ccc}1&0&0&0&0\\0&1&0&0&0\\ \hdashline 0&1&1&0&0\\1&2&0&1&0\\-2&0&0&0&1\end{array}\right)=\begin{pmatrix}\boldsymbol{E}_2&\boldsymbol{0}\\ \boldsymbol{A}_1&\boldsymbol{E}_3\end{pmatrix},\quad \boldsymbol{B}=\left(\begin{array}{cc:cc}-1&2&1&0\\4&0&0&1\\ \hdashline 0&1&0&0\\-2&0&0&0\\2&-1&0&0\end{array}\right)=\begin{pmatrix}\boldsymbol{B}_1&\boldsymbol{E}_2\\ \boldsymbol{B}_2&\boldsymbol{0}\end{pmatrix},$$

$$\boldsymbol{AB}=\begin{pmatrix}\boldsymbol{E}_2&\boldsymbol{0}\\ \boldsymbol{A}_1&\boldsymbol{E}_3\end{pmatrix}\begin{pmatrix}\boldsymbol{B}_1&\boldsymbol{E}_2\\ \boldsymbol{B}_2&\boldsymbol{0}\end{pmatrix}=\begin{pmatrix}\boldsymbol{B}_1&\boldsymbol{E}_2\\ \boldsymbol{A}_1\boldsymbol{B}_1+\boldsymbol{B}_2&\boldsymbol{A}_1\end{pmatrix},$$

$$\boldsymbol{A}_1\boldsymbol{B}_1+\boldsymbol{B}_2=\begin{pmatrix}0&1\\1&2\\-2&0\end{pmatrix}\begin{pmatrix}-1&2\\4&0\end{pmatrix}+\begin{pmatrix}0&1\\-2&0\\2&-1\end{pmatrix}=\begin{pmatrix}4&1\\5&2\\4&-5\end{pmatrix},$$

所以

$$\boldsymbol{AB}=\begin{pmatrix}-1&2&1&0\\4&0&0&1\\4&1&0&1\\5&2&1&2\\4&-5&-2&0\end{pmatrix}.$$

(3) 设 $\boldsymbol{A}$ 分块为

$$\boldsymbol{A}=\begin{pmatrix}\boldsymbol{A}_{11} & \cdots & \boldsymbol{A}_{1r}\\ \vdots & & \vdots\\ \boldsymbol{A}_{s1} & \cdots & \boldsymbol{A}_{sr}\end{pmatrix},$$

则

$$\boldsymbol{A}^{\mathrm{T}}=\begin{pmatrix}\boldsymbol{A}_{11}^{\mathrm{T}} & \cdots & \boldsymbol{A}_{s1}^{\mathrm{T}}\\ \vdots & & \vdots\\ \boldsymbol{A}_{1r}^{\mathrm{T}} & \cdots & \boldsymbol{A}_{sr}^{\mathrm{T}}\end{pmatrix}. \tag{2.15}$$

(4) 设 $\boldsymbol{A}$ 为方阵,若其分块矩阵只有在对角线上有非零子块,其余子块都为零矩阵,且对角线上的子块都是方阵,即

$$\boldsymbol{A}=\begin{pmatrix}\boldsymbol{A}_{1} & & & \\ & \boldsymbol{A}_{2} & & \\ & & \ddots & \\ & & & \boldsymbol{A}_{r}\end{pmatrix},$$

其中 $\boldsymbol{A}_i(i=1,2,\cdots,r)$ 都是方阵,未写出的子块都是零矩阵,则称 $\boldsymbol{A}$ 为分块对角矩阵.

分块对角矩阵有如下性质:

(ⅰ) $|\boldsymbol{A}|=|\boldsymbol{A}_1||\boldsymbol{A}_2|\cdots|\boldsymbol{A}_r|$;

(ⅱ) 当 $|\boldsymbol{A}_i|\neq 0(i=1,2,\cdots,r)$ 时,则由(ⅰ)知 $|\boldsymbol{A}|\neq 0$. 故 $\boldsymbol{A}$ 可逆,且其逆矩阵仍为分块对角矩阵,即

$$\boldsymbol{A}^{-1}=\begin{pmatrix}\boldsymbol{A}_{1}^{-1} & & & \\ & \boldsymbol{A}_{2}^{-1} & & \\ & & \ddots & \\ & & & \boldsymbol{A}_{r}^{-1}\end{pmatrix}. \tag{2.16}$$

(ⅲ) 若

$$\boldsymbol{A}=\begin{pmatrix}\boldsymbol{A}_{1} & & & \\ & \boldsymbol{A}_{2} & & \\ & & \ddots & \\ & & & \boldsymbol{A}_{r}\end{pmatrix},\quad \boldsymbol{B}=\begin{pmatrix}\boldsymbol{B}_{1} & & & \\ & \boldsymbol{B}_{2} & & \\ & & \ddots & \\ & & & \boldsymbol{B}_{r}\end{pmatrix}$$

是两个分块对角矩阵,其中 $\boldsymbol{A}_i$ 与 $\boldsymbol{B}_i$ 是同阶方阵,则

$$\boldsymbol{A}\pm\boldsymbol{B}=\begin{pmatrix}\boldsymbol{A}_{1}\pm\boldsymbol{B}_{1} & & & \\ & \boldsymbol{A}_{2}\pm\boldsymbol{B}_{2} & & \\ & & \ddots & \\ & & & \boldsymbol{A}_{r}\pm\boldsymbol{B}_{r}\end{pmatrix}, \tag{2.17}$$

$$AB=\begin{pmatrix} A_1B_1 & & & \\ & A_2B_2 & & \\ & & \ddots & \\ & & & A_rB_r \end{pmatrix}. \tag{2.18}$$

由以上可以看出，对于能划分为分块对角矩阵的矩阵，采用分块来求逆矩阵和进行运算是十分方便的.

例 2 设

$$A=\begin{pmatrix} 1 & 0 & 0 & 0 & 0 \\ 0 & 1 & 0 & 0 & 0 \\ 0 & 0 & 1 & 0 & 0 \\ 0 & 0 & 0 & 3 & 1 \\ 0 & 0 & 0 & 4 & 3 \end{pmatrix},$$

求 A^{-1}.

解 将 A 分块如下

$$A=\left(\begin{array}{ccc:cc} 1 & 0 & 0 & 0 & 0 \\ 0 & 1 & 0 & 0 & 0 \\ 0 & 0 & 1 & 0 & 0 \\ \hdashline 0 & 0 & 0 & 3 & 1 \\ 0 & 0 & 0 & 4 & 3 \end{array}\right)=\begin{pmatrix} E_3 & \\ & A_2 \end{pmatrix},$$

其中

$$E_3=\begin{pmatrix} 1 & 0 & 0 \\ 0 & 1 & 0 \\ 0 & 0 & 1 \end{pmatrix}, \quad A_2=\begin{pmatrix} 3 & 1 \\ 4 & 3 \end{pmatrix}.$$

由于

$$E_3^{-1}=E_3, \quad A_2^{-1}=\frac{1}{5}\begin{pmatrix} 3 & -1 \\ -4 & 3 \end{pmatrix}=\begin{pmatrix} \frac{3}{5} & -\frac{1}{5} \\ -\frac{4}{5} & \frac{3}{5} \end{pmatrix},$$

所以

$$A^{-1}=\begin{pmatrix} E_3^{-1} & \\ & A_2^{-1} \end{pmatrix}=\left(\begin{array}{ccc:cc} 1 & 0 & 0 & 0 & 0 \\ 0 & 1 & 0 & 0 & 0 \\ 0 & 0 & 1 & 0 & 0 \\ \hdashline 0 & 0 & 0 & \frac{3}{5} & -\frac{1}{5} \\ 0 & 0 & 0 & -\frac{4}{5} & \frac{3}{5} \end{array}\right).$$

例 3 设 $\boldsymbol{A},\boldsymbol{C}$ 分别为 r 阶和 s 阶可逆矩阵,求分块矩阵

$$\boldsymbol{X}=\begin{pmatrix}\boldsymbol{A} & \boldsymbol{B}\\ \boldsymbol{0} & \boldsymbol{C}\end{pmatrix}$$

的逆矩阵.

解 因 $|\boldsymbol{X}|=|\boldsymbol{A}|\cdot|\boldsymbol{C}|\neq 0$,故 $\boldsymbol{X}$ 可逆. 设逆矩阵 $\boldsymbol{X}^{-1}$ 分块为

$$\boldsymbol{X}^{-1}=\begin{pmatrix}\boldsymbol{X}_{11} & \boldsymbol{X}_{12}\\ \boldsymbol{X}_{21} & \boldsymbol{X}_{22}\end{pmatrix},$$

其中 $\boldsymbol{X}_{11},\boldsymbol{X}_{22}$ 分别为 r,s 阶矩阵,$\boldsymbol{X}_{12},\boldsymbol{X}_{21}$ 分别为 $r\times s$ 矩阵和 $s\times r$ 矩阵. 则由逆矩阵的定义有

$$\boldsymbol{X}\boldsymbol{X}^{-1}=\begin{pmatrix}\boldsymbol{A} & \boldsymbol{B}\\ \boldsymbol{0} & \boldsymbol{C}\end{pmatrix}\begin{pmatrix}\boldsymbol{X}_{11} & \boldsymbol{X}_{12}\\ \boldsymbol{X}_{21} & \boldsymbol{X}_{22}\end{pmatrix}=\boldsymbol{E},$$

即

$$\begin{pmatrix}\boldsymbol{A}\boldsymbol{X}_{11}+\boldsymbol{B}\boldsymbol{X}_{21} & \boldsymbol{A}\boldsymbol{X}_{12}+\boldsymbol{B}\boldsymbol{X}_{22}\\ \boldsymbol{C}\boldsymbol{X}_{21} & \boldsymbol{C}\boldsymbol{X}_{22}\end{pmatrix}=\begin{pmatrix}\boldsymbol{E}_r & \boldsymbol{0}\\ \boldsymbol{0} & \boldsymbol{E}_s\end{pmatrix},$$

比较等式两边对应的子块有

$$\begin{cases}\boldsymbol{A}\boldsymbol{X}_{11}+\boldsymbol{B}\boldsymbol{X}_{21}=\boldsymbol{E}_r,\\ \boldsymbol{A}\boldsymbol{X}_{12}+\boldsymbol{B}\boldsymbol{X}_{22}=\boldsymbol{0},\\ \boldsymbol{C}\boldsymbol{X}_{21}=\boldsymbol{0},\\ \boldsymbol{C}\boldsymbol{X}_{22}=\boldsymbol{E}_s.\end{cases}$$

由 $\boldsymbol{A},\boldsymbol{C}$ 可逆解得

$$\boldsymbol{X}_{22}=\boldsymbol{C}^{-1},\quad \boldsymbol{X}_{21}=\boldsymbol{0},\quad \boldsymbol{X}_{11}=\boldsymbol{A}^{-1},\quad \boldsymbol{X}_{12}=-\boldsymbol{A}^{-1}\boldsymbol{B}\boldsymbol{C}^{-1}.$$

所以

$$\boldsymbol{X}^{-1}=\begin{pmatrix}\boldsymbol{A}^{-1} & -\boldsymbol{A}^{-1}\boldsymbol{B}\boldsymbol{C}^{-1}\\ \boldsymbol{0} & \boldsymbol{C}^{-1}\end{pmatrix}.$$

第五节 矩阵的秩与矩阵的初等变换

一、矩阵的秩

定义 2.11 在 $m\times n$ 矩阵 $\boldsymbol{A}$ 中,任取 k 行 k 列($k\leqslant\min\{m,n\}$),位于这些行列交叉处的 k^2 个元素按原来的次序所构成的 k 阶行列式,称为 $\boldsymbol{A}$ 的 k 阶子式.

显然,矩阵 $\boldsymbol{A}_{m\times n}$ 共有 $\mathrm{C}_m^k\mathrm{C}_n^k$ 个 k 阶子式.

例如,设

$$\boldsymbol{A}=\begin{pmatrix}1 & 1 & -1 & 2\\ 3 & 0 & 2 & 1\\ -1 & -2 & 3 & 4\end{pmatrix},\tag{2.19}$$

从 $\boldsymbol{A}$ 中选取第 1，2 行及第 2，4 列，它们交叉处元素构成 $\boldsymbol{A}$ 的一个二阶子式 $\begin{vmatrix}1 & 2\\0 & 1\end{vmatrix}=1$；再如，取 $\boldsymbol{A}$ 的第 1，2，3 行及第 1，3，4 列对应的 $\boldsymbol{A}$ 的三阶子式为

$$\begin{vmatrix}1 & -1 & 2\\3 & 2 & 1\\-1 & 3 & 4\end{vmatrix}=40.$$

显然 $\boldsymbol{A}$ 的每一元素 a_{ij} 都是 $\boldsymbol{A}$ 的一阶子式，当 $\boldsymbol{A}$ 为 n 阶方阵时，其唯一的 n 阶子式为 $|\boldsymbol{A}|$.

定义 2.12　矩阵 $\boldsymbol{A}$ 中不为零的子式的最高阶数称为矩阵 $\boldsymbol{A}$ 的**秩**，记为 $\mathrm{rank}(\boldsymbol{A})$，简记为 $r(\boldsymbol{A})$.

零矩阵的秩规定为零，即 $r(\boldsymbol{0})=0$.

由以上定义知矩阵(2.19)的秩为 3. 再如，三阶方阵

$$\boldsymbol{A}=\begin{pmatrix}1 & -2 & 1\\2 & 1 & 0\\-2 & 4 & -2\end{pmatrix},$$

易看出 $\boldsymbol{A}$ 有一个二阶子式 $\begin{vmatrix}1 & -2\\2 & 1\end{vmatrix}=5\neq 0$，而 $\boldsymbol{A}$ 的唯一的三阶子式 $|\boldsymbol{A}|=0$，所以 $r(\boldsymbol{A})=2$.

设 $\boldsymbol{A}$ 为 $m\times n$ 矩阵，则由定义 2.12 有

(1) $r(\boldsymbol{A})=r(\boldsymbol{A}^{\mathrm{T}})$；

(2) $0\leqslant r(\boldsymbol{A})\leqslant \min\{m,n\}$.

由非奇异方阵的定义知，它的秩和阶数相等，故非奇异方阵也称为**满秩矩阵**，奇异方阵称为**降秩矩阵**.

定理 2.3　若矩阵 $\boldsymbol{A}$ 中至少有一个 k 阶子式不为零，而所有 $k+1$ 阶子式全为零，则 $r(\boldsymbol{A})=k$.

证　设 $\boldsymbol{A}$ 的所有 $k+1$ 阶子式全为零，若 $\boldsymbol{A}$ 存在 $k+2$ 阶子式，则 $\boldsymbol{A}$ 的任一个 $k+2$ 阶子式按行(列)展开必为零，进而全部高于 $k+1$ 阶的子式皆为零，所以由定义有 $r(\boldsymbol{A})=k$.

矩阵秩是一个重要概念，它刻画了矩阵的本质属性. 按定义求矩阵的秩需要计算行列式，因此求秩的定义法只适用于行、列数较少的矩阵. 我们一般采用以下初等变换法求行、列数较大的矩阵的秩.

二、矩阵的初等变换

定义 2.13　对矩阵施行下列三种变换称为矩阵的**初等行变换**：

(ⅰ) 互换两行(记为 $r_i\leftrightarrow r_j$)；

(ⅱ) 以不为 0 的数 λ 乘某一行的所有元素(记作 $\lambda\times r_i$，$\lambda\neq 0$)；

(ⅲ) 将某一行各元素乘 λ 后加到另一行的对应元素上去(记作 $r_i+\lambda r_j$).

将"行"换成"列",称为矩阵的**初等列变换**(所用记号把"r"换成"c").

矩阵的初等行变换和初等列变换,统称为**初等变换**.

定理 2.4 对矩阵实施初等变换,矩阵的秩不变.

证 只要证明每一种初等行变换都不改变矩阵的秩,对初等列变换同理可以证明.下面证明作一次初等行变换时,矩阵的秩不变,由此,对 $\boldsymbol{A}$ 实施多次初等行变换时,矩阵的秩也不变.

(1) 设对 $\boldsymbol{A}$ 实施一次初等行变换(ⅰ)后成为矩阵 $\boldsymbol{B}$,则因行列式交换两行仅改变正负号,从而 $\boldsymbol{B}$ 的每一个子式都与 $\boldsymbol{A}$ 中对应子式或者相等,或者仅改变正负号,故秩不变.

(2) 设对 $\boldsymbol{A}$ 实施一次初等行变换(ⅱ)后成为矩阵 $\boldsymbol{B}$,则因行列式某一行乘以 $\lambda\neq0$ 等于用数 λ 乘此行列式,从而 $\boldsymbol{B}$ 的子式都与 $\boldsymbol{A}$ 中对应子式或者相等,或者是其 λ 倍,故秩不变.

(3) 设 $\boldsymbol{A}$ 经初等行变换(ⅲ)后成为矩阵 $\boldsymbol{B}$,且 $r(\boldsymbol{A})=r$,下证 $r(\boldsymbol{B})\leqslant r(\boldsymbol{A})$,同时 $r(\boldsymbol{A})\leqslant r(\boldsymbol{B})$,从而有 $r(\boldsymbol{A})=r(\boldsymbol{B})$.

设

$$\boldsymbol{A}=\begin{pmatrix} a_{11} & a_{12} & \cdots & a_{1n} \\ \vdots & \vdots & & \vdots \\ a_{i1} & a_{i2} & \cdots & a_{in} \\ \vdots & \vdots & & \vdots \\ a_{j1} & a_{j2} & \cdots & a_{jn} \\ \vdots & \vdots & & \vdots \\ a_{m1} & a_{m2} & \cdots & a_{mn} \end{pmatrix},$$

不失一般性,假定将 $\boldsymbol{A}$ 的第 j 行乘以数 λ 加到第 i 行后得到 $\boldsymbol{B}$,即

$$\boldsymbol{B}=\begin{pmatrix} a_{11} & a_{12} & \cdots & a_{1n} \\ \vdots & \vdots & & \vdots \\ a_{i1}+\lambda a_{j1} & a_{i2}+\lambda a_{j2} & \cdots & a_{in}+\lambda a_{jn} \\ \vdots & \vdots & & \vdots \\ a_{j1} & a_{j2} & \cdots & a_{jn} \\ \vdots & \vdots & & \vdots \\ a_{m1} & a_{m2} & \cdots & a_{mn} \end{pmatrix}.$$

设 M_{r+1} 是 $\boldsymbol{B}$ 的一个 $r+1$ 阶子式,这时有三种情况:

① M_{r+1} 中不含 $\boldsymbol{B}$ 的第 i 行,则由于 $\boldsymbol{A}$ 与 $\boldsymbol{B}$ 除第 i 行外其他行都相同,故 M_{r+1} 也是 $\boldsymbol{A}$ 的一个 $r+1$ 阶子式,因 $r(\boldsymbol{A})=r$,故 $M_{r+1}=0$;

② M_{r+1} 含 $\boldsymbol{B}$ 的第 i 行且含第 j 行,由行列式的性质,M_{r+1} 的值等于 $\boldsymbol{A}$ 中含第 i 行且含第 j 行相应元素对应的子式,故 $M_{r+1}=0$;

③ M_{r+1}只含 $\boldsymbol{B}$ 的第 i 行而不含第 j 行，则由行列式的性质有

$$M_{r+1}=N_{r+1}+\lambda P_{r+1},$$

其中 N_{r+1}是 $\boldsymbol{A}$ 的 $r+1$ 阶子式，P_{r+1}是 $\boldsymbol{A}$ 的某个 $r+1$ 阶子式或其 -1 倍形式，故 $M_{r+1}=0$.

由于 M_{r+1}只有上述三种情况，故 $\boldsymbol{B}$ 的任意一个 $r+1$ 阶子式都为零，所以 $r(\boldsymbol{B})\leqslant r=r(\boldsymbol{A})$.

另一方面，我们将 $\boldsymbol{A}$ 看作是由 $\boldsymbol{B}$ 经第 j 行乘以$(-\lambda)$加到第 i 行得来的，由以上证明应有 $r(\boldsymbol{A})\leqslant r(\boldsymbol{B})$，故 $r(\boldsymbol{A})=r(\boldsymbol{B})$.

据以上定理，可以用初等变换将矩阵化为较简单的形式，从而可直接看出矩阵的秩. 例如，限定只施行初等行变换总可以把矩阵变为一种“行阶梯形矩阵”，其中元素不全为零的行的行数就是矩阵的秩. 下面举例说明.

例 1　求矩阵

$$\boldsymbol{A}=\begin{pmatrix}1&-2&-1&0&2\\-2&4&2&6&-6\\2&-1&0&2&3\\3&3&3&3&4\end{pmatrix}$$

的秩.

解

$$\boldsymbol{A}\xrightarrow[\substack{r_3-2r_1\\r_4-3r_1}]{r_2+2r_1}\begin{pmatrix}1&-2&-1&0&2\\0&0&0&6&-2\\0&3&2&2&-1\\0&9&6&3&-2\end{pmatrix}$$

$$\xrightarrow[r_3\leftrightarrow r_4]{r_2\leftrightarrow r_3}\begin{pmatrix}1&-2&-1&0&2\\0&3&2&2&-1\\0&9&6&3&-2\\0&0&0&6&-2\end{pmatrix}$$

$$\xrightarrow{r_3-3r_2}\begin{pmatrix}1&-2&-1&0&2\\0&3&2&2&-1\\0&0&0&-3&1\\0&0&0&6&-2\end{pmatrix}$$

$$\xrightarrow{r_4+2r_3}\begin{pmatrix}1&-2&-1&0&2\\0&3&2&2&-1\\0&0&0&-3&1\\0&0&0&0&0\end{pmatrix}.$$

上式中最后一个矩阵称为**行阶梯矩阵**，它具有的特征是：每个“阶梯”上只有一

行，任一行的第一个非零元素的左方和下方的元素均为零. 从行阶梯矩阵中容易看到：行阶梯矩阵中有三行不全为零，我们总可以找到一个不等于零的三阶上三角形行列式作为它的子式，如

$$\begin{vmatrix}1 & -2 & 0\\ 0 & 3 & 2\\ 0 & 0 & -3\end{vmatrix}=-9,$$

而所有的四阶子式都为零，所以 $r(\mathbf{A})=3$. 即矩阵 $\mathbf{A}$ 的秩等于行阶梯矩阵中不全为零的行的行数.

若对行阶梯矩阵再施行初等行变换，则可将其进一步化为更简单的形式：

$$\begin{pmatrix}1 & -2 & -1 & 0 & 2\\ 0 & 3 & 2 & 2 & -1\\ 0 & 0 & 0 & -3 & 1\\ 0 & 0 & 0 & 0 & 0\end{pmatrix}\xrightarrow[r_3\div(-3)]{r_2\div 3}\begin{pmatrix}1 & -2 & -1 & 0 & 2\\ 0 & 1 & \frac{2}{3} & \frac{2}{3} & -\frac{1}{3}\\ 0 & 0 & 0 & 1 & -\frac{1}{3}\\ 0 & 0 & 0 & 0 & 0\end{pmatrix}$$

$$\xrightarrow[r_1+2r_2]{r_2+\left(-\frac{2}{3}\right)r_3}\begin{pmatrix}1 & 0 & \frac{1}{3} & 0 & \frac{16}{9}\\ 0 & 1 & \frac{2}{3} & 0 & -\frac{1}{9}\\ 0 & 0 & 0 & 1 & -\frac{1}{3}\\ 0 & 0 & 0 & 0 & 0\end{pmatrix},$$

上式中最后一个行阶梯矩阵具有下述特征：非零行的第一个非零元素为 1，且含这些“1”的列的其他元素都为零，这个行阶梯矩阵称为矩阵 $\mathbf{A}$ 的**行最简形阶梯矩阵**，简称**行最简形**.

对以上行最简形矩阵施行初等列变换，可化为更特殊的形式：

$$\begin{pmatrix}1 & 0 & \frac{1}{3} & 0 & \frac{16}{9}\\ 0 & 1 & \frac{2}{3} & 0 & -\frac{1}{9}\\ 0 & 0 & 0 & 1 & -\frac{1}{3}\\ 0 & 0 & 0 & 0 & 0\end{pmatrix}\xrightarrow[c_5+\left(-\frac{16}{9}\right)c_1+\frac{1}{9}c_2+\frac{1}{3}c_4]{c_3+\left(-\frac{1}{3}\right)c_1+\left(-\frac{2}{3}\right)c_2}\begin{pmatrix}1 & 0 & 0 & 0 & 0\\ 0 & 1 & 0 & 0 & 0\\ 0 & 0 & 0 & 1 & 0\\ 0 & 0 & 0 & 0 & 0\end{pmatrix}$$

$$\xrightarrow{c_3\leftrightarrow c_4}\begin{pmatrix}1 & 0 & 0 & 0 & 0\\ 0 & 1 & 0 & 0 & 0\\ 0 & 0 & 1 & 0 & 0\\ 0 & 0 & 0 & 0 & 0\end{pmatrix}.$$

$m\times n$ 矩阵 $\boldsymbol{A}$ 经过初等行变换总可以化为行阶梯矩阵和行最简形矩阵，进一步经过初等列变换，总可以化为如下形式：

$$\boldsymbol{I}=\begin{pmatrix}1&0&\cdots&0&\cdots&0\\0&1&\cdots&0&\cdots&0\\\vdots&\vdots&&\vdots&&\vdots\\0&0&\cdots&1&\cdots&0\\0&0&\cdots&0&\cdots&0\\\vdots&\vdots&&\vdots&&\vdots\\0&0&\cdots&0&\cdots&0\end{pmatrix}.$$

矩阵 $\boldsymbol{I}$ 称为 $\boldsymbol{A}$ 的**标准形**，其特点是：$\boldsymbol{I}$ 的左上角有一个 r 阶单位矩阵 $[r(\boldsymbol{A})=r]$，其他元素都为 0.

由上可以看出：对于同型矩阵，若它们的秩相等，则它们的标准形也相同.

例 2 设

$$\boldsymbol{A}=\begin{pmatrix}k&1&1\\1&k&1\\1&1&k\end{pmatrix},$$

求 $r(\boldsymbol{A})$.

解 对 $\boldsymbol{A}$ 施行初等行变换.

$$\begin{pmatrix}k&1&1\\1&k&1\\1&1&k\end{pmatrix}\xrightarrow{r_1\leftrightarrow r_3}\begin{pmatrix}1&1&k\\1&k&1\\k&1&1\end{pmatrix}\xrightarrow[r_3-kr_1]{r_2-r_1}\begin{pmatrix}1&1&k\\0&k-1&1-k\\0&1-k&1-k^2\end{pmatrix}\xrightarrow{r_3+r_2}\begin{pmatrix}1&1&k\\0&k-1&1-k\\0&0&2-k-k^2\end{pmatrix}.$$

由初等变换不改变矩阵的秩知：

当 $k\neq1$ 且 $k\neq-2$ 时，$r(\boldsymbol{A})=3$；

当 $k=1$ 时，$r(\boldsymbol{A})=1$；

当 $k=-2$ 时，$r(\boldsymbol{A})=2$.

以上例题也可从矩阵的秩的定义出发讨论，请读者自己完成.

定义 2.14 若矩阵 $\boldsymbol{A}$ 经过有限次初等变换化为矩阵 $\boldsymbol{B}$，则称 $\boldsymbol{A}$ 与 $\boldsymbol{B}$ **等价**，记为 $\boldsymbol{A}\sim\boldsymbol{B}$.

等价是矩阵间的一种关系，满足

(ⅰ) 自反性 $\boldsymbol{A}\sim\boldsymbol{A}$；

(ⅱ) 对称性 若 $\boldsymbol{A}\sim\boldsymbol{B}$，则 $\boldsymbol{B}\sim\boldsymbol{A}$；

(ⅲ) 传递性 若 $\boldsymbol{A}\sim\boldsymbol{B}$，$\boldsymbol{B}\sim\boldsymbol{C}$，则 $\boldsymbol{A}\sim\boldsymbol{C}$.

由定理 2.4，若 $\boldsymbol{A}\sim\boldsymbol{B}$，则 $r(\boldsymbol{A})=r(\boldsymbol{B})$，即等价矩阵具有相同的秩.

例 3 设矩阵 $\boldsymbol{A}=\begin{pmatrix}a&-1&-1\\-1&a&-1\\-1&-1&a\end{pmatrix}$ 与 $\boldsymbol{B}=\begin{pmatrix}1&1&0\\0&-1&1\\1&0&1\end{pmatrix}$ 等价，求 a 的值.

解 因两矩阵等价,故它们的秩相等.

由初等行变换易得

$$\boldsymbol{B}=\begin{pmatrix}1&1&0\\0&-1&1\\1&0&1\end{pmatrix}\sim\begin{pmatrix}1&1&0\\0&-1&1\\0&-1&1\end{pmatrix}\sim\begin{pmatrix}1&1&0\\0&-1&1\\0&0&0\end{pmatrix}.$$

显然矩阵 $\boldsymbol{B}$ 的秩为 2,从而矩阵 $\boldsymbol{A}$ 的秩也为 2. 于是

$$|\boldsymbol{A}|=\begin{vmatrix}a&-1&-1\\-1&a&-1\\-1&-1&a\end{vmatrix}=0,$$

求得 $a=2$ 或 $a=-1$.

当 $a=-1$ 时,

$$\boldsymbol{A}=\begin{pmatrix}-1&-1&-1\\-1&-1&-1\\-1&-1&-1\end{pmatrix}\sim\begin{pmatrix}-1&-1&-1\\0&0&0\\0&0&0\end{pmatrix},$$

此时矩阵 $\boldsymbol{A}$ 的秩为 1,不符合题意;当 $a=2$ 时,矩阵 $\boldsymbol{A}$ 的秩为 2,符合题意;故 $a=2$.

三、初等矩阵

对矩阵实施初等变换可用矩阵的运算来表示.

定义 2.15 由单位阵 $\boldsymbol{E}$ 经过一次初等变换得到的方阵称为**初等矩阵**.

三种初等行变换对应三种形式的初等矩阵.

(1) $r_i\leftrightarrow r_j$,得到

$$\boldsymbol{E}(i,j)=\begin{pmatrix}1&&&&&&&&\\&\ddots&&&&&&&\\&&1&&&&&&\\&&&0&\cdots&\cdots&\cdots&1&&&\\&&&\vdots&1&&&\vdots&&&\\&&&\vdots&&\ddots&&\vdots&&&\\&&&\vdots&&&1&\vdots&&&\\&&&1&\cdots&\cdots&\cdots&0&&&\\&&&&&&&&1&&\\&&&&&&&&&\ddots&\\&&&&&&&&&&1\end{pmatrix}\begin{matrix}\\\\\\\leftarrow 第\ i\ 行\\\\\\\\\leftarrow 第\ j\ 行\\\\\\\\\end{matrix}$$

(2) $r_i\times\lambda(\lambda\neq 0)$,得到

$$E(i(\lambda))=\begin{pmatrix}1&&&&&&\\&\ddots&&&&&\\&&1&&&&\\&&&\lambda&&&\\&&&&1&&\\&&&&&\ddots&\\&&&&&&1\end{pmatrix}\leftarrow 第\ i\ 行.$$

(3) $r_i+\lambda r_j$,得到

$$E(i,j(\lambda))=\begin{pmatrix}1&&&&&&\\&\ddots&&&&&\\&&1&\cdots&\lambda&&\\&&&\ddots&\vdots&&\\&&&&1&&\\&&&&&\ddots&\\&&&&&&1\end{pmatrix}\begin{matrix}\\\\\leftarrow 第\ i\ 行\\\\\leftarrow 第\ j\ 行\\\\\\\end{matrix}.$$

同样三种初等列变换 $c_i\leftrightarrow c_j$,$c_i\times\lambda$ 和 $c_i+\lambda c_j$ 也分别对应着 $E(i,j)$,$E(i(\lambda))$,$E(j,i(\lambda))$.

定理 2.5 设 A 是一个 $m\times n$ 矩阵,则对 A 实施一次初等行变换,相当于用相应的 m 阶初等矩阵左乘 A;对 A 实施一次初等列变换,相当于用相应的 n 阶初等矩阵右乘 A.

证 只对 A 施行第(3)种初等行变换进行证明,其他变换留给读者证明.

将 $A_{m\times n}$ 与 E_m 分块为

$$A=\begin{pmatrix}A_1\\\vdots\\A_i\\\vdots\\A_j\\\vdots\\A_m\end{pmatrix},\quad E_m=\begin{pmatrix}\varepsilon_1\\\vdots\\\varepsilon_i\\\vdots\\\varepsilon_j\\\vdots\\\varepsilon_m\end{pmatrix},$$

其中 $A_k=(a_{k1}\quad a_{k2}\quad\cdots\quad a_{kn})$,$\varepsilon_k=(0\quad 0\quad\cdots\quad 1\quad\cdots\quad 0)$,$k=1,2,\cdots,m$,$\varepsilon_k$ 中除第 k 个元素为 1 外,其他元素都为 0.

显然,初等矩阵 $E_m(i,j(\lambda))$ 可分块为

$$\boldsymbol{E}_m(i,j(\lambda))=\begin{pmatrix}\boldsymbol{\varepsilon}_1\\ \vdots\\ \boldsymbol{\varepsilon}_i+\lambda\boldsymbol{\varepsilon}_j\\ \vdots\\ \boldsymbol{\varepsilon}_j\\ \vdots\\ \boldsymbol{\varepsilon}_m\end{pmatrix}.$$

于是

$$\boldsymbol{E}_m(i,j(\lambda))\boldsymbol{A}=\begin{pmatrix}\boldsymbol{\varepsilon}_1\boldsymbol{A}\\ \vdots\\ (\boldsymbol{\varepsilon}_i+\lambda\boldsymbol{\varepsilon}_j)\boldsymbol{A}\\ \vdots\\ \boldsymbol{\varepsilon}_j\boldsymbol{A}\\ \vdots\\ \boldsymbol{\varepsilon}_m\boldsymbol{A}\end{pmatrix}=\begin{pmatrix}\boldsymbol{A}_1\\ \vdots\\ \boldsymbol{A}_i+\lambda\boldsymbol{A}_j\\ \vdots\\ \boldsymbol{A}_j\\ \vdots\\ \boldsymbol{A}_m\end{pmatrix}.$$

由此可见，将 $\boldsymbol{A}$ 的第 j 行乘以 λ 再加到第 i 行上的初等行变换相当于用 $\boldsymbol{E}_m(i,j(\lambda))$ 左乘 $\boldsymbol{A}$.

易证初等矩阵都是可逆的，且 $\boldsymbol{E}(i,j)^{-1}=\boldsymbol{E}(i,j)$，$\boldsymbol{E}(i(\lambda))^{-1}=\boldsymbol{E}\left(i\left(\frac{1}{\lambda}\right)\right)$，$\boldsymbol{E}(i,j(\lambda))^{-1}=\boldsymbol{E}(i,j(-\lambda))$. 显然初等矩阵的逆矩阵仍然为初等矩阵.

定理 2.6 设 $\boldsymbol{A}$ 为可逆矩阵，则存在有限个初等矩阵 $\boldsymbol{P}_1,\boldsymbol{P}_2,\cdots,\boldsymbol{P}_l$，使

$$\boldsymbol{A}=\boldsymbol{P}_1\boldsymbol{P}_2\cdots\boldsymbol{P}_l.$$

证 因 $\boldsymbol{A}$ 是可逆矩阵，故 $\boldsymbol{A}$ 是满秩矩阵，从而 $\boldsymbol{A}$ 的标准形为单位阵，即 $\boldsymbol{A}\sim\boldsymbol{E}$，故 $\boldsymbol{E}$ 经过有限次初等变换可变成 $\boldsymbol{A}$，也就是存在有限个初等矩阵 $\boldsymbol{P}_1,\boldsymbol{P}_2,\cdots,\boldsymbol{P}_r,\boldsymbol{P}_{r+1},\cdots,\boldsymbol{P}_l$，使

$$\boldsymbol{P}_1\boldsymbol{P}_2\cdots\boldsymbol{P}_r\boldsymbol{E}\boldsymbol{P}_{r+1}\cdots\boldsymbol{P}_l=\boldsymbol{A},$$

即 $\boldsymbol{A}=\boldsymbol{P}_1\boldsymbol{P}_2\cdots\boldsymbol{P}_l$.

推论 2.3 两个 $m\times n$ 矩阵 $\boldsymbol{A}$ 和 $\boldsymbol{B}$ 等价的充分必要条件是：存在 m 阶可逆方阵 $\boldsymbol{P}$ 及 n 阶可逆方阵 $\boldsymbol{Q}$，使 $\boldsymbol{PAQ}=\boldsymbol{B}$.

请读者自己证明.

由定理 2.6 可得到一种求逆阵的重要方法.

当 $|\boldsymbol{A}|\neq0$ 时，由定理 2.6 得 $\boldsymbol{A}=\boldsymbol{P}_1\boldsymbol{P}_2\cdots\boldsymbol{P}_l$，所以有

$$\boldsymbol{P}_l^{-1}\boldsymbol{P}_{l-1}^{-1}\cdots\boldsymbol{P}_1^{-1}\boldsymbol{A}=\boldsymbol{E} \tag{2.20}$$

及

$$\boldsymbol{P}_l^{-1}\boldsymbol{P}_{l-1}^{-1}\cdots\boldsymbol{P}_2^{-1}\boldsymbol{P}_1^{-1}\boldsymbol{E}=\boldsymbol{A}^{-1}, \tag{2.21}$$

式(2.20)表明 $\boldsymbol{A}$ 经过一系列初等行变换可变成 $\boldsymbol{E}$，式(2.21)表明 $\boldsymbol{E}$ 经同样的初等行变换就变成了 $\boldsymbol{A}^{-1}$，即

$$\boldsymbol{P}_l^{-1}\boldsymbol{P}_{l-1}^{-1}\cdots\boldsymbol{P}_2^{-1}\boldsymbol{P}_1^{-1}(\boldsymbol{A},\boldsymbol{E})=(\boldsymbol{E},\boldsymbol{A}^{-1}).$$

因此，我们得到一种用初等行变换求逆矩阵的方法：作 $n\times 2n$ 矩阵 $(\boldsymbol{A}\,\vdots\,\boldsymbol{E})$，当用初等行变换(仅用行变换)把左边的矩阵 $\boldsymbol{A}$ 化为 $\boldsymbol{E}$ 时，右边的矩阵也同时变成了 $\boldsymbol{A}^{-1}$. 这种方法简记为

$$(\boldsymbol{A}\,\vdots\,\boldsymbol{E})\xrightarrow{\text{初等行变换}}(\boldsymbol{E}\,\vdots\,\boldsymbol{A}^{-1}).$$

完全类似地，我们可以得到一种用初等列变换求逆矩阵的方法：作 $2n\times n$ 矩阵 $\begin{pmatrix}\boldsymbol{A}\\ \cdots\\ \boldsymbol{E}\end{pmatrix}$，当用初等列变换(仅用初等列变换)把上边的矩阵 $\boldsymbol{A}$ 化为 $\boldsymbol{E}$ 时，下边的矩阵也同时变成了 $\boldsymbol{A}^{-1}$. 这种方法简记为

$$\begin{pmatrix}\boldsymbol{A}\\ \cdots\\ \boldsymbol{E}\end{pmatrix}\xrightarrow{\text{初等列变换}}\begin{pmatrix}\boldsymbol{E}\\ \cdots\\ \boldsymbol{A}^{-1}\end{pmatrix}.$$

例 4　设

$$\boldsymbol{A}=\begin{pmatrix}1&2&3\\2&2&1\\3&4&3\end{pmatrix},$$

求 $\boldsymbol{A}^{-1}$.

解

$$(\boldsymbol{A}\,\vdots\,\boldsymbol{E})=\left(\begin{array}{ccc:ccc}1&2&3&1&0&0\\2&2&1&0&1&0\\3&4&3&0&0&1\end{array}\right)$$

$$\xrightarrow[r_3-3r_1]{r_2-2r_1}\left(\begin{array}{ccc:ccc}1&2&3&1&0&0\\0&-2&-5&-2&1&0\\0&-2&-6&-3&0&1\end{array}\right)$$

$$\xrightarrow{r_3-r_2}\left(\begin{array}{ccc:ccc}1&2&3&1&0&0\\0&-2&-5&-2&1&0\\0&0&-1&-1&-1&1\end{array}\right)$$

$$\xrightarrow[r_1+3r_3]{r_2-5r_3}\left(\begin{array}{ccc:ccc}1&2&0&-2&-3&3\\0&-2&0&3&6&-5\\0&0&-1&-1&-1&1\end{array}\right)$$

$$\xrightarrow{r_1+r_2}\left(\begin{array}{ccc:ccc}1&0&0&1&3&-2\\0&-2&0&3&6&-5\\0&0&-1&-1&-1&1\end{array}\right)$$

$$\xrightarrow[r_3\times(-1)]{r_2\times(-\frac{1}{2})}\left(\begin{array}{ccc:ccc}1&0&0&1&3&-2\\0&1&0&-\frac{3}{2}&-3&\frac{5}{2}\\0&0&1&1&1&-1\end{array}\right),$$

所以

$$A^{-1}=\begin{pmatrix}1&3&-2\\-\frac{3}{2}&-3&\frac{5}{2}\\1&1&-1\end{pmatrix}.$$

对于矩阵方程 $AX=B$,若 A 为 n 阶可逆矩阵,也可以用初等行变换法求解,因 A 可逆,则 $A=P_1P_2\cdots P_l$,其中 $P_i(i=1,2,\cdots,l)$是初等矩阵,从而 $A^{-1}=P_l^{-1}P_{l-1}^{-1}\cdots P_1^{-1}$,这里 $P_i^{-1}(i=1,2,\cdots,l)$也是初等矩阵,于是

$$P_l^{-1}P_{l-1}^{-1}\cdots P_1^{-1}A=E,\tag{2.22}$$

$$P_l^{-1}P_{l-1}^{-1}\cdots P_1^{-1}B=A^{-1}B.\tag{2.23}$$

上面两式说明:一系列初等行变换将 A 化为 E 的同时也将 B 化为了 $A^{-1}B(=X)$,即

$$P_l^{-1}P_{l-1}^{-1}\cdots P_1^{-1}(A\,\vdots\,B)=(E\,\vdots\,A^{-1}B).$$

因此,我们得到矩阵方程 $AX=B$ 的一种初等行变换解法:先作一个矩阵$(A\,\vdots\,B)$,再通过一系列初等行变换将左边的矩阵 A 化为单位阵 E,则右边的矩阵 B 也同时化为了 $A^{-1}B$,即为 X. 这种解法简记为

$$(A\,\vdots\,B)\xrightarrow{\text{初等行变换}}(E\,\vdots\,A^{-1}B).$$

类似地,对矩阵方程 $XA=B$,可用初等列变换求解

$$\begin{pmatrix}A\\\hdashline B\end{pmatrix}\xrightarrow{\text{初等列变换}}\begin{pmatrix}E\\\hdashline BA^{-1}\end{pmatrix}.$$

例 5　求解矩阵方程 $AX=X+A$,其中

$$A=\begin{pmatrix}2&2&0\\2&1&3\\0&1&0\end{pmatrix}.$$

解　矩阵方程变形为$(A-E)X=A$,容易得到$|A-E|=1\neq0$,从而 $A-E$ 可逆.

$$(A-E\,\vdots\,A)=\left(\begin{array}{ccc:ccc}1&2&0&2&2&0\\2&0&3&2&1&3\\0&1&-1&0&1&0\end{array}\right)$$

$$\xrightarrow[r_2\leftrightarrow r_3]{r_2-2r_1}\left(\begin{array}{ccc:ccc}1&2&0&2&2&0\\0&1&-1&0&1&0\\0&-4&3&-2&-3&3\end{array}\right)$$

$$\xrightarrow{r_3+4r_2}\left(\begin{array}{ccc:ccc}1&2&0&2&2&0\\0&1&-1&0&1&0\\0&0&-1&-2&1&3\end{array}\right)$$

$$\xrightarrow{r_2-r_3}\left(\begin{array}{ccc:ccc}1&2&0&2&2&0\\0&1&0&2&0&-3\\0&0&-1&-2&1&3\end{array}\right)$$

$$\xrightarrow[r_1-2r_2]{r_3\div(-1)}\left(\begin{array}{ccc:ccc}1&0&0&-2&2&6\\0&1&0&2&0&-3\\0&0&1&2&-1&-3\end{array}\right),$$

所以

$$\boldsymbol{X}=\begin{pmatrix}-2&2&6\\2&0&-3\\2&-1&-3\end{pmatrix}.$$

第六节 内容概要与典型例题分析

本章的主要内容为矩阵的概念、运算、秩和初等变换等.

一、内容概要

(一) 矩阵的运算

本章介绍的矩阵运算包括加法、减法、数乘、乘法、转置和求逆矩阵.

矩阵的加减法和数乘满足交换律、结合律,而矩阵的乘法只满足结合律,不满足交换律,这是矩阵乘法与数的乘法的重要区别之一. 因此在涉及矩阵相乘时要加以注意. 另外,矩阵乘法不满足消去律,即不能简单地由 $\boldsymbol{AB}=\boldsymbol{0},\boldsymbol{B}\neq\boldsymbol{0}$ 推出 $\boldsymbol{A}=\boldsymbol{0}$.

矩阵的转置是将元素按新的方式重排以后得到的矩阵,注意转置前后元素间的关系. 这种运算常用来讨论一些特殊形式的矩阵,如对称矩阵、反对称矩阵等.

逆矩阵的引入使得在某些方阵中做除法成为可能,也在一定条件下建立了矩阵乘法的逆运算,这在矩阵方程求解中特别重要.

判断一个方阵是否存在逆矩阵以及如何求出逆矩阵是本章的一个重要内容.

矩阵可逆的等价性结论:方阵可逆的充要条件是 $|\boldsymbol{A}|\neq0$.

设方阵 $\boldsymbol{A}$ 可逆,则 $\boldsymbol{A}^{-1}$ 的求解有以下三种方法.

1. 定义法

设 $\boldsymbol{B}$ 是 $\boldsymbol{A}$ 的逆矩阵,则由逆矩阵的定义有 $\boldsymbol{AB}=\boldsymbol{BA}=\boldsymbol{E}$. 根据这个等式,我们可以得到一个方程个数与未知元素个数相等的线性方程组,利用克拉默法则可以求出该方程组的唯一解，从而得到 $\boldsymbol{A}^{-1}$.

该方法只适合求阶数很低的逆矩阵. 事实上，当 $\boldsymbol{A}$ 的阶数为 3 时，我们将求解一个含 9 个变量的方程组，计算很烦琐.

该方法在求解分块方阵的逆矩阵时经常用到.

2. 伴随矩阵法

根据公式 $\boldsymbol{A}^{-1}=\frac{1}{|\boldsymbol{A}|}\boldsymbol{A}^*$，其中 $\boldsymbol{A}^*$ 是 $\boldsymbol{A}$ 的伴随矩阵. 我们可以先求出 $|\boldsymbol{A}|$，再求出 $\boldsymbol{A}^*$，最后根据公式得到逆矩阵. 考虑到当 $\boldsymbol{A}$ 的阶数较大时，$\boldsymbol{A}$ 的各个代数余子式的计算很烦琐. 因此，该方法在具体计算中不常用.

3. 初等变换法

与前面两种方法相比，利用初等变换的方法，我们可以较快地求出逆矩阵.

$$(\boldsymbol{A} \mid \boldsymbol{E}) \xrightarrow{\text{初等行变换}} (\boldsymbol{E} \mid \boldsymbol{A}^{-1});$$

$$\begin{pmatrix} \boldsymbol{A} \\ \hdashline \boldsymbol{E} \end{pmatrix} \xrightarrow{\text{初等列变换}} \begin{pmatrix} \boldsymbol{E} \\ \hdashline \boldsymbol{A}^{-1} \end{pmatrix}.$$

逆矩阵的一个重要应用是解矩阵方程. 设 $\boldsymbol{A},\boldsymbol{B}$ 可逆，则

(1) $\boldsymbol{AX}=\boldsymbol{C}$ 的解为 $\boldsymbol{X}=\boldsymbol{A}^{-1}\boldsymbol{C}$，即用 $\boldsymbol{A}$ 的逆矩阵左乘 $\boldsymbol{C}$；

(2) $\boldsymbol{XB}=\boldsymbol{C}$ 的解为 $\boldsymbol{X}=\boldsymbol{C}\boldsymbol{B}^{-1}$，即用 $\boldsymbol{B}$ 的逆矩阵右乘 $\boldsymbol{C}$；

(3) $\boldsymbol{AXB}=\boldsymbol{C}$ 的解为 $\boldsymbol{X}=\boldsymbol{A}^{-1}\boldsymbol{C}\boldsymbol{B}^{-1}$，即先用 $\boldsymbol{A}$ 的逆矩阵左乘 $\boldsymbol{C}$，再用 $\boldsymbol{B}$ 的逆矩阵右乘 $\boldsymbol{C}$.

我们可以用初等变换法求出方程的解 $\boldsymbol{X}$，如求 $\boldsymbol{AX}=\boldsymbol{B}$ 的解可简记为

$$(\boldsymbol{A} \mid \boldsymbol{B}) \xrightarrow{\text{初等行变换}} (\boldsymbol{E} \mid \boldsymbol{A}^{-1}\boldsymbol{B}).$$

(二) 分块矩阵

对结构特殊的高阶矩阵，为简化计算，我们可以采用分块的方式，把它降阶为低阶的分块矩阵，再在一定的规则下进行各种运算. 特别要注意的是，为保证两矩阵分块后能相乘，左矩阵列的划分方式必须与右矩阵行的划分方式一致.

在可逆的情况下，分块对角矩阵的逆也是分块对角矩阵.

(三) 矩阵的初等变换、秩、初等矩阵

矩阵的初等变换有三种：互换两行或两列，以不为 0 的数 λ 乘某一行或某一列的所有元素，将某一行或某一列各元素乘以 λ 后加到另一行或另一列的对应元素上去.

矩阵的秩是矩阵理论中的一个重要概念，可以采用定义法和初等变换法求一个矩阵的秩. 考虑到求一个一般的高阶矩阵的不为零的最高阶子式需要大量计算，

因此在实际计算中我们利用初等变换不改变矩阵的秩的性质，采用初等变换把矩阵化简为一个行阶梯矩阵或行最简形矩阵来确定它的秩.

初等矩阵有三种，分别对应三种初等变换. $\boldsymbol{E}_m(i,j)$表示互换单位矩阵$\boldsymbol{E}_m$的第i,j两行(或列)得到的初等矩阵、$\boldsymbol{E}_m(i(\lambda))$表示用不为0的$\lambda$乘以$\boldsymbol{E}_m$的第$i$行(或列)得到的初等矩阵、$\boldsymbol{E}_m(i,j(\lambda))$表示将$\boldsymbol{E}_m$的第$j$行乘以$\lambda$加到第$i$行得到的初等矩阵，也表示将$\boldsymbol{E}_m$的第$i$列乘以$\lambda$加到第$j$列得到的初等矩阵.

初等变换和初等矩阵之间有一种重要关系：对矩阵$\boldsymbol{A}_{m\times n}$施行一次初等行(或列)变换，相当于用相应的$m$阶(或$n$阶)初等矩阵左乘(或右乘)$\boldsymbol{A}_{m\times n}$. 根据这种关系，我们得到了可逆方阵可表示为有限个初等矩阵的乘积形式的重要结论. 进一步，根据这个结论，我们得到了前面描述的求逆矩阵和某些矩阵方程的初等变换法.

二、典型例题分析

例 1　设$\boldsymbol{A}$为四阶方阵，$|\boldsymbol{A}|=2$，求$|(3\boldsymbol{A})^{-1}-2\boldsymbol{A}^*|$的值.

分析：注意到$\boldsymbol{A}$可逆，由$\boldsymbol{A}^{-1}=\dfrac{1}{|\boldsymbol{A}|}\boldsymbol{A}^*$，$\boldsymbol{A}^*=|\boldsymbol{A}|\boldsymbol{A}^{-1}$代入即可.

解　因$|\boldsymbol{A}|=2$，所以$\boldsymbol{A}$可逆，且$\boldsymbol{A}^*=|\boldsymbol{A}|\boldsymbol{A}^{-1}$，则

$$|(3\boldsymbol{A})^{-1}-2\boldsymbol{A}^*|=\left|\frac{1}{3}\boldsymbol{A}^{-1}-2|\boldsymbol{A}|\boldsymbol{A}^{-1}\right|=\left|-\frac{11}{3}\boldsymbol{A}^{-1}\right|$$
$$=\left(-\frac{11}{3}\right)^4|\boldsymbol{A}^{-1}|=\frac{1}{2}\cdot\left(-\frac{11}{3}\right)^4.$$

例 2　$\boldsymbol{A},\boldsymbol{B}$均为$n$阶可逆矩阵，证明：

(1) $(\boldsymbol{AB})^*=\boldsymbol{B}^*\boldsymbol{A}^*$；

(2) $(\boldsymbol{A}^*)^*=|\boldsymbol{A}|^{n-2}\boldsymbol{A}$.

分析：同例1，利用$\boldsymbol{A}$可逆时的性质$\boldsymbol{A}^*=|\boldsymbol{A}|\boldsymbol{A}^{-1}$.

证　(1) 由$\boldsymbol{A},\boldsymbol{B}$可逆知，$\boldsymbol{AB}$可逆，又

$$(\boldsymbol{AB})(\boldsymbol{AB})^*=|\boldsymbol{AB}|\boldsymbol{E},$$

所以

$$\begin{aligned}(\boldsymbol{AB})^*&=(\boldsymbol{AB})^{-1}|\boldsymbol{AB}|\boldsymbol{E}=|\boldsymbol{AB}|(\boldsymbol{AB})^{-1}\\&=|\boldsymbol{A}|\cdot|\boldsymbol{B}|\cdot\boldsymbol{B}^{-1}\boldsymbol{A}^{-1}=(|\boldsymbol{B}|\boldsymbol{B}^{-1})\cdot(|\boldsymbol{A}|\boldsymbol{A}^{-1})\\&=\boldsymbol{B}^*\boldsymbol{A}^*;\end{aligned}$$

(2) 由$(\boldsymbol{A}^*)^*\boldsymbol{A}^*=|\boldsymbol{A}^*|\boldsymbol{E}$，$\boldsymbol{A}^*=|\boldsymbol{A}|\boldsymbol{A}^{-1}$得

$$(\boldsymbol{A}^*)^*|\boldsymbol{A}|\boldsymbol{A}^{-1}=||\boldsymbol{A}|\boldsymbol{A}^{-1}|\boldsymbol{E}=|\boldsymbol{A}|^{n-1}\boldsymbol{E},$$

从而

$$(\boldsymbol{A}^*)^*=|\boldsymbol{A}|^{n-2}\boldsymbol{A}.$$

例 3 设矩阵 $\boldsymbol{A}=\begin{pmatrix} a & 1 & 0 \\ 1 & a & -1 \\ 0 & 1 & a \end{pmatrix}$,且 $\boldsymbol{A}^3=\boldsymbol{0}$.

(1) 求 a 的值;

(2) 若矩阵 $\boldsymbol{X}$ 满足 $\boldsymbol{X}-\boldsymbol{X}\boldsymbol{A}^2-\boldsymbol{A}\boldsymbol{X}+\boldsymbol{A}\boldsymbol{X}\boldsymbol{A}^2=\boldsymbol{E}$,求 $\boldsymbol{X}$.

分析:先由题意显然可知 $|\boldsymbol{A}|=0$,从而可求出 a. 接着对 $\boldsymbol{X}-\boldsymbol{X}\boldsymbol{A}^2-\boldsymbol{A}\boldsymbol{X}+\boldsymbol{A}\boldsymbol{X}\boldsymbol{A}^2=\boldsymbol{E}$ 变形,用 $\boldsymbol{A}$,$\boldsymbol{E}$ 表示 $\boldsymbol{X}$, 最后求出 $\boldsymbol{X}$.

解 (1) 因 $\boldsymbol{A}^3=\boldsymbol{0}$,故 $|\boldsymbol{A}|=0$,即

$$\begin{vmatrix} a & 1 & 0 \\ 1 & a & -1 \\ 0 & 1 & a \end{vmatrix}=a^3=0,$$

从而 $a=0$.

(2) 由题意有

$$\begin{aligned}
&\boldsymbol{X}-\boldsymbol{X}\boldsymbol{A}^2-\boldsymbol{A}\boldsymbol{X}+\boldsymbol{A}\boldsymbol{X}\boldsymbol{A}^2=\boldsymbol{E}\\
\Rightarrow&\boldsymbol{X}(\boldsymbol{E}-\boldsymbol{A}^2)-\boldsymbol{A}\boldsymbol{X}(\boldsymbol{E}-\boldsymbol{A}^2)=\boldsymbol{E}\\
\Rightarrow&(\boldsymbol{E}-\boldsymbol{A})\boldsymbol{X}(\boldsymbol{E}-\boldsymbol{A}^2)=\boldsymbol{E}\\
\Rightarrow&\boldsymbol{X}=(\boldsymbol{E}-\boldsymbol{A})^{-1}(\boldsymbol{E}-\boldsymbol{A}^2)^{-1}=[(\boldsymbol{E}-\boldsymbol{A}^2)(\boldsymbol{E}-\boldsymbol{A})]^{-1}=(\boldsymbol{E}-\boldsymbol{A}-\boldsymbol{A}^2)^{-1}.
\end{aligned}$$

容易计算得到

$$\boldsymbol{E}-\boldsymbol{A}-\boldsymbol{A}^2=\begin{pmatrix} 0 & -1 & 1 \\ -1 & 1 & 1 \\ -1 & -1 & 2 \end{pmatrix},$$

从而

$$\boldsymbol{X}=\begin{pmatrix} 0 & -1 & 1 \\ -1 & 1 & 1 \\ -1 & -1 & 2 \end{pmatrix}^{-1}=\begin{pmatrix} 3 & 1 & -2 \\ 1 & 1 & -1 \\ 2 & 1 & -1 \end{pmatrix}.$$

例 4 若 $\boldsymbol{A}=\begin{pmatrix} 1 & 1 & -1 \\ -1 & 1 & 1 \\ 1 & -1 & 1 \end{pmatrix}$,又 $\boldsymbol{A}^*\boldsymbol{X}=\boldsymbol{A}^{-1}+2\boldsymbol{X}$,求 $\boldsymbol{X}$.

分析:如果由 $\boldsymbol{A}$ 求出 $\boldsymbol{A}^*$,$\boldsymbol{A}^{-1}$,再代入方程求解会较麻烦,注意到 $\boldsymbol{A}$,$\boldsymbol{A}^*$,$\boldsymbol{A}^{-1}$ 的关系,方程两边同时左乘 $\boldsymbol{A}$ 即可.

解 方程两边同时左乘 $\boldsymbol{A}$,同时利用 $\boldsymbol{A}\boldsymbol{A}^*=|\boldsymbol{A}|\boldsymbol{E}$ 得

$$\boldsymbol{A}\boldsymbol{A}^*\boldsymbol{X}=\boldsymbol{E}+2\boldsymbol{A}\boldsymbol{X},$$

即

$$(\boldsymbol{A}\boldsymbol{A}^*-2\boldsymbol{A})\boldsymbol{X}=\boldsymbol{E},$$

$$(|\boldsymbol{A}|\boldsymbol{E}-2\boldsymbol{A})\boldsymbol{X}=\boldsymbol{E},$$

所以 $\boldsymbol{X}=(|\boldsymbol{A}|\boldsymbol{E}-2\boldsymbol{A})^{-1}$. 又 $|\boldsymbol{A}|=4$,故

$$\boldsymbol{X}=(4\boldsymbol{E}-2\boldsymbol{A})^{-1}=\begin{pmatrix}2&-2&2\\2&2&-2\\-2&2&2\end{pmatrix}^{-1}=\frac{1}{4}\begin{pmatrix}1&1&0\\0&1&1\\1&0&1\end{pmatrix}.$$

例 5 设 $\boldsymbol{C}=\boldsymbol{A}+\boldsymbol{B}$,其中 $\boldsymbol{A}$ 为对称矩阵,$\boldsymbol{B}$ 为反对称矩阵,证明下列三条件是等价的:

(1) $\boldsymbol{C}^{\mathrm{T}}\boldsymbol{C}=\boldsymbol{C}\boldsymbol{C}^{\mathrm{T}}$;

(2) $\boldsymbol{AB}=\boldsymbol{BA}$;

(3) $\boldsymbol{AB}$ 是反对称矩阵.

分析:利用转置矩阵、对称矩阵、反对称矩阵的定义及矩阵乘法的运算律等证明.

证 (1)⇒(2):

因 $\boldsymbol{C}^{\mathrm{T}}=\boldsymbol{A}^{\mathrm{T}}+\boldsymbol{B}^{\mathrm{T}}=\boldsymbol{A}-\boldsymbol{B}$,故由 $\boldsymbol{C}^{\mathrm{T}}\boldsymbol{C}=\boldsymbol{C}\boldsymbol{C}^{\mathrm{T}}$,得

$$(\boldsymbol{A}-\boldsymbol{B})(\boldsymbol{A}+\boldsymbol{B})=(\boldsymbol{A}+\boldsymbol{B})(\boldsymbol{A}-\boldsymbol{B}),$$

由此可得 $\boldsymbol{AB}=\boldsymbol{BA}$.

(2)⇒(3):

由 $(\boldsymbol{AB})^{\mathrm{T}}=\boldsymbol{B}^{\mathrm{T}}\boldsymbol{A}^{\mathrm{T}}=-\boldsymbol{BA}=-\boldsymbol{AB}$,即得 $\boldsymbol{AB}$ 为反对称矩阵.

(3)⇒(1):

由 $(\boldsymbol{AB})^{\mathrm{T}}=-(\boldsymbol{AB})$,即 $-\boldsymbol{BA}=-\boldsymbol{AB}$,也即 $\boldsymbol{AB}=\boldsymbol{BA}$,故

$$\begin{aligned}\boldsymbol{C}^{\mathrm{T}}\boldsymbol{C}&=(\boldsymbol{A}^{\mathrm{T}}+\boldsymbol{B}^{\mathrm{T}})(\boldsymbol{A}+\boldsymbol{B})=(\boldsymbol{A}-\boldsymbol{B})(\boldsymbol{A}+\boldsymbol{B})\\&=\boldsymbol{A}^2+\boldsymbol{AB}-\boldsymbol{BA}-\boldsymbol{B}^2=\boldsymbol{A}^2+\boldsymbol{BA}-\boldsymbol{AB}-\boldsymbol{B}^2\\&=(\boldsymbol{A}+\boldsymbol{B})(\boldsymbol{A}-\boldsymbol{B})=\boldsymbol{C}\boldsymbol{C}^{\mathrm{T}}.\end{aligned}$$

例 6 设矩阵 $\boldsymbol{A},\boldsymbol{B}$ 和 $\boldsymbol{A}+\boldsymbol{B}$ 均可逆,证明:

$$(\boldsymbol{A}^{-1}+\boldsymbol{B}^{-1})^{-1}=\boldsymbol{A}(\boldsymbol{A}+\boldsymbol{B})^{-1}\boldsymbol{B}=\boldsymbol{B}(\boldsymbol{A}+\boldsymbol{B})^{-1}\boldsymbol{A}.$$

分析:巧妙地利用可逆矩阵的定义及性质等进行证明,如 $\boldsymbol{B}^{-1}=\boldsymbol{E}\boldsymbol{B}^{-1}$;$\boldsymbol{E}=\boldsymbol{B}^{-1}\boldsymbol{B}=\boldsymbol{A}\boldsymbol{A}^{-1}$;若 $\boldsymbol{A}_1,\boldsymbol{A}_2,\cdots,\boldsymbol{A}_p$ 可逆,则 $\boldsymbol{A}_1\boldsymbol{A}_2\cdots\boldsymbol{A}_p$ 可逆,且 $(\boldsymbol{A}_1\boldsymbol{A}_2\cdots\boldsymbol{A}_p)^{-1}=\boldsymbol{A}_p^{-1}\boldsymbol{A}_{p-1}^{-1}\cdots\boldsymbol{A}_1^{-1}$.

证 $\boldsymbol{A}^{-1}+\boldsymbol{B}^{-1}=(\boldsymbol{B}^{-1}\boldsymbol{B})\boldsymbol{A}^{-1}+\boldsymbol{B}^{-1}(\boldsymbol{A}\boldsymbol{A}^{-1})=\boldsymbol{B}^{-1}(\boldsymbol{B}+\boldsymbol{A})\boldsymbol{A}^{-1}=\boldsymbol{B}^{-1}(\boldsymbol{A}+\boldsymbol{B})\boldsymbol{A}^{-1}$.

类似可得

$$\boldsymbol{A}^{-1}+\boldsymbol{B}^{-1}=\boldsymbol{A}^{-1}(\boldsymbol{A}+\boldsymbol{B})\boldsymbol{B}^{-1}.$$

故 $\boldsymbol{A}^{-1}+\boldsymbol{B}^{-1}$ 可逆,且

$$(\boldsymbol{A}^{-1}+\boldsymbol{B}^{-1})^{-1}=\boldsymbol{A}(\boldsymbol{A}+\boldsymbol{B})^{-1}\boldsymbol{B}=\boldsymbol{B}(\boldsymbol{A}+\boldsymbol{B})^{-1}\boldsymbol{A}.$$

思考:如何根据逆矩阵的定义验证以上结论?

例 7 设

$$A=\begin{pmatrix} 0 & a_1 & 0 & \cdots & 0 \\ 0 & 0 & a_2 & \cdots & 0 \\ \vdots & \vdots & \vdots & & \vdots \\ 0 & 0 & 0 & \cdots & a_{n-1} \\ a_n & 0 & 0 & \cdots & 0 \end{pmatrix},$$

其中 $a_1a_2\cdots a_n\neq 0$,求 A^{-1}.

分析:先根据矩阵的结构特点分块,再求逆.

解 将矩阵 A 分块为

$$A=\left(\begin{array}{c:cccc} 0 & a_1 & 0 & \cdots & 0 \\ 0 & 0 & a_2 & \cdots & 0 \\ \vdots & \vdots & \vdots & & \vdots \\ 0 & 0 & 0 & \cdots & a_{n-1} \\ \hdashline a_n & 0 & 0 & \cdots & 0 \end{array}\right)=\begin{pmatrix} \mathbf{0} & B \\ C & \mathbf{0} \end{pmatrix},$$

其中

$$B=\begin{pmatrix} a_1 & 0 & \cdots & 0 \\ 0 & a_2 & \cdots & 0 \\ \vdots & \vdots & & \vdots \\ 0 & 0 & \cdots & a_{n-1} \end{pmatrix}, \quad C=(a_n).$$

显然

$$B^{-1}=\begin{pmatrix} a_1^{-1} & 0 & \cdots & 0 \\ 0 & a_2^{-1} & \cdots & 0 \\ \vdots & \vdots & & \vdots \\ 0 & 0 & \cdots & a_{n-1}^{-1} \end{pmatrix}, \quad C^{-1}=(a_n^{-1}),$$

又因

$$\begin{pmatrix} \mathbf{0} & B \\ C & \mathbf{0} \end{pmatrix}^{-1}=\begin{pmatrix} \mathbf{0} & C^{-1} \\ B^{-1} & \mathbf{0} \end{pmatrix},$$

所以

$$A^{-1}=\begin{pmatrix} \mathbf{0} & C^{-1} \\ B^{-1} & \mathbf{0} \end{pmatrix}=\begin{pmatrix} 0 & 0 & \cdots & 0 & a_n^{-1} \\ a_1^{-1} & 0 & \cdots & 0 & 0 \\ 0 & a_2^{-1} & \cdots & 0 & 0 \\ \vdots & \vdots & & \vdots & \vdots \\ 0 & 0 & \cdots & a_{n-1}^{-1} & 0 \end{pmatrix}.$$

习　题　二

1. 计算：

(1) $\begin{pmatrix} 1 & 2 \\ 3 & -2 \\ -6 & 4 \end{pmatrix}+\begin{pmatrix} -3 & 5 \\ 8 & -10 \\ -10 & 9 \end{pmatrix}$；

(2) $3\begin{pmatrix} 1 & 0 & 0 \\ 0 & 1 & 0 \\ 0 & 0 & 1 \end{pmatrix}-2\begin{pmatrix} 3 & 1 & 1 \\ 0 & 2 & 4 \\ 1 & 0 & -5 \end{pmatrix}$.

2. 求 $\boldsymbol{X}$,使之满足

$$\begin{pmatrix} 2 & 0 & 1 \\ 1 & 3 & 2 \\ -2 & 0 & 1 \end{pmatrix}+2\boldsymbol{X}=5\begin{pmatrix} 2 & 0 & 0 \\ 3 & 4 & 1 \\ -1 & 6 & 1 \end{pmatrix}.$$

3. 求下列矩阵的乘积 $\boldsymbol{AB}$.

(1) $\boldsymbol{A}=(1,2,3)$，　$\boldsymbol{B}=\begin{pmatrix} 1 \\ 0 \\ 2 \end{pmatrix}$；

(2) $\boldsymbol{A}=\begin{pmatrix} 2 & 3 \\ -1 & -2 \\ 1 & 0 \end{pmatrix}$，　$\boldsymbol{B}=\begin{pmatrix} 1 & 2 & -1 \\ -3 & 0 & 1 \end{pmatrix}$；

(3) $\boldsymbol{A}=\begin{pmatrix} 1 & 0 & 3 & -1 \\ 2 & 1 & 0 & 2 \end{pmatrix}$，　$\boldsymbol{B}=\begin{pmatrix} 4 & 1 & 0 \\ -1 & 1 & 3 \\ 2 & 0 & 1 \\ 1 & 3 & 4 \end{pmatrix}$；

(4) $\boldsymbol{A}=\begin{pmatrix} 1 & -1 \\ -1 & 1 \end{pmatrix}$，　$\boldsymbol{B}=\begin{pmatrix} 1 & 2 \\ 1 & 2 \end{pmatrix}$；

(5) $\boldsymbol{A}=\begin{pmatrix} 2 & -1 \\ 4 & -2 \\ -2 & 1 \end{pmatrix}$，　$\boldsymbol{B}=\begin{pmatrix} 2 & 1 \\ 4 & 2 \end{pmatrix}$；

(6) $\boldsymbol{A}=\begin{pmatrix} a_1 & b_1 & c_1 \\ a_2 & b_2 & c_2 \\ \vdots & \vdots & \vdots \\ a_n & b_n & c_n \end{pmatrix}$，　$\boldsymbol{B}=\begin{pmatrix} 0 & 0 & 0 \\ 0 & 1 & 0 \\ 0 & 0 & 2 \end{pmatrix}$.

4. 设

$$A=\begin{pmatrix}1&1&1\\1&1&-1\\1&-1&1\end{pmatrix},\quad B=\begin{pmatrix}1&2&3\\-1&-2&4\\0&5&1\end{pmatrix},$$

求 $3\boldsymbol{AB}-2\boldsymbol{A}$ 及 $\boldsymbol{A}^{\mathrm{T}}\boldsymbol{B}$.

5. 求下列矩阵的乘积.

(1) $(a_1,a_2,\cdots,a_n)\begin{pmatrix}b_1\\b_2\\\vdots\\b_n\end{pmatrix}$;

(2) $\begin{pmatrix}a_1\\a_2\\\vdots\\a_n\end{pmatrix}(b_1,b_2,\cdots,b_n)$;

(3) $(x_1,x_2,x_3)\begin{pmatrix}a_{11}&a_{12}&a_{13}\\a_{12}&a_{22}&a_{23}\\a_{13}&a_{23}&a_{33}\end{pmatrix}\begin{pmatrix}x_1\\x_2\\x_3\end{pmatrix}$.

6. 证明矩阵乘法的下列性质.

(1) $\boldsymbol{A}(\boldsymbol{B}+\boldsymbol{C})=\boldsymbol{AB}+\boldsymbol{AC}$;

(2) $\lambda(\boldsymbol{AB})=(\lambda\boldsymbol{A})\boldsymbol{B}$.

7. 证明:

(1) 同阶对角矩阵的乘积仍是对角矩阵;

(2) 同阶上(下)三角矩阵的乘积仍是上(下)三角矩阵.

8. 设

$$A=\begin{pmatrix}1&1&0\\0&1&1\\0&0&1\end{pmatrix},$$

求所有与 $\boldsymbol{A}$ 可交换的矩阵.

9. 设 $\boldsymbol{A},\boldsymbol{B}$ 是 n 阶方阵,试述下列等式成立的条件.

(1) $(\boldsymbol{A}+\boldsymbol{B})^2=\boldsymbol{A}^2+2\boldsymbol{AB}+\boldsymbol{B}^2$;

(2) $(\boldsymbol{A}+\boldsymbol{B})(\boldsymbol{A}-\boldsymbol{B})=\boldsymbol{A}^2-\boldsymbol{B}^2$.

10. 计算(这里 k,n 都是正整数):

(1) $\begin{pmatrix}1&-2\\3&-4\end{pmatrix}^3$;　　(2) $\begin{pmatrix}0&-1\\1&0\end{pmatrix}^n$;

(3) $\begin{pmatrix}2 & -1\\3 & -2\end{pmatrix}^n$；　　(4) $\begin{pmatrix}\lambda_1 & & & \\ & \lambda_2 & & \\ & & \ddots & \\ & & & \lambda_n\end{pmatrix}^k$；

(5) $\begin{pmatrix}1 & 0 & 1\\0 & 1 & 0\\0 & 0 & 1\end{pmatrix}^n$；　　(6) $\begin{pmatrix}\lambda & 1 & 0\\0 & \lambda & 1\\0 & 0 & \lambda\end{pmatrix}^n$.

11. 设 $\boldsymbol{\alpha}=(1,2,3,4)$，$\boldsymbol{\beta}=\left(1,\frac{1}{2},\frac{1}{3},\frac{1}{4}\right)$，$\boldsymbol{A}=\boldsymbol{\alpha}^{\mathrm{T}}\boldsymbol{\beta}$，求 $\boldsymbol{A}^n$.

12. 计算

$$\begin{pmatrix}5 & 2 & 0 & 0\\2 & 1 & 0 & 0\\0 & 0 & 8 & 3\\0 & 0 & 5 & 2\end{pmatrix}\begin{pmatrix}1 & -2 & 0 & 0\\-2 & 5 & 0 & 0\\0 & 0 & 2 & -3\\0 & 0 & -5 & 8\end{pmatrix}.$$

13. 求下列矩阵的转置矩阵.

(1) $\boldsymbol{A}=(x_1,x_2,\cdots,x_n)$；　　(2) $\boldsymbol{A}=\begin{pmatrix}5 & 3\\-2 & 4\\1 & -1\end{pmatrix}$.

14. 证明：$(\boldsymbol{A}_1\boldsymbol{A}_2\cdots\boldsymbol{A}_k)^{\mathrm{T}}=\boldsymbol{A}_k^{\mathrm{T}}\boldsymbol{A}_{k-1}^{\mathrm{T}}\cdots\boldsymbol{A}_1^{\mathrm{T}}$.

15. 证明：

(1) 若 $\boldsymbol{A}$，$\boldsymbol{B}$ 都是 n 阶对称矩阵，则 $2\boldsymbol{A}-3\boldsymbol{B}$ 也是对称矩阵，$\boldsymbol{AB}-\boldsymbol{BA}$ 是反对称矩阵；

(2) 若 $\boldsymbol{A}$ 是反对称矩阵，$\boldsymbol{B}$ 是对称矩阵，则 $\boldsymbol{A}^2$ 是对称矩阵，$\boldsymbol{AB}-\boldsymbol{BA}$ 也是对称矩阵.

16. 设 $\boldsymbol{A}$，$\boldsymbol{B}$ 都是 n 阶方阵，$\boldsymbol{C}=\boldsymbol{B}^{\mathrm{T}}(\boldsymbol{A}+\lambda\boldsymbol{E})\boldsymbol{B}$. 证明：当 $\boldsymbol{A}$ 为对称矩阵时，$\boldsymbol{C}$ 也是对称矩阵.

17. 求下列矩阵的逆矩阵.

(1) $\begin{pmatrix}a & b\\c & d\end{pmatrix}$ $(ad-bc\neq 0)$；　　(2) $\begin{pmatrix}\cos\theta & -\sin\theta\\\sin\theta & \cos\theta\end{pmatrix}$；

(3) $\begin{pmatrix}1 & 2 & -1\\3 & 4 & -2\\5 & -4 & 1\end{pmatrix}$；　　(4) $\begin{pmatrix}a_1 & & & \\ & a_2 & & \\ & & \ddots & \\ & & & a_n\end{pmatrix}$ $(a_i\neq 0,i=1,2,\cdots,n)$.

18. 解下列矩阵方程.

(1) $\begin{pmatrix}1 & 2\\3 & 4\end{pmatrix}\boldsymbol{X}=\begin{pmatrix}3 & 5\\5 & 9\end{pmatrix}$；

(2) $\begin{pmatrix}3 & -1\\5 & -2\end{pmatrix}\boldsymbol{X}\begin{pmatrix}5 & 6\\7 & 8\end{pmatrix}=\begin{pmatrix}14 & 16\\9 & 10\end{pmatrix}$;

(3) $\boldsymbol{X}\begin{pmatrix}5 & 3 & 1\\1 & -3 & -2\\-5 & 2 & 1\end{pmatrix}=\begin{pmatrix}-8 & 3 & 0\\-5 & 9 & 0\\-2 & 15 & 0\end{pmatrix}$;

(4) $\boldsymbol{X}=\boldsymbol{AX}+\boldsymbol{B}$,其中

$$\boldsymbol{A}=\begin{pmatrix}0 & 1 & 0\\-1 & 1 & 1\\-1 & 0 & -1\end{pmatrix},\quad \boldsymbol{B}=\begin{pmatrix}1 & -1\\2 & 0\\5 & -3\end{pmatrix}.$$

19. 设三阶方阵 $\boldsymbol{A},\boldsymbol{B}$ 满足关系式 $\boldsymbol{A}^{-1}\boldsymbol{BA}=6\boldsymbol{A}+\boldsymbol{BA}$,且

$$\boldsymbol{A}=\begin{pmatrix}\frac{1}{3} & 0 & 0\\0 & \frac{1}{4} & 0\\0 & 0 & \frac{1}{7}\end{pmatrix},$$

求 $\boldsymbol{B}$.

20. 设矩阵 $\boldsymbol{A},\boldsymbol{B}$ 满足关系式 $\boldsymbol{AB}=\boldsymbol{A}+2\boldsymbol{B}$,其中

$$\boldsymbol{A}=\begin{pmatrix}4 & 2 & 3\\1 & 1 & 0\\-1 & 2 & 3\end{pmatrix},$$

求矩阵 $\boldsymbol{B}$.

21. $\boldsymbol{A},\boldsymbol{X}$ 为三阶方阵,满足 $\boldsymbol{AX}+\boldsymbol{E}=\boldsymbol{A}^2+\boldsymbol{X}$,且

$$\boldsymbol{A}=\begin{pmatrix}1 & 0 & 1\\0 & 2 & 0\\1 & 0 & 1\end{pmatrix},$$

求 $\boldsymbol{X}$.

22. 设 $\boldsymbol{A}$ 是三阶方阵,$|\boldsymbol{A}|=a$,$m\neq 0$,求行列式 $|-m\boldsymbol{A}|$ 的值.

23. 设 $\boldsymbol{A}$ 为三阶方阵,且 $|\boldsymbol{A}|=\frac{1}{2}$,求行列式 $|3\boldsymbol{A}^{-1}-2\boldsymbol{A}^*|$ 的值(其中 $\boldsymbol{A}^*$ 是 $\boldsymbol{A}$ 的伴随矩阵).

24. 设矩阵 $\boldsymbol{A}$ 的伴随矩阵 $\boldsymbol{A}^*=\begin{pmatrix}1 & 0 & 0 & 0\\0 & 1 & 0 & 0\\1 & 0 & 1 & 0\\0 & -3 & 0 & 8\end{pmatrix}$,且 $\boldsymbol{AB}=\boldsymbol{B}+3\boldsymbol{A}$,求矩阵 $\boldsymbol{B}$.

25. 设 $\boldsymbol{A}=\boldsymbol{E}-\boldsymbol{\zeta\zeta}^{\mathrm{T}}$,其中 $\boldsymbol{E}$ 是 n 阶单位矩阵,$\boldsymbol{\zeta}$ 是 $n\times 1$ 的非零列矩阵,$\boldsymbol{\zeta}^{\mathrm{T}}$ 是 $\boldsymbol{\zeta}$

的转置，证明：

(1) $\boldsymbol{A}^2=\boldsymbol{A}$ 的充要条件是 $\boldsymbol{\zeta}^{\mathrm{T}}\boldsymbol{\zeta}=1$；

(2) 当 $\boldsymbol{\zeta}^{\mathrm{T}}\boldsymbol{\zeta}=1$ 时，$\boldsymbol{A}$ 是不可逆矩阵.

26. 设方阵 $\boldsymbol{A}$ 满足 $\boldsymbol{A}^2-2\boldsymbol{A}-3\boldsymbol{E}=\boldsymbol{0}$，证明：

(1) $\boldsymbol{A}$ 与 $2\boldsymbol{E}-\boldsymbol{A}$ 都可逆，并求它们的逆矩阵；

(2) $\boldsymbol{A}+\boldsymbol{E}$ 与 $\boldsymbol{A}-3\boldsymbol{E}$ 中至少有一个是奇异方阵.

27. 已知矩阵 $\boldsymbol{A}$ 满足关系式 $\boldsymbol{A}^2+2\boldsymbol{A}-3\boldsymbol{E}=\boldsymbol{0}$，求 $(\boldsymbol{A}+4\boldsymbol{E})^{-1}$.

28. 设 $\boldsymbol{A}$ 为 n 阶方阵，且对某个正整数 m，有 $\boldsymbol{A}^m=\boldsymbol{0}$，证明：$\boldsymbol{E}-\boldsymbol{A}$ 可逆，并求其逆.

29. 设 $\boldsymbol{A},\boldsymbol{B},\boldsymbol{C}$ 为同阶方阵，且 $\boldsymbol{C}$ 非奇异，满足 $\boldsymbol{B}=\boldsymbol{C}^{-1}\boldsymbol{A}\boldsymbol{C}$，求证 $\boldsymbol{B}^m=\boldsymbol{C}^{-1}\boldsymbol{A}^m\boldsymbol{C}$（$m$ 为正整数）.

30. 设 $\boldsymbol{A}\boldsymbol{P}=\boldsymbol{P}\boldsymbol{B}$，其中

$$\boldsymbol{B}=\begin{pmatrix}1&0&0\\0&0&0\\0&0&-1\end{pmatrix},\quad \boldsymbol{P}=\begin{pmatrix}1&0&0\\2&-1&0\\2&1&1\end{pmatrix},$$

求 $\boldsymbol{A}^{99}$.

31. 设 m 次多项式 $f(x)=a_0+a_1x+a_2x^2+\cdots+a_mx^m$，记

$$f(\boldsymbol{A})=a_0\boldsymbol{E}+a_1\boldsymbol{A}+a_2\boldsymbol{A}^2+\cdots+a_m\boldsymbol{A}^m,$$

称 $f(\boldsymbol{A})$ 为方阵 $\boldsymbol{A}$ 的 m 次多项式.

(1) 设 $\boldsymbol{\Lambda}=\begin{pmatrix}\lambda_1&&&\\&\lambda_2&&\\&&\ddots&\\&&&\lambda_n\end{pmatrix}$，证明：$f(\boldsymbol{\Lambda})=\begin{pmatrix}f(\lambda_1)&&&\\&f(\lambda_2)&&\\&&\ddots&\\&&&f(\lambda_n)\end{pmatrix}$；

(2) 设 $\boldsymbol{A}=\boldsymbol{P}\boldsymbol{\Lambda}\boldsymbol{P}^{-1}$，证明：$f(\boldsymbol{A})=\boldsymbol{P}f(\boldsymbol{\Lambda})\boldsymbol{P}^{-1}$；

(3) 设 $f(x)=x^2-2x-3$，$\boldsymbol{B}=\begin{pmatrix}-1&0\\4&3\end{pmatrix}$，求 $f(\boldsymbol{B})$.

32. 设 n 阶方阵 $\boldsymbol{A}$ 的伴随阵为 $\boldsymbol{A}^*$. 证明：

(1) 若 $|\boldsymbol{A}|=0$，则 $|\boldsymbol{A}^*|=0$；

(2) $|\boldsymbol{A}^*|=|\boldsymbol{A}|^{n-1}$.

33. 用分块矩阵求乘积 $\boldsymbol{A}\boldsymbol{B}$.

(1) $\boldsymbol{A}=\begin{pmatrix}5&2&0&0\\2&1&0&0\\0&0&8&3\\0&0&5&2\end{pmatrix}$，$\boldsymbol{B}=\begin{pmatrix}3&2&0&0\\4&5&0&0\\0&0&4&1\\0&0&6&2\end{pmatrix}$；

(2) $\boldsymbol{A}=\begin{pmatrix}1&0&1&0&0\\0&2&-1&0&0\\3&1&0&0&0\\0&0&0&-2&0\\0&0&0&0&-2\end{pmatrix}$，$\boldsymbol{B}=\begin{pmatrix}1&0&1&0&0\\0&2&0&0&0\\0&0&3&0&0\\0&0&0&-1&3\\0&0&0&4&2\end{pmatrix}$.

34. 设 $\boldsymbol{B}$ 是 m 阶可逆方阵，$\boldsymbol{C}$ 是 n 阶可逆方阵，求下列分块矩阵的逆矩阵.

(1) $\begin{pmatrix}\boldsymbol{0}&\boldsymbol{B}\\\boldsymbol{C}&\boldsymbol{0}\end{pmatrix}$；　(2) $\begin{pmatrix}\boldsymbol{B}&\boldsymbol{0}\\\boldsymbol{A}&\boldsymbol{C}\end{pmatrix}$.

35. 用分块矩阵求下列矩阵的逆矩阵.

(1) $\begin{pmatrix}3&0&0&0&0\\0&0&1&0&0\\0&2&5&0&0\\0&0&0&1&0\\0&0&0&0&1\end{pmatrix}$；　(2) $\begin{pmatrix}0&0&0&4&4\\0&0&0&7&8\\1&1&1&0&0\\0&1&1&0&0\\0&0&1&0&0\end{pmatrix}$.

36. 从矩阵 $\boldsymbol{A}$ 中划去一行得到矩阵 $\boldsymbol{B}$，问 $\boldsymbol{A},\boldsymbol{B}$ 的秩的关系怎样？并说明理由.

37. 用初等变换求下列矩阵的秩.

(1) $\begin{pmatrix}1&2&3&4\\1&-2&4&5\\1&10&1&2\end{pmatrix}$；　(2) $\begin{pmatrix}0&1&1&-1&2\\0&2&2&2&0\\0&-1&-1&1&1\\1&1&0&0&-1\end{pmatrix}$；

(3) $\begin{pmatrix}1&-1&2&1&0\\2&-2&4&2&0\\3&0&6&-1&1\\0&3&0&0&1\end{pmatrix}$；　(4) $\begin{pmatrix}14&12&6&8&2\\6&104&21&9&17\\7&6&3&4&1\\35&30&15&20&4\end{pmatrix}$.

38. 用初等变换求下列矩阵的逆矩阵.

(1) $\begin{pmatrix}3&2&1\\3&1&5\\3&2&3\end{pmatrix}$；　(2) $\begin{pmatrix}2&3&1\\1&2&0\\-1&2&-2\end{pmatrix}$；

(3) $\begin{pmatrix}3&-2&0&-1\\0&2&2&1\\1&-2&-3&-2\\0&1&2&1\end{pmatrix}$；　(4) $\begin{pmatrix}2&1&0&0\\3&2&0&0\\5&7&1&8\\-1&-3&-1&-1\end{pmatrix}$.

第三章　向量空间

向量空间是最基本的数学概念,它的理论和方法在自然科学、工程技术、经济管理等许多领域都有广泛的应用.借助向量空间我们能进一步加深对矩阵和线性方程组的理解.本章主要讨论向量组的线性相关性以及向量组与矩阵的秩等内容.

第一节　n 维向量空间

定义 3.1　n 个数 $a_1,a_2,\cdots,a_n$ 组成的有序数组

$$(a_1,a_2,\cdots,a_n)$$

称为 ***n* 维向量**,其中 a_i 称为该向量的第 i 个**分量**.每个分量都是实数的向量称为**实向量**;分量存在复数的向量称为**复向量**.本章只讨论实向量.

我们常用小写希腊字母 $\boldsymbol{\alpha},\boldsymbol{\beta},\boldsymbol{\gamma},\cdots$ 来表示向量.向量可以写成一行

$$\boldsymbol{\alpha}=(a_1,a_2,\cdots,a_n),$$

也可以写成一列

$$\boldsymbol{\alpha}=\begin{pmatrix}a_1\\a_2\\\vdots\\a_n\end{pmatrix}.$$

为了区别,前者称为行向量,后者称为列向量,它们的差别仅是写法上的不同.当然,一个 n 维行向量是一个 $1\times n$ 矩阵;一个 n 维列向量是一个 $n\times 1$ 矩阵.

定义 3.2　如果 n 维向量 $\boldsymbol{\alpha}=(a_1,a_2,\cdots,a_n)$,$\boldsymbol{\beta}=(b_1,b_2,\cdots,b_n)$ 的对应分量都相等,即 $a_i=b_i\ (i=1,2,\cdots,n)$,称这两个向量相等,记作 $\boldsymbol{\alpha}=\boldsymbol{\beta}$.

n 维向量之间的基本运算关系是向量的加法与数量乘法.

定义 3.3　n 维向量 $\boldsymbol{\alpha}=(a_1,a_2,\cdots,a_n)$,$\boldsymbol{\beta}=(b_1,b_2,\cdots,b_n)$ 的加法运算定义为

$$\boldsymbol{\alpha}+\boldsymbol{\beta}=(a_1+b_1,a_2+b_2,\cdots,a_n+b_n),$$

称 $\boldsymbol{\alpha}+\boldsymbol{\beta}$ 为向量 $\boldsymbol{\alpha}$ 与 $\boldsymbol{\beta}$ 的和.

分量全为零的向量称为**零向量**,记为 $\mathbf{0}=(0,0,\cdots,0)$;向量 $(-a_1,-a_2,\cdots,-a_n)$ 称为向量 $\boldsymbol{\alpha}=(a_1,a_2,\cdots,a_n)$ 的**负向量**,记为 $-\boldsymbol{\alpha}$.利用负向量,我们可以定义向量的减法:

$$\boldsymbol{\alpha}-\boldsymbol{\beta}=\boldsymbol{\alpha}+(-\boldsymbol{\beta})=(a_1-b_1,a_2-b_2,\cdots,a_n-b_n).$$

容易验证向量加法运算满足如下四条运算规律:

(1) 交换律 $\boldsymbol{\alpha}+\boldsymbol{\beta}=\boldsymbol{\beta}+\boldsymbol{\alpha}$;

(2) 结合律 $\boldsymbol{\alpha}+(\boldsymbol{\beta}+\boldsymbol{\gamma})=(\boldsymbol{\alpha}+\boldsymbol{\beta})+\boldsymbol{\gamma}$;

(3) $\boldsymbol{\alpha}+\mathbf{0}=\boldsymbol{\alpha}$;

(4) $\boldsymbol{\alpha}+(-\boldsymbol{\alpha})=\mathbf{0}$.

定义 3.4 n 维向量 $\boldsymbol{\alpha}=(a_1,a_2,\cdots,a_n)$ 与数 k 的数量乘法(简称数乘)运算定义为

$$k\boldsymbol{\alpha}=(ka_1,ka_2,\cdots,ka_n),$$

称 $k\boldsymbol{\alpha}$ 为数 k 与向量 $\boldsymbol{\alpha}$ 的数量乘积.

容易验证向量数乘运算满足如下四条运算规律(其中 $\boldsymbol{\alpha},\boldsymbol{\beta}$ 都是 n 维向量,k,l 是实数):

(5) $1\boldsymbol{\alpha}=\boldsymbol{\alpha}$;

(6) $k(l\boldsymbol{\alpha})=(kl)\boldsymbol{\alpha}$;

(7) $(k+l)\boldsymbol{\alpha}=k\boldsymbol{\alpha}+l\boldsymbol{\alpha}$;

(8) $k(\boldsymbol{\alpha}+\boldsymbol{\beta})=k\boldsymbol{\alpha}+k\boldsymbol{\beta}$.

定义 3.5 所有 n 维实向量的全体,考虑到其上定义的加法与数量乘法运算满足规律(1)~(8),称为实数域 $\mathbf{R}$ 上的 **n 维向量空间**,记为 $\mathbf{R}^n$.

在向量空间上,我们还可以定义向量的内积运算.

定义 3.6 n 维向量 $\boldsymbol{\alpha}=(a_1,a_2,\cdots,a_n)$,$\boldsymbol{\beta}=(b_1,b_2,\cdots,b_n)$,定义

$$(\boldsymbol{\alpha},\boldsymbol{\beta})=a_1b_1+a_2b_2+\cdots+a_nb_n=\boldsymbol{\alpha}\boldsymbol{\beta}^{\mathrm{T}}$$

为向量 $\boldsymbol{\alpha}$ 与 $\boldsymbol{\beta}$ 的内积.

容易验证向量的内积运算满足如下性质(其中 $\boldsymbol{\alpha},\boldsymbol{\beta},\boldsymbol{\gamma}$ 都是 n 维向量,k 是实数):

(1) $(\boldsymbol{\alpha},\boldsymbol{\beta})=(\boldsymbol{\beta},\boldsymbol{\alpha})$;

(2) $(k\boldsymbol{\alpha},\boldsymbol{\beta})=(\boldsymbol{\alpha},k\boldsymbol{\beta})=k(\boldsymbol{\alpha},\boldsymbol{\beta})$;

(3) $(\boldsymbol{\alpha}+\boldsymbol{\beta},\boldsymbol{\gamma})=(\boldsymbol{\alpha},\boldsymbol{\gamma})+(\boldsymbol{\beta},\boldsymbol{\gamma})$;

(4) $(\boldsymbol{\alpha},\boldsymbol{\alpha})\geqslant 0$,且 $(\boldsymbol{\alpha},\boldsymbol{\alpha})=0$ 当且仅当 $\boldsymbol{\alpha}=\mathbf{0}$.

定义 3.7 非负实数 $\sqrt{(\boldsymbol{\alpha},\boldsymbol{\alpha})}$ 称为向量 $\boldsymbol{\alpha}$ 的**长度**,记为 $|\boldsymbol{\alpha}|$.

当 $|\boldsymbol{\alpha}|=1$ 时,称 $\boldsymbol{\alpha}$ 为单位向量. 显然,对于任意非零向量 $\boldsymbol{\alpha}$,$\dfrac{\boldsymbol{\alpha}}{|\boldsymbol{\alpha}|}$ 就是一个单位向量,称为把向量 $\boldsymbol{\alpha}$ **单位化**.

向量的内积满足柯西-施瓦茨(Cauchy-Schwarz)不等式

$$|(\boldsymbol{\alpha},\boldsymbol{\beta})|\leqslant|\boldsymbol{\alpha}||\boldsymbol{\beta}|.$$

这样,在向量空间上,我们还可以定义向量的夹角.

定义 3.8 非零向量 $\boldsymbol{\alpha},\boldsymbol{\beta}$ 的**夹角**定义为

$$\langle\boldsymbol{\alpha},\boldsymbol{\beta}\rangle=\arccos\frac{(\boldsymbol{\alpha},\boldsymbol{\beta})}{|\boldsymbol{\alpha}||\boldsymbol{\beta}|}.$$

定义 3.9　如果向量 $\boldsymbol{\alpha},\boldsymbol{\beta}$ 的内积为零，即 $(\boldsymbol{\alpha},\boldsymbol{\beta})=0$，称 $\boldsymbol{\alpha},\boldsymbol{\beta}$ **正交**或**互相垂直**，记作 $\boldsymbol{\alpha}\perp\boldsymbol{\beta}$.

显然，零向量与任何向量都正交.

第二节　向量组的线性相关性

本节讨论向量组的线性相关性，这是线性代数最重要的基本概念之一. 我们约定一个向量组中的向量只能属于同一向量空间.

一、向量的线性表示与向量组等价

定义 3.10　对于 n 维向量组 $\boldsymbol{\alpha}_1,\boldsymbol{\alpha}_2,\cdots,\boldsymbol{\alpha}_s$ 与向量 $\boldsymbol{\beta}$，如果存在一组数 $k_1,k_2,\cdots,k_s$ 使得

$$\boldsymbol{\beta}=k_1\boldsymbol{\alpha}_1+k_2\boldsymbol{\alpha}_2+\cdots+k_s\boldsymbol{\alpha}_s,$$

则称向量 $\boldsymbol{\beta}$ 为向量组 $\boldsymbol{\alpha}_1,\boldsymbol{\alpha}_2,\cdots,\boldsymbol{\alpha}_s$ 的一个**线性组合**，或者称向量 $\boldsymbol{\beta}$ 可以由向量组 $\boldsymbol{\alpha}_1,\boldsymbol{\alpha}_2,\cdots,\boldsymbol{\alpha}_s$ **线性表示**.

显然，向量组中的任意一个向量均可以由此向量组线性表示，或者说任意一个向量均为它所在的向量组的一个线性组合.

例 1　设 $\boldsymbol{\beta}=(4,-2,5,4)$，$\boldsymbol{\alpha}_1=(2,-1,3,1)$，$\boldsymbol{\alpha}_2=(2,-1,4,-1)$. 因为 $\boldsymbol{\beta}=3\boldsymbol{\alpha}_1-\boldsymbol{\alpha}_2$，所以 $\boldsymbol{\beta}$ 是向量组 $\boldsymbol{\alpha}_1,\boldsymbol{\alpha}_2$ 的一个线性组合.

例 2　n 维零向量是任一 n 维向量组 $\boldsymbol{\alpha}_1,\boldsymbol{\alpha}_2,\cdots,\boldsymbol{\alpha}_s$ 的线性组合，这是因为

$$\mathbf{0}=0\boldsymbol{\alpha}_1+0\boldsymbol{\alpha}_2+\cdots+0\boldsymbol{\alpha}_s.$$

例 3　任意 n 维向量 $\boldsymbol{\alpha}=(a_1,a_2,\cdots,a_n)$ 都是 n 维单位向量组 $\boldsymbol{\varepsilon}_1=(1,0,\cdots,0)$，$\boldsymbol{\varepsilon}_2=(0,1,\cdots,0)$，$\cdots$，$\boldsymbol{\varepsilon}_n=(0,0,\cdots,1)$ 的一个线性组合，这是因为

$$\boldsymbol{\alpha}=a_1\boldsymbol{\varepsilon}_1+a_2\boldsymbol{\varepsilon}_2+\cdots+a_n\boldsymbol{\varepsilon}_n.$$

一般地，要确定一个向量 $\boldsymbol{\beta}$ 是不是向量组 $\boldsymbol{\alpha}_1,\boldsymbol{\alpha}_2,\cdots,\boldsymbol{\alpha}_s$ 的一个线性组合，由定义，就是看方程

$$x_1\boldsymbol{\alpha}_1+x_2\boldsymbol{\alpha}_2+\cdots+x_s\boldsymbol{\alpha}_s=\boldsymbol{\beta}$$

是否有解.

例 4　将向量 $\boldsymbol{\beta}=(1,2,1,1)$ 表示成向量组 $\boldsymbol{\alpha}_1=(1,1,1,1)$，$\boldsymbol{\alpha}_2=(1,1,-1,-1)$，$\boldsymbol{\alpha}_3=(1,-1,1,-1)$，$\boldsymbol{\alpha}_4=(1,-1,-1,1)$ 的线性组合.

解　令 $x_1\boldsymbol{\alpha}_1+x_2\boldsymbol{\alpha}_2+x_3\boldsymbol{\alpha}_3+x_4\boldsymbol{\alpha}_4=\boldsymbol{\beta}$，得方程组

$$\begin{cases}x_1+x_2+x_3+x_4=1,\\x_1+x_2-x_3-x_4=2,\\x_1-x_2+x_3-x_4=1,\\x_1-x_2-x_3+x_4=1.\end{cases}$$

解得 $x_1=\frac{5}{4}, x_2=\frac{1}{4}, x_3=-\frac{1}{4}, x_4=-\frac{1}{4}$. 因此,

$$\boldsymbol{\beta}=\frac{5}{4}\boldsymbol{\alpha}_1+\frac{1}{4}\boldsymbol{\alpha}_2-\frac{1}{4}\boldsymbol{\alpha}_3-\frac{1}{4}\boldsymbol{\alpha}_4.$$

定义 3.11 如果向量组 $\boldsymbol{\alpha}_1,\boldsymbol{\alpha}_2,\cdots,\boldsymbol{\alpha}_s$ 中的每一个向量 $\boldsymbol{\alpha}_i\,(i=1,2,\cdots,s)$ 都可以由向量组 $\boldsymbol{\beta}_1,\boldsymbol{\beta}_2,\cdots,\boldsymbol{\beta}_t$ 线性表示,则称向量组 $\boldsymbol{\alpha}_1,\boldsymbol{\alpha}_2,\cdots,\boldsymbol{\alpha}_s$ 可以由向量组 $\boldsymbol{\beta}_1,\boldsymbol{\beta}_2,\cdots,\boldsymbol{\beta}_t$ 线性表示. 如果两个向量组可以互相线性表示,则称这两个**向量组等价**.

向量组的等价具有如下性质:

(1) 反身性: 每个向量组都与它自身等价;

(2) 对称性: 如果向量组 $\boldsymbol{\alpha}_1,\boldsymbol{\alpha}_2,\cdots,\boldsymbol{\alpha}_s$ 与向量组 $\boldsymbol{\beta}_1,\boldsymbol{\beta}_2,\cdots,\boldsymbol{\beta}_t$ 等价,则向量组 $\boldsymbol{\beta}_1,\boldsymbol{\beta}_2,\cdots,\boldsymbol{\beta}_t$ 也与向量组 $\boldsymbol{\alpha}_1,\boldsymbol{\alpha}_2,\cdots,\boldsymbol{\alpha}_s$ 等价;

(3) 传递性: 如果向量组 $\boldsymbol{\alpha}_1,\boldsymbol{\alpha}_2,\cdots,\boldsymbol{\alpha}_s$ 与向量组 $\boldsymbol{\beta}_1,\boldsymbol{\beta}_2,\cdots,\boldsymbol{\beta}_t$ 等价,向量组 $\boldsymbol{\beta}_1,\boldsymbol{\beta}_2,\cdots,\boldsymbol{\beta}_t$ 与向量组 $\boldsymbol{\gamma}_1,\boldsymbol{\gamma}_2,\cdots,\boldsymbol{\gamma}_p$ 等价,则向量组 $\boldsymbol{\alpha}_1,\boldsymbol{\alpha}_2,\cdots,\boldsymbol{\alpha}_s$ 与向量组 $\boldsymbol{\gamma}_1,\boldsymbol{\gamma}_2,\cdots,\boldsymbol{\gamma}_p$ 等价.

二、向量组的线性相关与线性无关

定义 3.12 对于向量组 $\boldsymbol{\alpha}_1,\boldsymbol{\alpha}_2,\cdots,\boldsymbol{\alpha}_s$,如果存在一组不全为零的数 $k_1,k_2,\cdots,k_s$ 使得

$$k_1\boldsymbol{\alpha}_1+k_2\boldsymbol{\alpha}_2+\cdots+k_s\boldsymbol{\alpha}_s=\boldsymbol{0},$$

则称向量组 $\boldsymbol{\alpha}_1,\boldsymbol{\alpha}_2,\cdots,\boldsymbol{\alpha}_s$ **线性相关**,否则称向量组 $\boldsymbol{\alpha}_1,\boldsymbol{\alpha}_2,\cdots,\boldsymbol{\alpha}_s$ **线性无关**. 也就是说只有当 $k_1=k_2=\cdots=k_s=0$ 时,

$$k_1\boldsymbol{\alpha}_1+k_2\boldsymbol{\alpha}_2+\cdots+k_s\boldsymbol{\alpha}_s=\boldsymbol{0}$$

才能成立,则向量组 $\boldsymbol{\alpha}_1,\boldsymbol{\alpha}_2,\cdots,\boldsymbol{\alpha}_s$ 线性无关.

注 一个向量组要么线性相关,要么线性无关,二者必居其一.

例如,向量组 $\boldsymbol{\alpha}_1=(4,-2,5,4),\boldsymbol{\alpha}_2=(2,-1,3,1),\boldsymbol{\alpha}_3=(2,-1,4,-1)$ 是线性相关的,这是因为 $-\boldsymbol{\alpha}_1+3\boldsymbol{\alpha}_2-\boldsymbol{\alpha}_3=\boldsymbol{0}$.

由定义可以看出,如果向量组 $\boldsymbol{\alpha}_1,\boldsymbol{\alpha}_2,\cdots,\boldsymbol{\alpha}_s$ 中有一个部分组线性相关,则向量组 $\boldsymbol{\alpha}_1,\boldsymbol{\alpha}_2,\cdots,\boldsymbol{\alpha}_s$ 线性相关. 如果向量组 $\boldsymbol{\alpha}_1,\boldsymbol{\alpha}_2,\cdots,\boldsymbol{\alpha}_s$ 线性无关,则其任意一个部分组也线性无关.

这是因为,不妨设部分组 $\boldsymbol{\alpha}_1,\boldsymbol{\alpha}_2,\cdots,\boldsymbol{\alpha}_r$ 线性相关,则存在一组不全为零的数 $k_1,k_2,\cdots,k_r$ 使得

$$k_1\boldsymbol{\alpha}_1+k_2\boldsymbol{\alpha}_2+\cdots+k_r\boldsymbol{\alpha}_r=\boldsymbol{0},$$

从而有一组不全为零的数 $k_1,k_2,\cdots,k_r,0,\cdots,0$ 使得

$$k_1\boldsymbol{\alpha}_1+k_2\boldsymbol{\alpha}_2+\cdots+k_r\boldsymbol{\alpha}_r+0\boldsymbol{\alpha}_{r+1}+\cdots+0\boldsymbol{\alpha}_s=\boldsymbol{0},$$

因此向量组 $\boldsymbol{\alpha}_1,\boldsymbol{\alpha}_2,\cdots,\boldsymbol{\alpha}_s$ 线性相关.

由定义还可以看出：

(1) 任意一个包含有零向量的向量组必是线性相关的；

(2) 单个向量 $\boldsymbol{\alpha}$ 线性无关当且仅当 $\boldsymbol{\alpha}\neq\mathbf{0}$；

(3) 两个向量线性相关当且仅当它们的对应分量成比例.

例 5　设 $\boldsymbol{\alpha}_1,\boldsymbol{\alpha}_2,\boldsymbol{\alpha}_3$ 线性无关，证明：$\boldsymbol{\alpha}_1+\boldsymbol{\alpha}_2,\boldsymbol{\alpha}_2+\boldsymbol{\alpha}_3,\boldsymbol{\alpha}_3+\boldsymbol{\alpha}_1$ 线性无关.

证　令

$$k_1(\boldsymbol{\alpha}_1+\boldsymbol{\alpha}_2)+k_2(\boldsymbol{\alpha}_2+\boldsymbol{\alpha}_3)+k_3(\boldsymbol{\alpha}_3+\boldsymbol{\alpha}_1)=\mathbf{0},$$

我们有

$$(k_1+k_3)\boldsymbol{\alpha}_1+(k_1+k_2)\boldsymbol{\alpha}_2+(k_2+k_3)\boldsymbol{\alpha}_3=\mathbf{0}.$$

由 $\boldsymbol{\alpha}_1,\boldsymbol{\alpha}_2,\boldsymbol{\alpha}_3$ 线性无关可知

$$\begin{cases}k_1+k_3=0,\\k_1+k_2=0,\\k_2+k_3=0,\end{cases}$$

此方程组只有零解 $k_1=k_2=k_3=0$. 故 $\boldsymbol{\alpha}_1+\boldsymbol{\alpha}_2,\boldsymbol{\alpha}_2+\boldsymbol{\alpha}_3,\boldsymbol{\alpha}_3+\boldsymbol{\alpha}_1$ 线性无关.

定理 3.1　向量组 $\boldsymbol{\alpha}_1,\boldsymbol{\alpha}_2,\cdots,\boldsymbol{\alpha}_s\,(s\geqslant 2)$线性相关当且仅当向量组 $\boldsymbol{\alpha}_1,\boldsymbol{\alpha}_2,\cdots,\boldsymbol{\alpha}_s$ 中至少有一个向量可以由其余向量线性表示.

证　必要性. 令向量组 $\boldsymbol{\alpha}_1,\boldsymbol{\alpha}_2,\cdots,\boldsymbol{\alpha}_s$ 线性相关，则存在一组不全为零的数 $k_1,k_2,\cdots,k_s$ 使得

$$k_1\boldsymbol{\alpha}_1+k_2\boldsymbol{\alpha}_2+\cdots+k_s\boldsymbol{\alpha}_s=\mathbf{0}.$$

考虑到 $k_1,k_2,\cdots,k_s$ 至少有一个不为零，不妨假设 $k_1\neq 0$，则我们有

$$\boldsymbol{\alpha}_1=\left(-\frac{k_2}{k_1}\right)\boldsymbol{\alpha}_2+\left(-\frac{k_3}{k_1}\right)\boldsymbol{\alpha}_3+\cdots+\left(-\frac{k_s}{k_1}\right)\boldsymbol{\alpha}_s,$$

即 $\boldsymbol{\alpha}_1$ 可以由其余向量线性表示.

充分性. 假设向量 $\boldsymbol{\alpha}_i$ 可以由其余向量线性表示，即

$$\boldsymbol{\alpha}_i=k_1\boldsymbol{\alpha}_1+\cdots+k_{i-1}\boldsymbol{\alpha}_{i-1}+k_{i+1}\boldsymbol{\alpha}_{i+1}+\cdots+k_s\boldsymbol{\alpha}_s.$$

因此，我们有

$$k_1\boldsymbol{\alpha}_1+\cdots+k_{i-1}\boldsymbol{\alpha}_{i-1}+(-1)\boldsymbol{\alpha}_i+k_{i+1}\boldsymbol{\alpha}_{i+1}+\cdots+k_s\boldsymbol{\alpha}_s=\mathbf{0}.$$

考虑到 $k_1,\cdots,k_{i-1},-1,k_{i+1},\cdots,k_s$ 不全为零，所以$\boldsymbol{\alpha}_1,\boldsymbol{\alpha}_2,\cdots,\boldsymbol{\alpha}_s$ 线性相关.

推论 3.1　向量组 $\boldsymbol{\alpha}_1,\boldsymbol{\alpha}_2,\cdots,\boldsymbol{\alpha}_s\,(s\geqslant 2)$线性无关当且仅当向量组 $\boldsymbol{\alpha}_1,\boldsymbol{\alpha}_2,\cdots,\boldsymbol{\alpha}_s$ 中没有一个向量可以由其余向量线性表示.

定理 3.2　设向量组 $\boldsymbol{\alpha}_1,\boldsymbol{\alpha}_2,\cdots,\boldsymbol{\alpha}_s$ 线性无关，而向量组 $\boldsymbol{\alpha}_1,\boldsymbol{\alpha}_2,\cdots,\boldsymbol{\alpha}_s,\boldsymbol{\beta}$ 线性相关，则 $\boldsymbol{\beta}$ 可以由向量组 $\boldsymbol{\alpha}_1,\boldsymbol{\alpha}_2,\cdots,\boldsymbol{\alpha}_s$ 线性表示，且表示法是唯一的.

证　因为向量组 $\boldsymbol{\alpha}_1,\boldsymbol{\alpha}_2,\cdots,\boldsymbol{\alpha}_s,\boldsymbol{\beta}$ 线性相关，故存在一组不全为零的数 $k_1,k_2,\cdots,k_s,k$ 使得

$$k_1\boldsymbol{\alpha}_1+k_2\boldsymbol{\alpha}_2+\cdots+k_s\boldsymbol{\alpha}_s+k\boldsymbol{\beta}=\mathbf{0}.$$

如果 $k=0$,则上式变为

$$k_1\boldsymbol{\alpha}_1+k_2\boldsymbol{\alpha}_2+\cdots+k_s\boldsymbol{\alpha}_s=\mathbf{0},$$

且 $k_1,k_2,\cdots,k_s$ 不全为零,因而 $\boldsymbol{\alpha}_1,\boldsymbol{\alpha}_2,\cdots,\boldsymbol{\alpha}_s$ 线性相关,矛盾. 故 $k\neq0$,从而 $\boldsymbol{\beta}$ 可以由向量组 $\boldsymbol{\alpha}_1,\boldsymbol{\alpha}_2,\cdots,\boldsymbol{\alpha}_s$ 线性表示.

再证唯一性. 设有两个表示式

$$\boldsymbol{\beta}=l_1\boldsymbol{\alpha}_1+l_2\boldsymbol{\alpha}_2+\cdots+l_s\boldsymbol{\alpha}_s$$

及

$$\boldsymbol{\beta}=t_1\boldsymbol{\alpha}_1+t_2\boldsymbol{\alpha}_2+\cdots+t_s\boldsymbol{\alpha}_s,$$

两式相减得

$$(l_1-t_1)\boldsymbol{\alpha}_1+(l_2-t_2)\boldsymbol{\alpha}_2+\cdots+(l_s-t_s)\boldsymbol{\alpha}_s=\mathbf{0}.$$

因 $\boldsymbol{\alpha}_1,\boldsymbol{\alpha}_2,\cdots,\boldsymbol{\alpha}_s$ 线性无关,所以 $l_i-t_i=0$,即 $l_i=t_i,i=1,2,\cdots,s$. 故表示法是唯一的.

三、向量组的线性相关性的确定

一般地,要确定一个向量组 $\boldsymbol{\alpha}_1,\boldsymbol{\alpha}_2,\cdots,\boldsymbol{\alpha}_s$ 的线性相关性,由定义,就是看方程

$$x_1\boldsymbol{\alpha}_1+x_2\boldsymbol{\alpha}_2+\cdots+x_s\boldsymbol{\alpha}_s=\mathbf{0} \tag{3.1}$$

有无非零解. 如果 $\boldsymbol{\alpha}_i=(a_{1i},a_{2i},\cdots,a_{ni})(i=1,2,\cdots,s)$,则方程(3.1)就是方程组

$$\begin{cases}a_{11}x_1+a_{12}x_2+\cdots+a_{1s}x_s=0,\\ a_{21}x_1+a_{22}x_2+\cdots+a_{2s}x_s=0,\\ \cdots\cdots\\ a_{n1}x_1+a_{n2}x_2+\cdots+a_{ns}x_s=0.\end{cases} \tag{3.2}$$

这样,如果方程组(3.2)有非零解,则 $\boldsymbol{\alpha}_1,\boldsymbol{\alpha}_2,\cdots,\boldsymbol{\alpha}_s$ 线性相关;如果方程组(3.2)只有零解,则 $\boldsymbol{\alpha}_1,\boldsymbol{\alpha}_2,\cdots,\boldsymbol{\alpha}_s$ 线性无关.

定理 3.3 如果 n 维向量组 $\boldsymbol{\alpha}_i=(a_{1i},a_{2i},\cdots,a_{ni})(i=1,2,\cdots,s)$ 线性无关,则每个向量上添加一个分量所得的 $n+1$ 维向量组

$$\boldsymbol{\beta}_i=(a_{1i},a_{2i},\cdots,a_{ni},a_{n+1,i}),\quad i=1,2,\cdots,s$$

也是线性无关的.

证 考虑方程

$$x_1\boldsymbol{\beta}_1+x_2\boldsymbol{\beta}_2+\cdots+x_s\boldsymbol{\beta}_s=\mathbf{0},$$

得方程组

$$\begin{cases}a_{11}x_1+a_{12}x_2+\cdots+a_{1s}x_s=0,\\ a_{21}x_1+a_{22}x_2+\cdots+a_{2s}x_s=0,\\ \cdots\cdots\\ a_{n1}x_1+a_{n2}x_2+\cdots+a_{ns}x_s=0,\\ a_{n+1,1}x_1+a_{n+1,2}x_2+\cdots+a_{n+1,s}x_s=0.\end{cases} \tag{3.3}$$

显然方程组(3.3)的解全是方程组(3.2)的解.如果 $\boldsymbol{\beta}_1,\boldsymbol{\beta}_2,\cdots,\boldsymbol{\beta}_s$ 线性相关,则方程组(3.3)有非零解,进而方程组(3.2)有非零解,从而 $\boldsymbol{\alpha}_1,\boldsymbol{\alpha}_2,\cdots,\boldsymbol{\alpha}_s$ 线性相关,矛盾.因此,$\boldsymbol{\beta}_1,\boldsymbol{\beta}_2,\cdots,\boldsymbol{\beta}_s$ 线性无关.

推论 3.2 如果 n 维向量组 $\boldsymbol{\alpha}_i=(a_{1i},a_{2i},\cdots,a_{ni})(i=1,2,\cdots,s)$ 线性相关,则每个向量上去掉一个分量所得的 $n-1$ 维向量组

$$\boldsymbol{\beta}_i=(a_{1i},a_{2i},\cdots,a_{ni},a_{n-1,i}),\quad i=1,2,\cdots,s$$

也是线性相关的.

例 6 设向量组 $\boldsymbol{\alpha}_i=(1,t_i,t_i^2,\cdots,t_i^{n-1})(i=1,2,\cdots,r;r\leqslant n)$,且 $t_1,t_2,\cdots,t_r$ 是互不相同的数.证明:向量组 $\boldsymbol{\alpha}_1,\boldsymbol{\alpha}_2,\cdots,\boldsymbol{\alpha}_r$ 线性无关.

证 考虑方程

$$x_1\boldsymbol{\alpha}_1+x_2\boldsymbol{\alpha}_2+\cdots+x_r\boldsymbol{\alpha}_r=\mathbf{0},$$

得方程组

$$\begin{cases}x_1+x_2+\cdots+x_r=0,\\ t_1x_1+t_2x_2+\cdots+t_rx_r=0,\\ \qquad\cdots\cdots\\ t_1^{n-1}x_1+t_2^{n-1}x_2+\cdots+t_r^{n-1}x_r=0.\end{cases}\tag{3.4}$$

(1) 当 $r=n$ 时,方程组(3.4)的未知量个数与方程个数相同.由范德蒙德行列式可知,其系数矩阵行列式

$$\begin{vmatrix}1&1&\cdots&1\\ t_1&t_2&\cdots&t_n\\ t_1^2&t_2^2&\cdots&t_n^2\\ \vdots&\vdots&&\vdots\\ t_1^{n-1}&t_2^{n-1}&\cdots&t_n^{n-1}\end{vmatrix}=\prod_{i<j}(t_j-t_i)\neq 0,$$

所以由克拉默法则可知,方程组(3.4)只有零解,故 $\boldsymbol{\alpha}_1,\boldsymbol{\alpha}_2,\cdots,\boldsymbol{\alpha}_r$ 线性无关.

(2) 当 $r<n$ 时,令 $\boldsymbol{\beta}_i=(1,t_i,t_i^2,\cdots,t_i^{r-1})(i=1,2,\cdots,r;r\leqslant n)$,则由(1)的证明可知,$\boldsymbol{\beta}_1,\boldsymbol{\beta}_2,\cdots,\boldsymbol{\beta}_r$ 线性无关.进而由定理 3.3 可知向量组 $\boldsymbol{\alpha}_1,\boldsymbol{\alpha}_2,\cdots,\boldsymbol{\alpha}_r$ 线性无关.

定理 3.4 n 个 n 维向量线性无关的充要条件是它们所构成的行列式不等于零.

证 令 n 个 n 维向量为 $\boldsymbol{\alpha}_1,\boldsymbol{\alpha}_2,\cdots,\boldsymbol{\alpha}_n$,其中 $\boldsymbol{\alpha}_i=(a_{i1},a_{i2},\cdots,a_{in}),i=1,2,\cdots,n$.这些向量所构成的行列式为

$$D=\begin{vmatrix}a_{11}&a_{12}&\cdots&a_{1n}\\ a_{21}&a_{22}&\cdots&a_{2n}\\ \vdots&\vdots&&\vdots\\ a_{n1}&a_{n2}&\cdots&a_{nn}\end{vmatrix}.$$

先证充分性. 假设 $D\neq 0$. 考虑方程

$$x_1\boldsymbol{\alpha}_1+x_2\boldsymbol{\alpha}_2+\cdots+x_n\boldsymbol{\alpha}_n=\mathbf{0},$$

得方程组

$$\begin{cases}a_{11}x_1+a_{21}x_2+\cdots+a_{n1}x_n=0,\\ a_{12}x_1+a_{22}x_2+\cdots+a_{n2}x_n=0,\\ \quad\cdots\cdots\\ a_{1n}x_1+a_{2n}x_2+\cdots+a_{nn}x_n=0.\end{cases}$$

显然,该方程组的系数行列式为 D^{T}. 考虑到 $D^{\mathrm{T}}=D\neq 0$,因而由克拉默法则可知该方程组只有零解. 这样,$\boldsymbol{\alpha}_1,\boldsymbol{\alpha}_2,\cdots,\boldsymbol{\alpha}_n$ 线性无关.

再证必要性. 我们对 n 作数学归纳法. 当 $n=1$ 时,考虑到单个向量 $\boldsymbol{\alpha}_1$ 线性无关当且仅当 $\boldsymbol{\alpha}_1\neq\mathbf{0}$,所以 $D=a_{11}\neq 0$,结论成立. 现假设结论对于 $n-1$ 个 $n-1$ 维的线性无关向量是成立的. 我们考虑 n 个 n 维线性无关向量 $\boldsymbol{\alpha}_1,\boldsymbol{\alpha}_2,\cdots,\boldsymbol{\alpha}_n$ 的情形. 因为 $\boldsymbol{\alpha}_1,\boldsymbol{\alpha}_2,\cdots,\boldsymbol{\alpha}_n$ 线性无关,所以 $\boldsymbol{\alpha}_1\neq\mathbf{0}$. 因此不妨假设 $\boldsymbol{\alpha}_1$ 的第一个分量 $a_{11}\neq 0$. 这样,利用行列式的性质,我们将这些向量所构成的行列式 D 中第一列的元素 $a_{21},\cdots,a_{n1}$ 消为零之后得到

$$D=\begin{vmatrix}a_{11}&a_{12}&\cdots&a_{1n}\\0&a'_{22}&\cdots&a'_{2n}\\\vdots&\vdots&&\vdots\\0&a'_{n2}&\cdots&a'_{nn}\end{vmatrix}=a_{11}\begin{vmatrix}a'_{22}&\cdots&a'_{2n}\\\vdots&&\vdots\\a'_{n2}&\cdots&a'_{nn}\end{vmatrix},$$

其中

$$\tilde{\boldsymbol{\alpha}}_i=(0,a'_{i2},\cdots,a'_{in})=\boldsymbol{\alpha}_i-\frac{a_{i1}}{a_{11}}\boldsymbol{\alpha}_1,\quad i=2,\cdots,n.$$

如果 $\tilde{\boldsymbol{\alpha}}_2,\cdots,\tilde{\boldsymbol{\alpha}}_n$ 线性相关,则存在一组不全为零的数 $k_2,\cdots,k_n$ 使得

$$k_2\tilde{\boldsymbol{\alpha}}_2+\cdots+k_n\tilde{\boldsymbol{\alpha}}_n=\mathbf{0},$$

代入得到

$$-\left(\frac{a_{21}}{a_{11}}k_2+\cdots+\frac{a_{n1}}{a_{11}}k_n\right)\boldsymbol{\alpha}_1+k_2\boldsymbol{\alpha}_2+\cdots+k_n\boldsymbol{\alpha}_n=\mathbf{0},$$

从而 $\boldsymbol{\alpha}_1,\boldsymbol{\alpha}_2,\cdots,\boldsymbol{\alpha}_n$ 线性相关,矛盾. 因此,$\tilde{\boldsymbol{\alpha}}_2,\cdots,\tilde{\boldsymbol{\alpha}}_n$ 线性无关,进而这 $n-1$ 个 $n-1$ 维向量

$$(a'_{22},\cdots,a'_{2n}),\cdots,(a'_{n2},\cdots,a'_{nn})$$

也是线性无关,从而由归纳假设可知其所构成的行列式

$$D'=\begin{vmatrix}a'_{22}&\cdots&a'_{2n}\\\vdots&&\vdots\\a'_{n2}&\cdots&a'_{nn}\end{vmatrix}\neq 0,$$

考虑到 $a_{11}\neq 0$. 因此,$D=a_{11}D'\neq 0$.

推论 3.3　n 个 n 维向量线性相关的充要条件是它们所构成的行列式等于零.

例 7　讨论向量组 $\boldsymbol{\alpha}_1=(1,-1,1)$，$\boldsymbol{\alpha}_2=(2,1,-1)$，$\boldsymbol{\alpha}_3=(1,-4,p)$（$p$ 为实数）的线性相关性.

解　向量组 $\boldsymbol{\alpha}_1,\boldsymbol{\alpha}_2,\boldsymbol{\alpha}_3$ 所构成的行列式为

$$D=\begin{vmatrix}1 & 2 & 1\\ -1 & 1 & -4\\ 1 & -1 & p\end{vmatrix}=3p-12.$$

当 $p\neq 4$ 时，$D\neq 0$，由定理 3.4 可知，$\boldsymbol{\alpha}_1,\boldsymbol{\alpha}_2,\boldsymbol{\alpha}_3$ 线性无关；当 $p=4$ 时，$D=0$，由推论 3.3 可知，$\boldsymbol{\alpha}_1,\boldsymbol{\alpha}_2,\boldsymbol{\alpha}_3$ 线性相关.

定理 3.5　任意 $n+1$ 个 n 维向量必线性相关.

证　任取 $n+1$ 个 n 维向量 $\boldsymbol{\alpha}_1,\boldsymbol{\alpha}_2,\cdots,\boldsymbol{\alpha}_n,\boldsymbol{\alpha}_{n+1}$，其中

$$\boldsymbol{\alpha}_i=(a_{1i},a_{2i},\cdots,a_{ni}),\quad i=1,2,\cdots,n+1.$$

如果 $\boldsymbol{\alpha}_1,\boldsymbol{\alpha}_2,\cdots,\boldsymbol{\alpha}_n$ 线性相关，则显然 $\boldsymbol{\alpha}_1,\boldsymbol{\alpha}_2,\cdots,\boldsymbol{\alpha}_n,\boldsymbol{\alpha}_{n+1}$ 也是线性相关的. 现假设 $\boldsymbol{\alpha}_1,\boldsymbol{\alpha}_2,\cdots,\boldsymbol{\alpha}_n$ 线性无关. 由定理 3.4 可知，其所构成的行列式

$$D=\begin{vmatrix}a_{11} & a_{12} & \cdots & a_{1n}\\ a_{21} & a_{22} & \cdots & a_{2n}\\ \vdots & \vdots & & \vdots\\ a_{n1} & a_{n2} & \cdots & a_{nn}\end{vmatrix}\neq 0.$$

考虑方程

$$x_1\boldsymbol{\alpha}_1+x_2\boldsymbol{\alpha}_2+\cdots+x_n\boldsymbol{\alpha}_n=\boldsymbol{\alpha}_{n+1},$$

得方程组

$$\begin{cases}a_{11}x_1+a_{12}x_2+\cdots+a_{1n}x_n=a_{1,n+1},\\ a_{21}x_1+a_{22}x_2+\cdots+a_{2n}x_n=a_{2,n+1},\\ \qquad\cdots\cdots\\ a_{n1}x_1+a_{n2}x_2+\cdots+a_{nn}x_n=a_{n,n+1},\end{cases}$$

其系数行列式为 D. 考虑到 $D\neq 0$，因而由克拉默法则可知该方程组必有解，这就意味着向量 $\boldsymbol{\alpha}_{n+1}$ 可以由向量组 $\boldsymbol{\alpha}_1,\boldsymbol{\alpha}_2,\cdots,\boldsymbol{\alpha}_n$ 线性表示. 因此，由定理 3.1，$\boldsymbol{\alpha}_1,\boldsymbol{\alpha}_2,\cdots,\boldsymbol{\alpha}_n,\boldsymbol{\alpha}_{n+1}$ 线性相关.

由定理 3.5 有

推论 3.4　当 $m>n$ 时，m 个 n 维向量必线性相关.

最后，我们给出向量组的一个非常有用的性质.

定理 3.6　如果向量组 $\boldsymbol{\alpha}_1,\boldsymbol{\alpha}_2,\cdots,\boldsymbol{\alpha}_r$ 可以由向量组 $\boldsymbol{\beta}_1,\boldsymbol{\beta}_2,\cdots,\boldsymbol{\beta}_s$ 线性表示，且 $r>s$，则向量组 $\boldsymbol{\alpha}_1,\boldsymbol{\alpha}_2,\cdots,\boldsymbol{\alpha}_r$ 必线性相关.

证　不妨假设所讨论的向量是行向量. 因为 $\boldsymbol{\alpha}_1,\boldsymbol{\alpha}_2,\cdots,\boldsymbol{\alpha}_r$ 可以由向量组 $\boldsymbol{\beta}_1,\boldsymbol{\beta}_2,\cdots,\boldsymbol{\beta}_s$ 线性表示，所以

$$\boldsymbol{\alpha}_i=k_{i1}\boldsymbol{\beta}_1+k_{i2}\boldsymbol{\beta}_2+\cdots+k_{is}\boldsymbol{\beta}_s,\quad i=1,2,\cdots,r.$$

令

$$\boldsymbol{A}=\begin{pmatrix}\boldsymbol{\alpha}_1\\ \boldsymbol{\alpha}_2\\ \vdots\\ \boldsymbol{\alpha}_r\end{pmatrix},\quad \boldsymbol{B}=\begin{pmatrix}\boldsymbol{\beta}_1\\ \boldsymbol{\beta}_2\\ \vdots\\ \boldsymbol{\beta}_s\end{pmatrix},\quad \boldsymbol{K}=\begin{pmatrix}k_{11}&k_{12}&\cdots&k_{1s}\\ k_{21}&k_{22}&\cdots&k_{2s}\\ \vdots&\vdots&&\vdots\\ k_{r1}&k_{r2}&\cdots&k_{rs}\end{pmatrix}.$$

由分块矩阵的运算规则有

$$\boldsymbol{A}=\boldsymbol{KB}.$$

令 $\boldsymbol{\gamma}_i=(k_{i1},k_{i2},\cdots,k_{is}),i=1,2,\cdots,r$. 考虑到 $r>s$,由推论 3.4 可知,向量组 $\boldsymbol{\gamma}_1,\boldsymbol{\gamma}_2,\cdots,\boldsymbol{\gamma}_r$ 必线性相关. 因此,存在一组不全为零的数 $l_1,l_2,\cdots,l_r$ 使得

$$l_1\boldsymbol{\gamma}_1+l_2\boldsymbol{\gamma}_2+\cdots+l_r\boldsymbol{\gamma}_r=\boldsymbol{0},$$

即

$$(l_1,l_2,\cdots,l_r)\begin{pmatrix}\boldsymbol{\gamma}_1\\ \boldsymbol{\gamma}_2\\ \vdots\\ \boldsymbol{\gamma}_r\end{pmatrix}=(l_1,l_2,\cdots,l_r)\boldsymbol{K}=\boldsymbol{0}.$$

这样,我们有

$$(l_1,l_2,\cdots,l_r)\begin{pmatrix}\boldsymbol{\alpha}_1\\ \boldsymbol{\alpha}_2\\ \vdots\\ \boldsymbol{\alpha}_r\end{pmatrix}=(l_1,l_2,\cdots,l_r)\boldsymbol{A}=(l_1,l_2,\cdots,l_r)\boldsymbol{KB}=\boldsymbol{0B}=\boldsymbol{0},$$

即有不全为零的一组数 $l_1,l_2,\cdots,l_r$ 使得

$$l_1\boldsymbol{\alpha}_1+l_2\boldsymbol{\alpha}_2+\cdots+l_r\boldsymbol{\alpha}_r=\boldsymbol{0}.$$

故 $\boldsymbol{\alpha}_1,\boldsymbol{\alpha}_2,\cdots,\boldsymbol{\alpha}_r$ 线性相关.

将定理 3.6 换个说法,我们有

推论 3.5　如果向量组 $\boldsymbol{\alpha}_1,\boldsymbol{\alpha}_2,\cdots,\boldsymbol{\alpha}_r$ 可以由向量组 $\boldsymbol{\beta}_1,\boldsymbol{\beta}_2,\cdots,\boldsymbol{\beta}_s$ 线性表示,且向量组 $\boldsymbol{\alpha}_1,\boldsymbol{\alpha}_2,\cdots,\boldsymbol{\alpha}_r$ 线性无关,则 $r\leqslant s$.

由推论 3.5,我们有:

推论 3.6　两个等价的线性无关向量组必含有相同个数的向量.

四、正交向量组

定义 3.13　对于非零向量组,如果它们中的所有向量两两正交,则称为**正交向量组**.

这里所说的非零向量组,指的是不含零向量的向量组. 应该指出,按定义,由单个非零向量组成的向量组也是正交向量组.

定理 3.7 正交向量组必线性无关.

证 设正交向量组 $\boldsymbol{\alpha}_1,\boldsymbol{\alpha}_2,\cdots,\boldsymbol{\alpha}_r$. 考虑方程

$$x_1\boldsymbol{\alpha}_1+x_2\boldsymbol{\alpha}_2+\cdots+x_r\boldsymbol{\alpha}_r=\mathbf{0}.$$

用 $\boldsymbol{\alpha}_i(i=1,2,\cdots,r)$ 与上述等式的两边作内积,即得

$$x_i(\boldsymbol{\alpha}_i,\boldsymbol{\alpha}_i)=0,\quad i=1,2,\cdots,r.$$

由于 $\boldsymbol{\alpha}_i\neq\mathbf{0}$,所以 $(\boldsymbol{\alpha}_i,\boldsymbol{\alpha}_i)>0$,从而 $x_i=0,i=1,2,\cdots,r$. 故 $\boldsymbol{\alpha}_1,\boldsymbol{\alpha}_2,\cdots,\boldsymbol{\alpha}_r$ 线性无关.

显然,线性无关的向量组不一定是正交向量组. 下面给出将线性无关向量组变成与之等价的正交向量组的方法:

设向量组 $\boldsymbol{\alpha}_1,\boldsymbol{\alpha}_2,\cdots,\boldsymbol{\alpha}_r$ 线性无关,取

$$\boldsymbol{\beta}_1=\boldsymbol{\alpha}_1;$$

$$\boldsymbol{\beta}_2=\boldsymbol{\alpha}_2-\frac{(\boldsymbol{\alpha}_2,\boldsymbol{\beta}_1)}{(\boldsymbol{\beta}_1,\boldsymbol{\beta}_1)}\boldsymbol{\beta}_1;$$

$$\boldsymbol{\beta}_3=\boldsymbol{\alpha}_3-\frac{(\boldsymbol{\alpha}_3,\boldsymbol{\beta}_1)}{(\boldsymbol{\beta}_1,\boldsymbol{\beta}_1)}\boldsymbol{\beta}_1-\frac{(\boldsymbol{\alpha}_3,\boldsymbol{\beta}_2)}{(\boldsymbol{\beta}_2,\boldsymbol{\beta}_2)}\boldsymbol{\beta}_2;$$

$$\cdots\cdots$$

$$\boldsymbol{\beta}_r=\boldsymbol{\alpha}_r-\frac{(\boldsymbol{\alpha}_r,\boldsymbol{\beta}_1)}{(\boldsymbol{\beta}_1,\boldsymbol{\beta}_1)}\boldsymbol{\beta}_1-\frac{(\boldsymbol{\alpha}_r,\boldsymbol{\beta}_2)}{(\boldsymbol{\beta}_2,\boldsymbol{\beta}_2)}\boldsymbol{\beta}_2-\cdots-\frac{(\boldsymbol{\alpha}_r,\boldsymbol{\beta}_{r-1})}{(\boldsymbol{\beta}_{r-1},\boldsymbol{\beta}_{r-1})}\boldsymbol{\beta}_{r-1}.$$

容易验证,$\boldsymbol{\beta}_1,\boldsymbol{\beta}_2,\cdots,\boldsymbol{\beta}_r$ 两两正交,且 $\boldsymbol{\alpha}_1,\boldsymbol{\alpha}_2,\cdots,\boldsymbol{\alpha}_r$ 与 $\boldsymbol{\beta}_1,\boldsymbol{\beta}_2,\cdots,\boldsymbol{\beta}_r$ 等价.

上述正交化过程通常称为**施密特**(Schmidt)**正交化过程**. 如果再将 $\boldsymbol{\beta}_1,\boldsymbol{\beta}_2,\cdots,\boldsymbol{\beta}_r$ 单位化,即

$$\boldsymbol{\eta}_i=\frac{1}{|\boldsymbol{\beta}_i|}\boldsymbol{\beta}_i,\quad i=1,2,\cdots,r,$$

则得到一组与 $\boldsymbol{\alpha}_1,\boldsymbol{\alpha}_2,\cdots,\boldsymbol{\alpha}_r$ 等价的正交单位向量组 $\boldsymbol{\eta}_1,\boldsymbol{\eta}_2,\cdots,\boldsymbol{\eta}_r$.

例 8 设 $\boldsymbol{\alpha}_1=(1,1,0),\boldsymbol{\alpha}_2=(1,0,1),\boldsymbol{\alpha}_3=(0,1,1)$,试求与向量组 $\boldsymbol{\alpha}_1,\boldsymbol{\alpha}_2,\boldsymbol{\alpha}_3$ 等价的正交单位向量组.

解 先正交化,得

$$\boldsymbol{\beta}_1=\boldsymbol{\alpha}_1=(1,1,0);$$

$$\boldsymbol{\beta}_2=\boldsymbol{\alpha}_2-\frac{(\boldsymbol{\alpha}_2,\boldsymbol{\beta}_1)}{(\boldsymbol{\beta}_1,\boldsymbol{\beta}_1)}\boldsymbol{\beta}_1=\left(\frac{1}{2},-\frac{1}{2},1\right);$$

$$\boldsymbol{\beta}_3=\boldsymbol{\alpha}_3-\frac{(\boldsymbol{\alpha}_3,\boldsymbol{\beta}_1)}{(\boldsymbol{\beta}_1,\boldsymbol{\beta}_1)}\boldsymbol{\beta}_1-\frac{(\boldsymbol{\alpha}_3,\boldsymbol{\beta}_2)}{(\boldsymbol{\beta}_2,\boldsymbol{\beta}_2)}\boldsymbol{\beta}_2=\left(-\frac{2}{3},\frac{2}{3},\frac{2}{3}\right).$$

再单位化得

$$\boldsymbol{\eta}_1=\frac{\boldsymbol{\beta}_1}{|\boldsymbol{\beta}_1|}=\frac{1}{\sqrt{2}}(1,1,0);$$

$$\boldsymbol{\eta}_2=\frac{\boldsymbol{\beta}_2}{|\boldsymbol{\beta}_2|}=\frac{1}{\sqrt{6}}(1,-1,2);$$

$$\boldsymbol{\eta}_3=\frac{\boldsymbol{\beta}_3}{|\boldsymbol{\beta}_3|}=\frac{1}{\sqrt{3}}(-1,1,1),$$

则 $\boldsymbol{\eta}_1,\boldsymbol{\eta}_2,\boldsymbol{\eta}_3$ 就为与 $\boldsymbol{\alpha}_1,\boldsymbol{\alpha}_2,\boldsymbol{\alpha}_3$ 等价的正交单位向量组.

第三节　向量组的秩

一、向量组的极大无关组与秩

定义 3.14　如果向量组中的一个部分组 $\boldsymbol{\alpha}_1,\boldsymbol{\alpha}_2,\cdots,\boldsymbol{\alpha}_r$ 满足:

(1) $\boldsymbol{\alpha}_1,\boldsymbol{\alpha}_2,\cdots,\boldsymbol{\alpha}_r$ 线性无关;

(2) 从原向量组中任意添加一个向量(如果还有的话)所得部分组都线性相关.

我们称 $\boldsymbol{\alpha}_1,\boldsymbol{\alpha}_2,\cdots,\boldsymbol{\alpha}_r$ 是原向量组的一个**极大线性无关组**,简称**极大无关组**.

例如,向量组 $\boldsymbol{\alpha}_1=(1,2,-1),\boldsymbol{\alpha}_2=(2,-3,1),\boldsymbol{\alpha}_3=(4,1,-1)$ 中的部分组 $\boldsymbol{\alpha}_1,\boldsymbol{\alpha}_2$ 线性无关,但 $\boldsymbol{\alpha}_1,\boldsymbol{\alpha}_2,\boldsymbol{\alpha}_3$ 线性相关,因此 $\boldsymbol{\alpha}_1,\boldsymbol{\alpha}_2$ 是向量组 $\boldsymbol{\alpha}_1,\boldsymbol{\alpha}_2,\boldsymbol{\alpha}_3$ 的一个极大线性无关组. 不难验证,$\boldsymbol{\alpha}_2,\boldsymbol{\alpha}_3$ 也是向量组 $\boldsymbol{\alpha}_1,\boldsymbol{\alpha}_2,\boldsymbol{\alpha}_3$ 的一个极大线性无关组.

例 1　求 n 维向量空间 $\mathbf{R}^n$ 的一个极大线性无关组.

解　我们知道,n 维单位向量组 $\boldsymbol{\varepsilon}_1,\boldsymbol{\varepsilon}_2,\cdots,\boldsymbol{\varepsilon}_n$ 是线性无关的. 又由第二节例 3 可知,任意一个 n 维向量 $\boldsymbol{\alpha}$ 都可以由 $\boldsymbol{\varepsilon}_1,\boldsymbol{\varepsilon}_2,\cdots,\boldsymbol{\varepsilon}_n$ 线性表示,因而由定理 3.1 知,$\boldsymbol{\varepsilon}_1,\boldsymbol{\varepsilon}_2,\cdots,\boldsymbol{\varepsilon}_n,\boldsymbol{\alpha}$ 是线性相关的. 因此,$\boldsymbol{\varepsilon}_1,\boldsymbol{\varepsilon}_2,\cdots,\boldsymbol{\varepsilon}_n$ 是 $\mathbf{R}^n$ 的一个极大线性无关组.

由定义可以看出,一个线性无关向量组的极大线性无关组就是这个向量组本身.

定理 3.8　向量组与其任意一个极大线性无关组等价.

证　设向量组 $\boldsymbol{\alpha}_1,\boldsymbol{\alpha}_2,\cdots,\boldsymbol{\alpha}_r,\cdots,\boldsymbol{\alpha}_s$,且 $\boldsymbol{\alpha}_1,\boldsymbol{\alpha}_2,\cdots,\boldsymbol{\alpha}_r$ 是它的一个极大线性无关组. 由定义,向量组

$$\boldsymbol{\alpha}_1,\boldsymbol{\alpha}_2,\cdots,\boldsymbol{\alpha}_r,\boldsymbol{\alpha}_j,\quad j=r+1,\cdots,s$$

必线性相关. 因此,由定理 3.2 可知,向量 $\boldsymbol{\alpha}_j\ (j=r+1,\cdots,s)$ 可以由 $\boldsymbol{\alpha}_1,\boldsymbol{\alpha}_2,\cdots,\boldsymbol{\alpha}_r$ 线性表示,进而,向量组 $\boldsymbol{\alpha}_1,\boldsymbol{\alpha}_2,\cdots,\boldsymbol{\alpha}_r,\cdots,\boldsymbol{\alpha}_s$ 可以由 $\boldsymbol{\alpha}_1,\boldsymbol{\alpha}_2,\cdots,\boldsymbol{\alpha}_r$ 线性表示. 另一方面,我们显然有:极大线性无关组 $\boldsymbol{\alpha}_1,\boldsymbol{\alpha}_2,\cdots,\boldsymbol{\alpha}_r$ 可以由向量组 $\boldsymbol{\alpha}_1,\boldsymbol{\alpha}_2,\cdots,\boldsymbol{\alpha}_r,\cdots,\boldsymbol{\alpha}_s$ 线性表示. 于是,极大线性无关组与向量组本身等价.

由上面的例子可以看到,向量组的极大线性无关组不是唯一的,但是下面的结论说明极大线性无关组所含向量的个数必是唯一的.

定理 3.9　向量组的极大线性无关组含有相同个数的向量.

证　由定理 3.8,向量组的任意极大线性无关组都与向量组本身等价,进而由等价的传递性可知,任意两个极大线性无关组都是等价的. 因此,由推论 3.6 我们有,向量组的任意两个极大线性无关组必含有相同个数的向量.

定理 3.9 说明，极大线性无关组所含向量的个数与极大线性无关组的选取无关，它直接反映了向量组本身的性质.

定义 3.15　向量组的极大线性无关组所含向量的个数称为向量组的**秩**.

全部为零向量的向量组没有极大线性无关组，此时，我们规定向量组的秩为零.

我们知道，每个向量组都与它的极大线性无关组等价，进而由等价的传递性可知，任意两个等价向量组的极大线性无关组也是等价的，因此我们有

定理 3.10　等价的向量组必有相同的秩.

定理 3.11　如果向量组（Ⅰ）可以由向量组（Ⅱ）线性表示，则向量组（Ⅰ）的秩不超过向量组（Ⅱ）的秩.

证　因为向量组（Ⅰ）可以由向量组（Ⅱ）线性表示，由定理 3.8 可知，向量组（Ⅰ）的极大线性无关组可以由向量组（Ⅱ）的极大线性无关组线性表示. 进而由推论 3.5 可知，向量组（Ⅰ）的秩不超过向量组（Ⅱ）的秩.

不难看出，如果向量组的秩等于它所含向量的个数，则向量组就是它自身的极大线性无关组. 下面的结论进一步说明了如何确定向量组的极大线性无关组.

定理 3.12　如果向量组的秩为 r，则向量组中的任意 r 个线性无关的向量都是它的一个极大线性无关组.

证　令向量组 $\boldsymbol{\alpha}_1,\boldsymbol{\alpha}_2,\cdots,\boldsymbol{\alpha}_s$ 的秩为 r，且 $\boldsymbol{\alpha}_{i_1},\boldsymbol{\alpha}_{i_2},\cdots,\boldsymbol{\alpha}_{i_r}$ 为其 r 个线性无关的向量. 任意添加一个向量 $\boldsymbol{\alpha}_j\ (i=1,2,\cdots,s)$ 得到向量组

$$\boldsymbol{\alpha}_{i_1},\boldsymbol{\alpha}_{i_2},\cdots,\boldsymbol{\alpha}_{i_r},\boldsymbol{\alpha}_j$$

必是线性相关的，否则原向量组的秩就超过了 r. 因此，由定义，$\boldsymbol{\alpha}_{i_1},\boldsymbol{\alpha}_{i_2},\cdots,\boldsymbol{\alpha}_{i_r}$ 是原向量组的一个极大线性无关组.

二、矩阵的行秩与列秩

如果把矩阵的每一行看成一个向量，那么矩阵就可以认为是由这些行向量所组成的；如果把矩阵的每一列看成一个向量，那么矩阵就可以认为是由这些列向量所组成的.

定义 3.16　矩阵的行向量组的秩称为矩阵的**行秩**；矩阵的列向量组的秩称为矩阵的**列秩**.

例如，令矩阵 $\boldsymbol{A}=\begin{pmatrix}\boldsymbol{E}_r & \boldsymbol{0}\\ \boldsymbol{0} & \boldsymbol{0}\end{pmatrix}$，则不难得到，$\boldsymbol{A}$ 的行秩为 r，且 $\boldsymbol{A}$ 的列秩也为 r，因此 $\boldsymbol{A}$ 的行秩等于列秩. 下面来说明任何矩阵的行秩与列秩都是相等的，我们需要以下预备知识.

引理 3.1　令两个 n 维列向量组 $\boldsymbol{\alpha}_1,\boldsymbol{\alpha}_2,\cdots,\boldsymbol{\alpha}_s$ 与 $\boldsymbol{\beta}_1,\boldsymbol{\beta}_2,\cdots,\boldsymbol{\beta}_s$，且存在可逆的 $n\times n$ 矩阵 $\boldsymbol{P}$ 使得

$$P(\boldsymbol{\alpha}_1,\boldsymbol{\alpha}_2,\cdots,\boldsymbol{\alpha}_s)=(\boldsymbol{\beta}_1,\boldsymbol{\beta}_2,\cdots,\boldsymbol{\beta}_s). \tag{3.5}$$

则向量组 $\boldsymbol{\alpha}_1,\boldsymbol{\alpha}_2,\cdots,\boldsymbol{\alpha}_s$ 线性无关当且仅当向量组 $\boldsymbol{\beta}_1,\boldsymbol{\beta}_2,\cdots,\boldsymbol{\beta}_s$ 线性无关.

证 首先假设 $\boldsymbol{\alpha}_1,\boldsymbol{\alpha}_2,\cdots,\boldsymbol{\alpha}_s$ 线性无关. 考虑方程

$$x_1\boldsymbol{\beta}_1+x_2\boldsymbol{\beta}_2+\cdots+x_s\boldsymbol{\beta}_s=\mathbf{0}. \tag{3.6}$$

由式(3.5),利用分块矩阵的乘法,我们有

$$\boldsymbol{\beta}_i=\boldsymbol{P}\boldsymbol{\alpha}_i,\quad i=1,2,\cdots,s.$$

于是,代入式(3.6)可得

$$x_1\boldsymbol{P}\boldsymbol{\alpha}_1+x_2\boldsymbol{P}\boldsymbol{\alpha}_2+\cdots+x_s\boldsymbol{P}\boldsymbol{\alpha}_s=\mathbf{0},$$

改写一下有

$$\boldsymbol{P}(x_1\boldsymbol{\alpha}_1+x_2\boldsymbol{\alpha}_2+\cdots+x_s\boldsymbol{\alpha}_s)=\mathbf{0}.$$

因为 $\boldsymbol{P}$ 是可逆矩阵,上式两边同时左乘 $\boldsymbol{P}^{-1}$ 得

$$x_1\boldsymbol{\alpha}_1+x_2\boldsymbol{\alpha}_2+\cdots+x_s\boldsymbol{\alpha}_s=\mathbf{0},$$

而 $\boldsymbol{\alpha}_1,\boldsymbol{\alpha}_2,\cdots,\boldsymbol{\alpha}_s$ 线性无关,可得 $x_1=x_2=\cdots=x_s=0$. 因此,$\boldsymbol{\beta}_1,\boldsymbol{\beta}_2,\cdots,\boldsymbol{\beta}_s$ 线性无关.

反过来,现假设向量组 $\boldsymbol{\beta}_1,\boldsymbol{\beta}_2,\cdots,\boldsymbol{\beta}_s$ 线性无关. 考虑到 $\boldsymbol{P}$ 是可逆的,我们有

$$\boldsymbol{P}^{-1}(\boldsymbol{\beta}_1,\boldsymbol{\beta}_2,\cdots,\boldsymbol{\beta}_s)=(\boldsymbol{\alpha}_1,\boldsymbol{\alpha}_2,\cdots,\boldsymbol{\alpha}_s),$$

进而由上述证明可得,向量组 $\boldsymbol{\alpha}_1,\boldsymbol{\alpha}_2,\cdots,\boldsymbol{\alpha}_s$ 线性无关.

推论 3.7 令 n 维列向量组 $\boldsymbol{\alpha}_1,\boldsymbol{\alpha}_2,\cdots,\boldsymbol{\alpha}_n$ 与 $\boldsymbol{\beta}_1,\boldsymbol{\beta}_2,\cdots,\boldsymbol{\beta}_n$,如果存在 n 阶可逆矩阵 $\boldsymbol{P}$,使得

$$\boldsymbol{P}(\boldsymbol{\alpha}_1,\boldsymbol{\alpha}_2,\cdots,\boldsymbol{\alpha}_n)=(\boldsymbol{\beta}_1,\boldsymbol{\beta}_2,\cdots,\boldsymbol{\beta}_n),$$

则 $\boldsymbol{\alpha}_1,\boldsymbol{\alpha}_2,\cdots,\boldsymbol{\alpha}_n$ 与 $\boldsymbol{\beta}_1,\boldsymbol{\beta}_2,\cdots,\boldsymbol{\beta}_n$ 有相同的秩.

证 令向量组 $\boldsymbol{\alpha}_1,\boldsymbol{\alpha}_2,\cdots,\boldsymbol{\alpha}_n$ 与 $\boldsymbol{\beta}_1,\boldsymbol{\beta}_2,\cdots,\boldsymbol{\beta}_n$ 的秩分别为 s 与 t. 首先,不妨假设 $\boldsymbol{\alpha}_1,\boldsymbol{\alpha}_2,\cdots,\boldsymbol{\alpha}_s$ 为向量组 $\boldsymbol{\alpha}_1,\boldsymbol{\alpha}_2,\cdots,\boldsymbol{\alpha}_n$ 的极大线性无关组,且

$$\boldsymbol{P}(\boldsymbol{\alpha}_1,\boldsymbol{\alpha}_2,\cdots,\boldsymbol{\alpha}_s)=(\boldsymbol{\beta}_1,\boldsymbol{\beta}_2,\cdots,\boldsymbol{\beta}_s),$$

由引理 3.1 可知,$\boldsymbol{\beta}_1,\boldsymbol{\beta}_2,\cdots,\boldsymbol{\beta}_s$ 线性无关,这样,$t\geqslant s$. 又因 $\boldsymbol{P}$ 可逆,则

$$\boldsymbol{P}^{-1}(\boldsymbol{\beta}_1,\boldsymbol{\beta}_2,\cdots,\boldsymbol{\beta}_n)=(\boldsymbol{\alpha}_1,\boldsymbol{\alpha}_2,\cdots,\boldsymbol{\alpha}_n),$$

从而类似地有 $s\geqslant t$. 因此,$t=s$,故推论得证.

定理 3.13 矩阵的初等变换不改变矩阵的行秩;也不改变矩阵的列秩.

证 令 $m\times n$ 矩阵 $\boldsymbol{A}$ 经过初等变换变为 $m\times n$ 矩阵 $\boldsymbol{B}$,则存在可逆的 $m\times m$ 矩阵 $\boldsymbol{P}$ 与可逆的 $n\times n$ 矩阵 $\boldsymbol{Q}$ 使得

$$\boldsymbol{A}=\boldsymbol{PBQ}.$$

我们首先证明 $\boldsymbol{A}$ 的列秩等于 $\boldsymbol{B}$ 的列秩. 记 $\boldsymbol{A}=(\boldsymbol{\beta}_1,\boldsymbol{\beta}_2,\cdots,\boldsymbol{\beta}_n)$,$\boldsymbol{B}=(\boldsymbol{\alpha}_1,\boldsymbol{\alpha}_2,\cdots,\boldsymbol{\alpha}_n)$,以及 $\boldsymbol{PB}=(\boldsymbol{\gamma}_1,\boldsymbol{\gamma}_2,\cdots,\boldsymbol{\gamma}_n)$. 则

$$\boldsymbol{P}(\boldsymbol{\alpha}_1,\boldsymbol{\alpha}_2,\cdots,\boldsymbol{\alpha}_n)=(\boldsymbol{\gamma}_1,\boldsymbol{\gamma}_2,\cdots,\boldsymbol{\gamma}_n) \tag{3.7}$$

及

$$(\boldsymbol{\beta}_1,\boldsymbol{\beta}_2,\cdots,\boldsymbol{\beta}_n)=(\boldsymbol{\gamma}_1,\boldsymbol{\gamma}_2,\cdots,\boldsymbol{\gamma}_n)\boldsymbol{Q}. \tag{3.8}$$

由式(3.7)，利用推论 3.7 可知，向量组 $\boldsymbol{\alpha}_1,\boldsymbol{\alpha}_2,\cdots,\boldsymbol{\alpha}_n$ 与向量组 $\boldsymbol{\gamma}_1,\boldsymbol{\gamma}_2,\cdots,\boldsymbol{\gamma}_n$ 有相同的秩.

由式(3.8)可知，向量组 $\boldsymbol{\beta}_1,\boldsymbol{\beta}_2,\cdots,\boldsymbol{\beta}_n$ 可以由向量组 $\boldsymbol{\gamma}_1,\boldsymbol{\gamma}_2,\cdots,\boldsymbol{\gamma}_n$ 线性表示. 又因 $\boldsymbol{Q}$ 是可逆矩阵，则

$$(\boldsymbol{\gamma}_1,\boldsymbol{\gamma}_2,\cdots,\boldsymbol{\gamma}_n)=(\boldsymbol{\beta}_1,\boldsymbol{\beta}_2,\cdots,\boldsymbol{\beta}_n)\boldsymbol{Q}^{-1},$$

所以，向量组 $\boldsymbol{\gamma}_1,\boldsymbol{\gamma}_2,\cdots,\boldsymbol{\gamma}_n$ 可以由向量组 $\boldsymbol{\beta}_1,\boldsymbol{\beta}_2,\cdots,\boldsymbol{\beta}_n$ 线性表示. 因此，向量组 $\boldsymbol{\gamma}_1,\boldsymbol{\gamma}_2,\cdots,\boldsymbol{\gamma}_n$ 与向量组 $\boldsymbol{\beta}_1,\boldsymbol{\beta}_2,\cdots,\boldsymbol{\beta}_n$ 等价，因而有相同的秩.

这样，向量组 $\boldsymbol{\beta}_1,\boldsymbol{\beta}_2,\cdots,\boldsymbol{\beta}_n$ 与向量组 $\boldsymbol{\alpha}_1,\boldsymbol{\alpha}_2,\cdots,\boldsymbol{\alpha}_n$ 有相同的秩，即 $\boldsymbol{A}$ 的列秩等于 $\boldsymbol{B}$ 的列秩.

类似地，考虑到 $\boldsymbol{A}^{\mathrm{T}}=\boldsymbol{Q}^{\mathrm{T}}\boldsymbol{B}^{\mathrm{T}}\boldsymbol{P}^{\mathrm{T}}$，其中 $\boldsymbol{Q}^{\mathrm{T}}$ 与 $\boldsymbol{P}^{\mathrm{T}}$ 均为可逆矩阵，由上述证明可知，$\boldsymbol{A}^{\mathrm{T}}$ 的列秩等于 $\boldsymbol{B}^{\mathrm{T}}$ 的列秩. 因此，$\boldsymbol{A}$ 的行秩等于 $\boldsymbol{B}$ 的行秩.

下面的结论说明任何矩阵的行秩与列秩是相等的，且都等于矩阵的秩.

定理 3.14　任何矩阵的行秩等于列秩，且都等于矩阵的秩.

证　因为任何矩阵 $\boldsymbol{A}$ 经过初等变换后均可变成标准形 $\boldsymbol{B}=\begin{pmatrix}\boldsymbol{E}_r & \boldsymbol{0}\\ \boldsymbol{0} & \boldsymbol{0}\end{pmatrix}$，而 $\boldsymbol{B}$ 的秩、行秩与列秩均为 r. 所以，由定理 3.13 可知，$\boldsymbol{A}$ 的秩、行秩与列秩也均为 r. 故 $\boldsymbol{A}$ 的行秩等于列秩，且都等于矩阵的秩.

由第二章矩阵秩的定义，易知

定理 3.15　矩阵 $\boldsymbol{A}$ 的行秩或列秩为 r 的充要条件是矩阵 $\boldsymbol{A}$ 的非零子式的最高阶数为 r.

推论 3.8　n 阶矩阵 $\boldsymbol{A}$ 的行列式为零当且仅当 $\boldsymbol{A}$ 的秩小于 n.

推论 3.9　r 个 n 维向量组构成矩阵 $\boldsymbol{A}$，那么这 r 个向量线性无关的充要条件是 $\boldsymbol{A}$ 中存在不等于零的 r 阶子式. 反之，这 r 个向量线性相关的充要条件是 $\boldsymbol{A}$ 中没有不等于零的 r 阶子式.

例 2　证明：$r(\boldsymbol{A},\boldsymbol{AB})=r(\boldsymbol{A})$，$r(\boldsymbol{AB})\leqslant\min\{r(\boldsymbol{A}),r(\boldsymbol{B})\}$.

证　记 $\boldsymbol{AB}=(\boldsymbol{\alpha}_1,\boldsymbol{\alpha}_2,\cdots,\boldsymbol{\alpha}_n)$ 及 $\boldsymbol{A}=(\boldsymbol{\beta}_1,\boldsymbol{\beta}_2,\cdots,\boldsymbol{\beta}_s)$，则

$$(\boldsymbol{\alpha}_1,\boldsymbol{\alpha}_2,\cdots,\boldsymbol{\alpha}_n)=(\boldsymbol{\beta}_1,\boldsymbol{\beta}_2,\cdots,\boldsymbol{\beta}_s)\boldsymbol{B},$$

这就意味着，向量组 $\boldsymbol{\alpha}_1,\boldsymbol{\alpha}_2,\cdots,\boldsymbol{\alpha}_n$ 可以由向量组 $\boldsymbol{\beta}_1,\boldsymbol{\beta}_2,\cdots,\boldsymbol{\beta}_s$ 线性表示. 从而向量组 $\boldsymbol{\alpha}_1,\boldsymbol{\alpha}_2,\cdots,\boldsymbol{\alpha}_n,\boldsymbol{\beta}_1,\boldsymbol{\beta}_2,\cdots,\boldsymbol{\beta}_s$ 与向量组 $\boldsymbol{\beta}_1,\boldsymbol{\beta}_2,\cdots,\boldsymbol{\beta}_s$ 等价，则 $r(\boldsymbol{A},\boldsymbol{AB})=r(\boldsymbol{A})$. 又由定理 3.11 可得，$r(\boldsymbol{AB})\leqslant r(\boldsymbol{A})$. 同理，$r(\boldsymbol{B}^{\mathrm{T}}\boldsymbol{A}^{\mathrm{T}})\leqslant r(\boldsymbol{B}^{\mathrm{T}})$. 考虑到 $r(\boldsymbol{B}^{\mathrm{T}}\boldsymbol{A}^{\mathrm{T}})=r(\boldsymbol{AB})$，$r(\boldsymbol{B}^{\mathrm{T}})=r(\boldsymbol{B})$，因此，$r(\boldsymbol{AB})\leqslant r(\boldsymbol{B})$. 故 $r(\boldsymbol{AB})\leqslant\min\{r(\boldsymbol{A}),r(\boldsymbol{B})\}$.

例 3　若向量组 $\boldsymbol{\alpha}_1=(1,1,4)^{\mathrm{T}}$，$\boldsymbol{\alpha}_2=(1,0,4)^{\mathrm{T}}$，$\boldsymbol{\alpha}_3=(1,2,a^2+3)^{\mathrm{T}}$ 与 $\boldsymbol{\beta}_1=(1,1,a+3)^{\mathrm{T}}$，$\boldsymbol{\beta}_2=(0,2,1-a)^{\mathrm{T}}$，$\boldsymbol{\beta}_3=(1,3,a^2+3)^{\mathrm{T}}$ 等价，求 a 的取值.

解　记 $\boldsymbol{A}=(\boldsymbol{\alpha}_1,\boldsymbol{\alpha}_2,\boldsymbol{\alpha}_3)$，$\boldsymbol{B}=(\boldsymbol{\beta}_1,\boldsymbol{\beta}_2,\boldsymbol{\beta}_3)$，由条件有 $r(\boldsymbol{A})=r(\boldsymbol{B})=r(\boldsymbol{A},\boldsymbol{B})$，对矩阵 $(\boldsymbol{A},\boldsymbol{B})$ 作初等行变换.

$$(\boldsymbol{A},\boldsymbol{B})=\begin{pmatrix}1&1&1&1&0&1\\1&0&2&1&2&3\\4&4&a^2+3&a+3&1-a&a^2+3\end{pmatrix}$$
$$\sim\begin{pmatrix}1&1&1&1&0&1\\0&-1&1&0&2&2\\0&0&a^2-1&a-1&1-a&a^2-1\end{pmatrix}.$$

当 $a=1$ 时，$r(\boldsymbol{A})=r(\boldsymbol{B})=r(\boldsymbol{A},\boldsymbol{B})=2$；当 $a=-1$ 时，$r(\boldsymbol{A})=r(\boldsymbol{B})=2$，$r(\boldsymbol{A},\boldsymbol{B})=3$；当 $a\neq\pm1$ 时，$r(\boldsymbol{A})=r(\boldsymbol{B})=r(\boldsymbol{A},\boldsymbol{B})=3$. 综上，只需 $a\neq-1$ 即可.

下面的结论给出了如何确定向量组的极大线性无关组.

定理 3.16　设矩阵 $\boldsymbol{A}$ 的秩为 r，则 $\boldsymbol{A}$ 的 r 阶非零子式所在的行就是 $\boldsymbol{A}$ 的行向量组的一个极大线性无关组；$\boldsymbol{A}$ 的 r 阶非零子式所在的列就是 $\boldsymbol{A}$ 的列向量组的一个极大线性无关组.

证　设

$$\boldsymbol{A}=\begin{pmatrix}a_{11}&a_{12}&\cdots&a_{1n}\\a_{21}&a_{22}&\cdots&a_{2n}\\\vdots&\vdots&&\vdots\\a_{m1}&a_{m2}&\cdots&a_{mn}\end{pmatrix}=\begin{pmatrix}\boldsymbol{\alpha}_1\\\boldsymbol{\alpha}_2\\\vdots\\\boldsymbol{\alpha}_m\end{pmatrix},$$

因为矩阵 $\boldsymbol{A}$ 的秩为 r，所以由定理 3.15 可知，矩阵 $\boldsymbol{A}$ 中一定有一个 r 阶子式不等于零. 不妨假设矩阵 $\boldsymbol{A}$ 的左上角的 r 阶子式不等于零，即

$$\begin{vmatrix}a_{11}&a_{12}&\cdots&a_{1r}\\a_{21}&a_{22}&\cdots&a_{2r}\\\vdots&\vdots&&\vdots\\a_{r1}&a_{r2}&\cdots&a_{rr}\end{vmatrix}\neq0.$$

由定理 3.4 可知，构成这个 r 阶子式的向量组

$$(a_{11},a_{12},\cdots,a_{1r}),(a_{21},a_{22},\cdots,a_{2r}),\cdots,(a_{r1},a_{r2},\cdots,a_{rr})$$

是线性无关的，进而由定理 3.3 可知，这些向量添加分量后所得向量组

$$(a_{11},a_{12},\cdots,a_{1r},\cdots,a_{1n}),(a_{21},a_{22},\cdots,a_{2r},\cdots,a_{2n}),\cdots,(a_{r1},a_{r2},\cdots,a_{rr},\cdots,a_{rn})$$

也是线性无关的，即向量组 $\boldsymbol{\alpha}_1,\boldsymbol{\alpha}_2,\cdots,\boldsymbol{\alpha}_r$ 是线性无关的. 而 $\boldsymbol{A}$ 的行向量组的秩为 r，由定理 3.12 可知，$\boldsymbol{\alpha}_1,\boldsymbol{\alpha}_2,\cdots,\boldsymbol{\alpha}_r$ 是 $\boldsymbol{A}$ 的行向量组的一个极大线性无关组. 这样，我们证明了 $\boldsymbol{A}$ 的 r 阶非零子式所在的行就是 $\boldsymbol{A}$ 的行向量组的一个极大线性无关组. 类似地，考虑 $\boldsymbol{A}^{\mathrm{T}}$，我们有，$\boldsymbol{A}$ 的 r 阶非零子式所在的列就是 $\boldsymbol{A}$ 的列向量组的一个极大线性无关组.

推论 3.10　如果在 $m\times n$ 矩阵 $\boldsymbol{A}$ 中有一个 r 阶子式 $D\neq0$，则 D 所在的 r 个行向量及 r 个列向量都线性无关. 如果 $\boldsymbol{A}$ 中所有的 r 阶子式全为零，则 $\boldsymbol{A}$ 的任意 r 个行向量及 r 个列向量都线性相关.

定理 3.17 若矩阵 $\boldsymbol{A}$ 经有限次初等行(列)变换变成矩阵 $\boldsymbol{B}$，则 $\boldsymbol{B}$ 的任意 k 个列(行)向量与 $\boldsymbol{A}$ 中对应的 k 个列(行)向量有相同的线性关系.

证明略.

定理 3.17 说明，矩阵的初等行(列)变换不改变列(行)向量间的线性关系(相关性、线性组合等).

由此我们有求向量组的秩及其极大线性无关组的有效方法.下面我们就给出有效方法：

(1) 将向量组 $\boldsymbol{\alpha}_1,\boldsymbol{\alpha}_2,\cdots,\boldsymbol{\alpha}_n$ 作为列向量构成矩阵 $\boldsymbol{A}$；

(2) 应用初等行变换将矩阵 $\boldsymbol{A}$ 化为阶梯形矩阵 $\boldsymbol{B}$，也即存在可逆矩阵 $\boldsymbol{P}$ 使得 $\boldsymbol{PA}=\boldsymbol{B}$，即

$$\boldsymbol{P}(\boldsymbol{\alpha}_1,\boldsymbol{\alpha}_2,\cdots,\boldsymbol{\alpha}_n)=(\boldsymbol{\beta}_1,\boldsymbol{\beta}_2,\cdots,\boldsymbol{\beta}_n),$$

其中，$\boldsymbol{\beta}_1,\boldsymbol{\beta}_2,\cdots,\boldsymbol{\beta}_n$ 为阶梯形矩阵 $\boldsymbol{B}$ 的列向量组，则 $\boldsymbol{B}$ 的非零行的行数 r 就为矩阵 $\boldsymbol{A}$ 的秩，也即原向量组的秩为 r；

(3) 选取 $\boldsymbol{B}$ 的一个 r 阶非零子式，则由定理 3.16 知，该子式所在的第 i_1，$i_2,\cdots,i_r$ 列所对应的列向量组 $\boldsymbol{\beta}_{i_1},\boldsymbol{\beta}_{i_2},\cdots,\boldsymbol{\beta}_{i_r}$ 就为 $\boldsymbol{B}$ 的列向量组 $\boldsymbol{\beta}_1,\boldsymbol{\beta}_2,\cdots,\boldsymbol{\beta}_n$ 的一个极大线性无关组；

(4) 最后，由定理 3.17 知，对应的 $\boldsymbol{\alpha}_{i_1},\boldsymbol{\alpha}_{i_2},\cdots,\boldsymbol{\alpha}_{i_r}$ 为列向量组 $\boldsymbol{\alpha}_1,\boldsymbol{\alpha}_2,\cdots,\boldsymbol{\alpha}_n$ 的一个极大线性无关组.

例 4 求向量组 $\boldsymbol{\alpha}_1=(2,1,4,3)$，$\boldsymbol{\alpha}_2=(-1,1,-6,6)$，$\boldsymbol{\alpha}_3=(-1,-2,2,-9)$，$\boldsymbol{\alpha}_4=(1,1,-2,7)$，$\boldsymbol{\alpha}_5=(2,4,4,9)$ 的秩和一个极大线性无关组，并把其他向量用极大线性无关组表示出来.

解 将向量组 $\boldsymbol{\alpha}_1,\boldsymbol{\alpha}_2,\boldsymbol{\alpha}_3,\boldsymbol{\alpha}_4,\boldsymbol{\alpha}_5$ 作为列向量构成矩阵

$$\boldsymbol{A}=(\boldsymbol{\alpha}_1^{\mathrm{T}},\boldsymbol{\alpha}_2^{\mathrm{T}},\boldsymbol{\alpha}_3^{\mathrm{T}},\boldsymbol{\alpha}_4^{\mathrm{T}},\boldsymbol{\alpha}_5^{\mathrm{T}})=\begin{pmatrix}2&-1&-1&1&2\\1&1&-2&1&4\\4&-6&2&-2&4\\3&6&-9&7&9\end{pmatrix},$$

应用初等行变换将 $\boldsymbol{A}$ 化为阶梯形矩阵

$$\begin{pmatrix}1&1&-2&1&4\\0&1&-1&1&0\\0&0&0&1&-3\\0&0&0&0&0\end{pmatrix}.$$

所以，向量组 $\boldsymbol{\alpha}_1,\boldsymbol{\alpha}_2,\boldsymbol{\alpha}_3,\boldsymbol{\alpha}_4,\boldsymbol{\alpha}_5$ 的秩为 3.容易看到，阶梯形矩阵中的第 1,2,3 行和第 1,2,4 列构成了一个非零的三阶子式，所以，第 1,2,4 列所对应的向量 $\boldsymbol{\alpha}_1,\boldsymbol{\alpha}_2,\boldsymbol{\alpha}_4$ 为向量组 $\boldsymbol{\alpha}_1,\boldsymbol{\alpha}_2,\boldsymbol{\alpha}_3,\boldsymbol{\alpha}_4,\boldsymbol{\alpha}_5$ 的一个极大线性无关组.同理，不难得到，$\boldsymbol{\alpha}_1,\boldsymbol{\alpha}_2,\boldsymbol{\alpha}_5$ 或

$\boldsymbol{\alpha}_2,\boldsymbol{\alpha}_3,\boldsymbol{\alpha}_4$ 也为极大线性无关组.

为将向量 $\boldsymbol{\alpha}_3,\boldsymbol{\alpha}_5$ 用极大线性无关组 $\boldsymbol{\alpha}_1,\boldsymbol{\alpha}_2,\boldsymbol{\alpha}_4$ 表示出来,我们应用初等行变换继续将阶梯形矩阵化为最简形

$$\begin{pmatrix}1&0&-1&0&4\\0&1&-1&0&3\\0&0&0&1&-3\\0&0&0&0&0\end{pmatrix}=(\boldsymbol{\beta}_1,\boldsymbol{\beta}_2,\boldsymbol{\beta}_3,\boldsymbol{\beta}_4,\boldsymbol{\beta}_5),$$

则容易看出,$\boldsymbol{\beta}_3=-\boldsymbol{\beta}_1-\boldsymbol{\beta}_2$ 与 $\boldsymbol{\beta}_5=4\boldsymbol{\beta}_1+3\boldsymbol{\beta}_2-3\boldsymbol{\beta}_4$. 注意到初等行变换不改变列向量组的线性关系,因此我们相应的有:$\boldsymbol{\alpha}_3=-\boldsymbol{\alpha}_1-\boldsymbol{\alpha}_2$ 与 $\boldsymbol{\alpha}_5=4\boldsymbol{\alpha}_1+3\boldsymbol{\alpha}_2-3\boldsymbol{\alpha}_4$.

第四节　向量空间的基、维数与坐标

设 $\mathbf{V}$ 是 n 维向量构成的一个非空集合,如果对于任意向量 $\boldsymbol{\alpha},\boldsymbol{\beta}\in\mathbf{V}$ 都有:$\boldsymbol{\alpha}+\boldsymbol{\beta}\in\mathbf{V}$,则称 $\mathbf{V}$ 对向量的加法运算是封闭的;如果对于任意向量 $\boldsymbol{\alpha}\in\mathbf{V}$ 与任意实数 k 都有:$k\boldsymbol{\alpha}\in\mathbf{V}$,则称 $\mathbf{V}$ 对向量的数乘运算是封闭的.

定义 3.17　设 $\mathbf{V}$ 是由 $\mathbf{R}^n$ 中向量构成的非空集合. 如果 $\mathbf{V}$ 对向量的加法与数乘运算都是封闭的,则称 $\mathbf{V}$ 为 $\mathbf{R}^n$ 的子空间,简称**向量空间**.

例 1　令

$$\mathbf{V}=\{(0,x_2,\cdots,x_n)\mid x_2,\cdots,x_n\in\mathbf{R}\}.$$

直接验证可知 $\mathbf{V}$ 对向量的加法与数乘运算都是封闭的. 因此,$\mathbf{V}$ 是一个向量空间.

例 2　令

$$\mathbf{V}=\{(1,x_2,\cdots,x_n)\mid x_2,\cdots,x_n\in\mathbf{R}\}.$$

对于 $\boldsymbol{\alpha}=(1,x_2,\cdots,x_n)\in\mathbf{V},\boldsymbol{\beta}=(1,y_2,\cdots,y_n)\in\mathbf{V}$,容易验证 $\boldsymbol{\alpha}+\boldsymbol{\beta}\notin\mathbf{V}$. 故 $\mathbf{V}$ 不是一个向量空间.

在前面,我们称 n 维实向量的全体为 n 维向量空间 $\mathbf{R}^n$,也就是说向量空间 $\mathbf{R}^n$ 的维数为 n. 下面我们将给出向量空间的基、维数与坐标的定义.

定义 3.18　如果向量空间 $\mathbf{V}$ 中有 r 个线性无关的向量 $\boldsymbol{\alpha}_1,\boldsymbol{\alpha}_2,\cdots,\boldsymbol{\alpha}_r$,并且 $\mathbf{V}$ 中任意一个向量 $\boldsymbol{\alpha}$ 都可以由其线性表示,即

$$\boldsymbol{\alpha}=k_1\boldsymbol{\alpha}_1+k_2\boldsymbol{\alpha}_2+\cdots+k_r\boldsymbol{\alpha}_r,$$

则称 $\boldsymbol{\alpha}_1,\boldsymbol{\alpha}_2,\cdots,\boldsymbol{\alpha}_r$ 为向量空间 $\mathbf{V}$ 的**一组基**;这组基所含向量的个数 r 称为向量空间 $\mathbf{V}$ 的**维数**,记作 $\dim\mathbf{V}$;系数 $k_1,k_2,\cdots,k_r$ 称为向量 $\boldsymbol{\alpha}$ 在基 $\boldsymbol{\alpha}_1,\boldsymbol{\alpha}_2,\cdots,\boldsymbol{\alpha}_r$ 下的**坐标**,记为 $(k_1,k_2,\cdots,k_r)$.

由定理 3.2 可知,向量 $\boldsymbol{\alpha}$ 是被基 $\boldsymbol{\alpha}_1,\boldsymbol{\alpha}_2,\cdots,\boldsymbol{\alpha}_r$ 唯一线性表示的,即向量 $\boldsymbol{\alpha}$ 在基 $\boldsymbol{\alpha}_1,\boldsymbol{\alpha}_2,\cdots,\boldsymbol{\alpha}_r$ 下的坐标是唯一的.

特别,令 $\boldsymbol{\alpha}_1,\boldsymbol{\alpha}_2,\cdots,\boldsymbol{\alpha}_r$ 为向量空间 $\mathbf{V}$ 的一组基,若 $\boldsymbol{\alpha}_1,\boldsymbol{\alpha}_2,\cdots,\boldsymbol{\alpha}_r$ 两两正交,则称

$\boldsymbol{\alpha}_1,\boldsymbol{\alpha}_2,\cdots,\boldsymbol{\alpha}_r$ 为向量空间 $\boldsymbol{V}$ 的一组**正交基**；若 $\boldsymbol{\alpha}_1,\boldsymbol{\alpha}_2,\cdots,\boldsymbol{\alpha}_r$ 两两正交且均为单位向量，则称 $\boldsymbol{\alpha}_1,\boldsymbol{\alpha}_2,\cdots,\boldsymbol{\alpha}_r$ 为向量空间 $\boldsymbol{V}$ 的一组**规范基**.

例 3　在向量空间 $\mathbf{R}^n$ 中，n 维单位向量组 $\boldsymbol{\varepsilon}_1,\boldsymbol{\varepsilon}_2,\cdots,\boldsymbol{\varepsilon}_n$ 是两两正交的，且任意向量 $\boldsymbol{\alpha}=(a_1,a_2,\cdots,a_n)$ 都可以被其线性表示，即 $\boldsymbol{\alpha}=a_1\boldsymbol{\varepsilon}_1+a_2\boldsymbol{\varepsilon}_2+\cdots+a_n\boldsymbol{\varepsilon}_n$. 所以，$\boldsymbol{\varepsilon}_1,\boldsymbol{\varepsilon}_2,\cdots,\boldsymbol{\varepsilon}_n$ 为向量空间 $\mathbf{R}^n$ 的一组规范基，称为标准基；$\mathbf{R}^n$ 的维数为 n；向量 $\boldsymbol{\alpha}$ 在基 $\boldsymbol{\varepsilon}_1,\boldsymbol{\varepsilon}_2,\cdots,\boldsymbol{\varepsilon}_n$ 下的坐标为 $(a_1,a_2,\cdots,a_n)$.

不难验证，例 1 中的向量空间 $\boldsymbol{V}$ 的一组基为

$$\boldsymbol{\alpha}_1=(0,1,0,\cdots,0),\quad \boldsymbol{\alpha}_2=(0,0,1,\cdots,0),\quad \boldsymbol{\alpha}_{n-1}=(0,0,0,\cdots,1),$$

所以 $\boldsymbol{V}$ 的维数为 $n-1$. $\boldsymbol{V}$ 中任意向量 $\boldsymbol{x}=(0,x_2,x_3,\cdots,x_n)$ 在这一组基下的坐标为 $(x_2,x_3,\cdots,x_n)$.

例 4　设向量组 $\boldsymbol{\alpha}_1,\boldsymbol{\alpha}_2,\cdots,\boldsymbol{\alpha}_m$，它们的一切线性组合的集合记为

$$L(\boldsymbol{\alpha}_1,\boldsymbol{\alpha}_2,\cdots,\boldsymbol{\alpha}_m)=\{k_1\boldsymbol{\alpha}_1+k_2\boldsymbol{\alpha}_2+\cdots+k_m\boldsymbol{\alpha}_m \mid k_1,k_2,\cdots,k_m\in\mathbf{R}\}.$$

不难验证，$L(\boldsymbol{\alpha}_1,\boldsymbol{\alpha}_2,\cdots,\boldsymbol{\alpha}_m)$ 为向量空间，且 $L(\boldsymbol{\alpha}_1,\boldsymbol{\alpha}_2,\cdots,\boldsymbol{\alpha}_m)$ 中任意向量都可以由向量组 $\boldsymbol{\alpha}_1,\boldsymbol{\alpha}_2,\cdots,\boldsymbol{\alpha}_m$ 的一个极大线性无关组来线性表示. 因此，向量组 $\boldsymbol{\alpha}_1,\boldsymbol{\alpha}_2,\cdots,\boldsymbol{\alpha}_m$ 的任意一个极大线性无关组都是 $L(\boldsymbol{\alpha}_1,\boldsymbol{\alpha}_2,\cdots,\boldsymbol{\alpha}_m)$ 的一组基；向量组 $\boldsymbol{\alpha}_1,\boldsymbol{\alpha}_2,\cdots,\boldsymbol{\alpha}_m$ 的秩就为 $L(\boldsymbol{\alpha}_1,\boldsymbol{\alpha}_2,\cdots,\boldsymbol{\alpha}_m)$ 的维数.

上述例子说明向量空间的基不是唯一的. 对不同的基，同一个向量的坐标一般是不同的. 那么，随着基的改变，向量的坐标之间有什么关系呢？下面我们将讨论这一问题.

设 $\boldsymbol{e}_1,\boldsymbol{e}_2,\cdots,\boldsymbol{e}_n$ 与 $\boldsymbol{e}'_1,\boldsymbol{e}'_2,\cdots,\boldsymbol{e}'_n$ 是 n 维向量空间 $\mathbf{R}^n$ 的两组基，则后一组基可以被前一组基唯一线性表示为

$$\begin{cases}\boldsymbol{e}'_1=p_{11}\boldsymbol{e}_1+p_{21}\boldsymbol{e}_2+\cdots+p_{n1}\boldsymbol{e}_n,\\ \boldsymbol{e}'_2=p_{12}\boldsymbol{e}_1+p_{22}\boldsymbol{e}_2+\cdots+p_{n2}\boldsymbol{e}_n,\\ \qquad\cdots\cdots\\ \boldsymbol{e}'_n=p_{1n}\boldsymbol{e}_1+p_{2n}\boldsymbol{e}_2+\cdots+p_{nn}\boldsymbol{e}_n,\end{cases}$$

写成矩阵的形式为

$$(\boldsymbol{e}'_1,\boldsymbol{e}'_2,\cdots,\boldsymbol{e}'_n)=(\boldsymbol{e}_1,\boldsymbol{e}_2,\cdots,\boldsymbol{e}_n)\begin{pmatrix}p_{11}&p_{12}&\cdots&p_{1n}\\p_{21}&p_{22}&\cdots&p_{2n}\\\vdots&\vdots&&\vdots\\p_{n1}&p_{n2}&\cdots&p_{nn}\end{pmatrix},\tag{3.9}$$

上式称为两组基之间的**基变换公式**，矩阵

$$\boldsymbol{P}=\begin{pmatrix}p_{11}&p_{12}&\cdots&p_{1n}\\p_{21}&p_{22}&\cdots&p_{2n}\\\vdots&\vdots&&\vdots\\p_{n1}&p_{n2}&\cdots&p_{nn}\end{pmatrix}$$

称为由基 $e_1, e_2, \cdots, e_n$ 到基 $e'_1, e'_2, \cdots, e'_n$ 的**过渡矩阵**. 过渡矩阵 P 必为可逆的(留给读者自己验证).

设向量 α 在上述两组基下的坐标分别为 $(x_1, x_2, \cdots, x_n)$ 与 $(x'_1, x'_2, \cdots, x'_n)$，即

$$\alpha = x_1 e_1 + x_2 e_2 + \cdots + x_n e_n = x'_1 e'_1 + x'_2 e'_2 + \cdots + x'_n e'_n,$$

写成矩阵的形式为

$$\alpha = (e_1, e_2, \cdots, e_n)\begin{pmatrix} x_1 \\ x_2 \\ \vdots \\ x_n \end{pmatrix} = (e'_1, e'_2, \cdots, e'_n)\begin{pmatrix} x'_1 \\ x'_2 \\ \vdots \\ x'_n \end{pmatrix},$$

将式(3.9)代入得

$$\alpha = (e_1, e_2, \cdots, e_n)\begin{pmatrix} x_1 \\ x_2 \\ \vdots \\ x_n \end{pmatrix} = (e_1, e_2, \cdots, e_n)P\begin{pmatrix} x'_1 \\ x'_2 \\ \vdots \\ x'_n \end{pmatrix},$$

由基向量的线性无关性，比较上式两端，得

$$\begin{pmatrix} x_1 \\ x_2 \\ \vdots \\ x_n \end{pmatrix} = P\begin{pmatrix} x'_1 \\ x'_2 \\ \vdots \\ x'_n \end{pmatrix} \quad 或 \quad \begin{pmatrix} x'_1 \\ x'_2 \\ \vdots \\ x'_n \end{pmatrix} = P^{-1}\begin{pmatrix} x_1 \\ x_2 \\ \vdots \\ x_n \end{pmatrix}, \tag{3.10}$$

式(3.10)就是在两组基下的**坐标变换公式**.

例 5 设 $\mathbf{R}^3$ 中的两组基：

(Ⅰ) $\alpha_1 = (1,1,1)^T, \alpha_2 = (1,0,-1)^T, \alpha_3 = (1,0,1)^T$；

(Ⅱ) $\beta_1 = (1,2,1)^T, \beta_2 = (2,3,4)^T, \beta_3 = (3,4,3)^T$.

求(1) 由基(Ⅰ)到基(Ⅱ)的过渡矩阵 P；

(2) 向量 $\xi = \beta_1 + \beta_2 - \beta_3$ 在基(Ⅰ)下的坐标.

解 (1)由基变换公式 $(\beta_1, \beta_2, \beta_3) = (\alpha_1, \alpha_2, \alpha_3)P$，记 $A = (\alpha_1, \alpha_2, \alpha_3)$，$B = (\beta_1, \beta_2, \beta_3)$，则 A 可逆，得 $P = A^{-1}B$. 对分块矩阵 (A, B) 施行初等行变换，有

$$(A,B) = \begin{pmatrix} 1 & 1 & 1 & 1 & 2 & 3 \\ 1 & 0 & 0 & 2 & 3 & 4 \\ 1 & -1 & 1 & 1 & 4 & 3 \end{pmatrix} \sim \begin{pmatrix} 1 & 0 & 0 & 2 & 3 & 4 \\ 0 & 1 & 0 & 0 & -1 & 0 \\ 0 & 0 & 1 & -1 & 0 & -1 \end{pmatrix},$$

所以过渡矩阵 $P = A^{-1}B = \begin{pmatrix} 2 & 3 & 4 \\ 0 & -1 & 0 \\ -1 & 0 & -1 \end{pmatrix}$；

(2) 向量 $\xi = \beta_1 + \beta_2 - \beta_3$ 在基(Ⅱ)下的坐标为 $(1,1,-1)$，则由坐标变换公式有

$$\begin{pmatrix} y_1 \\ y_2 \\ y_3 \end{pmatrix} = \begin{pmatrix} 2 & 3 & 4 \\ 0 & -1 & 0 \\ -1 & 0 & -1 \end{pmatrix} \begin{pmatrix} 1 \\ 1 \\ -1 \end{pmatrix} = \begin{pmatrix} 1 \\ -1 \\ 0 \end{pmatrix},$$

因此 $\boldsymbol{\xi}$ 在基(Ⅰ)下的坐标为(1,−1,0).

第五节　内容概要与典型例题分析

一、内容概要

1. 向量线性表示

如果存在一组数 $k_1,k_2,\cdots,k_s$ 使得 $\boldsymbol{\beta}=k_1\boldsymbol{\alpha}_1+k_2\boldsymbol{\alpha}_2+\cdots+k_s\boldsymbol{\alpha}_s$，则称向量 $\boldsymbol{\beta}$ 可以由向量组 $\boldsymbol{\alpha}_1,\boldsymbol{\alpha}_2,\cdots,\boldsymbol{\alpha}_s$ 线性表示.

2. 向量组等价

如果向量组 $\boldsymbol{\alpha}_1,\boldsymbol{\alpha}_2,\cdots,\boldsymbol{\alpha}_s$ 中的每一个向量 $\boldsymbol{\alpha}_i$ 都可以由向量组 $\boldsymbol{\beta}_1,\boldsymbol{\beta}_2,\cdots,\boldsymbol{\beta}_t$ 线性表示，则称向量组 $\boldsymbol{\alpha}_1,\boldsymbol{\alpha}_2,\cdots,\boldsymbol{\alpha}_s$ 可以由向量组 $\boldsymbol{\beta}_1,\boldsymbol{\beta}_2,\cdots,\boldsymbol{\beta}_t$ 线性表示. 如果两个向量组可以互相线性表示，则称这两个向量组等价.

3. 线性相关性

对于向量组 $\boldsymbol{\alpha}_1,\boldsymbol{\alpha}_2,\cdots,\boldsymbol{\alpha}_s$，如果存在一组不全为零的数 $k_1,k_2,\cdots,k_s$ 使得 $k_1\boldsymbol{\alpha}_1+k_2\boldsymbol{\alpha}_2+\cdots+k_s\boldsymbol{\alpha}_s=\mathbf{0}$，则向量组 $\boldsymbol{\alpha}_1,\boldsymbol{\alpha}_2,\cdots,\boldsymbol{\alpha}_s$ 是线性相关的；否则，向量组 $\boldsymbol{\alpha}_1,\boldsymbol{\alpha}_2,\cdots,\boldsymbol{\alpha}_s$ 是线性无关的.

4. 向量组线性相关性的有效确定

(1) 确定向量组 $\boldsymbol{\alpha}_1,\boldsymbol{\alpha}_2,\cdots,\boldsymbol{\alpha}_r$ 的线性相关性就是看方程

$$x_1\boldsymbol{\alpha}_1+x_2\boldsymbol{\alpha}_2+\cdots+x_r\boldsymbol{\alpha}_r=\mathbf{0}$$

有无非零解. 如果上述方程有非零解，则 $\boldsymbol{\alpha}_1,\boldsymbol{\alpha}_2,\cdots,\boldsymbol{\alpha}_r$ 线性相关；如果上述方程只有零解，则 $\boldsymbol{\alpha}_1,\boldsymbol{\alpha}_2,\cdots,\boldsymbol{\alpha}_r$ 线性无关.

(2) 如果向量组 $\boldsymbol{\alpha}_1,\boldsymbol{\alpha}_2,\cdots,\boldsymbol{\alpha}_r$ 可以由向量组 $\boldsymbol{\beta}_1,\boldsymbol{\beta}_2,\cdots,\boldsymbol{\beta}_s$ 线性表示，且 $r>s$，则向量组 $\boldsymbol{\alpha}_1,\boldsymbol{\alpha}_2,\cdots,\boldsymbol{\alpha}_r$ 必线性相关.

(3) 向量组 $\boldsymbol{\alpha}_1,\boldsymbol{\alpha}_2,\cdots,\boldsymbol{\alpha}_r$ 线性无关当且仅当向量组 $\boldsymbol{\alpha}_1,\boldsymbol{\alpha}_2,\cdots,\boldsymbol{\alpha}_r$ 的秩为 r.

5. 正交向量组

对于非零向量组，如果它们中任意向量两两正交，则称为正交向量组. 正交向量组必是线性无关的. 但反过来，线性无关的向量组不一定是正交向量组. 利用施密特(Schmidt)正交化过程，可将线性无关向量组变成与之等价的正交向量组.

6. 向量组的秩与矩阵的秩

如果向量组中的一个部分组线性无关，且从原向量组中任意添加一个向量(如果还有的话)所得部分组都线性相关，则称该部分组是原向量组的一个极大线性无关组. 向量组的极大线性无关组所含向量的个数称为向量组的秩.

矩阵的行向量组的秩称为矩阵的行秩;矩阵的列向量组的秩称为矩阵的列秩.矩阵 $\boldsymbol{A}$ 的行秩与列秩相等且等于矩阵的秩.

求向量组(或矩阵)的秩及其极大线性无关组的有效方法:

(1) 将向量组 $\boldsymbol{\alpha}_1,\boldsymbol{\alpha}_2,\cdots,\boldsymbol{\alpha}_n$ 作为列向量构成矩阵 $\boldsymbol{A}$;

(2) 应用初等行变换将矩阵 $\boldsymbol{A}$ 化为阶梯形矩阵 $\boldsymbol{B}$,则 $\boldsymbol{B}$ 的非零行的行数 r 就为矩阵 $\boldsymbol{A}$ 的秩,也即原向量组的秩为 r;

(3) 选取 $\boldsymbol{B}$ 的一个 r 阶非零子式,且该子式所在的第 $i_1,i_2,\cdots,i_r$ 列对应的向量组 $\boldsymbol{\alpha}_{i_1},\boldsymbol{\alpha}_{i_2},\cdots,\boldsymbol{\alpha}_{i_r}$ 为向量组 $\boldsymbol{\alpha}_1,\boldsymbol{\alpha}_2,\cdots,\boldsymbol{\alpha}_n$ 的一个极大线性无关组.

7. 向量空间的基、维数与坐标

如果向量空间 $\boldsymbol{V}$ 中有 r 个线性无关的向量 $\boldsymbol{\alpha}_1,\boldsymbol{\alpha}_2,\cdots,\boldsymbol{\alpha}_r$,并且 $\boldsymbol{V}$ 中任意一个向量 $\boldsymbol{\alpha}$ 都可以由其线性表示,即 $\boldsymbol{\alpha}=k_1\boldsymbol{\alpha}_1+k_2\boldsymbol{\alpha}_2+\cdots+k_r\boldsymbol{\alpha}_r$,则称 $\boldsymbol{\alpha}_1,\boldsymbol{\alpha}_2,\cdots,\boldsymbol{\alpha}_r$ 为 $\boldsymbol{V}$ 的一组基;这组基所含向量的个数 r 称为 $\boldsymbol{V}$ 的维数;系数 $k_1,k_2,\cdots,k_r$ 称为向量 $\boldsymbol{\alpha}$ 在基 $\boldsymbol{\alpha}_1,\boldsymbol{\alpha}_2,\cdots,\boldsymbol{\alpha}_r$ 下的坐标,记为 $(k_1,k_2,\cdots,k_r)$.

二、典型例题分析

例 1　设向量组 $\boldsymbol{\alpha}_1=(0,0,c_1)^{\mathrm{T}},\boldsymbol{\alpha}_2=(0,1,c_2)^{\mathrm{T}},\boldsymbol{\alpha}_3=(1,-1,c_3)^{\mathrm{T}},\boldsymbol{\alpha}_4=(-1,1,c_4)^{\mathrm{T}}$,其中 c_1,c_2,c_3,c_4 为任意常数,则下列向量组线性相关的是(　　).

A. $\boldsymbol{\alpha}_1,\boldsymbol{\alpha}_2,\boldsymbol{\alpha}_3$　　B. $\boldsymbol{\alpha}_1,\boldsymbol{\alpha}_2,\boldsymbol{\alpha}_4$　　C. $\boldsymbol{\alpha}_1,\boldsymbol{\alpha}_3,\boldsymbol{\alpha}_4$　　D. $\boldsymbol{\alpha}_2,\boldsymbol{\alpha}_3,\boldsymbol{\alpha}_4$

答案　C.

由于 $|\boldsymbol{\alpha}_1,\boldsymbol{\alpha}_3,\boldsymbol{\alpha}_4|=\begin{vmatrix}0&1&-1\\0&-1&1\\c_1&c_3&c_4\end{vmatrix}=c_1\begin{vmatrix}1&-1\\-1&1\end{vmatrix}=0$,可知 $\boldsymbol{\alpha}_1,\boldsymbol{\alpha}_3,\boldsymbol{\alpha}_4$ 线性相关,故选 C.

例 2　设 $\boldsymbol{\alpha}_1,\boldsymbol{\alpha}_2,\boldsymbol{\alpha}_3$ 为 3 维向量组,则对任意常数 k,l,向量组 $\boldsymbol{\alpha}_1+k\boldsymbol{\alpha}_3,\boldsymbol{\alpha}_2+l\boldsymbol{\alpha}_3$ 线性无关是向量组 $\boldsymbol{\alpha}_1,\boldsymbol{\alpha}_2,\boldsymbol{\alpha}_3$ 线性无关的(　　).

A. 必要非充分条件　　B. 充分非必要条件

C. 充分必要条件　　D. 既非充分也非必要条件

答案　A.

若 $\boldsymbol{\alpha}_1,\boldsymbol{\alpha}_2,\boldsymbol{\alpha}_3$ 线性无关,由 $(\boldsymbol{\alpha}_1+k\boldsymbol{\alpha}_3,\boldsymbol{\alpha}_2+l\boldsymbol{\alpha}_3)=(\boldsymbol{\alpha}_1,\boldsymbol{\alpha}_2,\boldsymbol{\alpha}_3)\begin{pmatrix}1&0\\0&1\\k&l\end{pmatrix}$ 知,$r(\boldsymbol{\alpha}_1+k\boldsymbol{\alpha}_3,\boldsymbol{\alpha}_2+l\boldsymbol{\alpha}_3)=r\begin{pmatrix}1&0\\0&1\\k&l\end{pmatrix}=2$,则 $\boldsymbol{\alpha}_1+k\boldsymbol{\alpha}_3,\boldsymbol{\alpha}_2+l\boldsymbol{\alpha}_3$ 线性无关;反之,取 $\boldsymbol{\alpha}_3=\boldsymbol{0},\boldsymbol{\alpha}_1,\boldsymbol{\alpha}_2$ 线性无关,则 $\boldsymbol{\alpha}_1+k\boldsymbol{\alpha}_3,\boldsymbol{\alpha}_2+l\boldsymbol{\alpha}_3$ 线性无关,但 $\boldsymbol{\alpha}_1,\boldsymbol{\alpha}_2,\boldsymbol{\alpha}_3$ 线性相关. 故选 A.

例 3　设有两向量组

（Ⅰ）$\boldsymbol{\alpha}_1=(1,2,-3)^{\mathrm{T}},\boldsymbol{\alpha}_2=(3,0,1)^{\mathrm{T}},\boldsymbol{\alpha}_3=(9,6,-7)^{\mathrm{T}}$；

（Ⅱ）$\boldsymbol{\beta}_1=(0,1,1)^{\mathrm{T}},\boldsymbol{\beta}_2=(a,2,1)^{\mathrm{T}},\boldsymbol{\beta}_3=(b,1,0)^{\mathrm{T}}$.

已知两向量组的秩相等，且 $\boldsymbol{\beta}_3$ 能由 $\boldsymbol{\alpha}_1,\boldsymbol{\alpha}_2,\boldsymbol{\alpha}_3$ 线性表示，求 a,b.

解　令

$$\mathbf{A}=(\boldsymbol{\alpha}_1,\boldsymbol{\alpha}_2,\boldsymbol{\alpha}_3)=\begin{pmatrix}1&3&9\\2&0&6\\-3&1&-7\end{pmatrix}\sim\begin{pmatrix}1&3&9\\0&-6&-12\\0&10&20\end{pmatrix}\sim\begin{pmatrix}1&3&9\\0&1&2\\0&0&0\end{pmatrix},$$

知 $r(\mathbf{A})=2$，且 $\boldsymbol{\alpha}_1,\boldsymbol{\alpha}_2$ 为（Ⅰ）的极大无关组. 因 $r(\text{Ⅰ})=r(\text{Ⅱ})$，则

$$|\boldsymbol{\beta}_1,\boldsymbol{\beta}_2,\boldsymbol{\beta}_3|=\begin{vmatrix}0&a&b\\1&2&1\\1&1&0\end{vmatrix}=0,$$

得 $a=b$.

因 $\boldsymbol{\beta}_3$ 能由 $\boldsymbol{\alpha}_1,\boldsymbol{\alpha}_2,\boldsymbol{\alpha}_3$ 线性表示，而 $\boldsymbol{\alpha}_1,\boldsymbol{\alpha}_2$ 是（Ⅰ）的极大无关组，所以 $\boldsymbol{\beta}_3$ 能由 $\boldsymbol{\alpha}_1,\boldsymbol{\alpha}_2$ 线性表示，则 $|\boldsymbol{\beta}_3,\boldsymbol{\alpha}_1,\boldsymbol{\alpha}_2|=0$，因此

$$|\boldsymbol{\alpha}_1,\boldsymbol{\alpha}_2,\boldsymbol{\beta}_3|=\begin{vmatrix}1&3&b\\2&0&1\\-3&1&0\end{vmatrix}=0,$$

解得 $b=5$，得 $a=5$.

例 4　若向量组 $\boldsymbol{\alpha}_1,\boldsymbol{\alpha}_2,\cdots,\boldsymbol{\alpha}_n(n\geqslant2)$ 线性无关，证明：当且仅当 n 为奇数时，向量组 $\boldsymbol{\alpha}_1+\boldsymbol{\alpha}_2,\boldsymbol{\alpha}_2+\boldsymbol{\alpha}_3,\cdots,\boldsymbol{\alpha}_n+\boldsymbol{\alpha}_1$ 也线性无关.

证　设有 $\lambda_1,\lambda_2,\cdots,\lambda_n$ 使

$$\lambda_1(\boldsymbol{\alpha}_1+\boldsymbol{\alpha}_2)+\lambda_2(\boldsymbol{\alpha}_2+\boldsymbol{\alpha}_3)+\cdots+\lambda_n(\boldsymbol{\alpha}_n+\boldsymbol{\alpha}_1)=\mathbf{0},$$

即

$$(\lambda_1+\lambda_n)\boldsymbol{\alpha}_1+(\lambda_1+\lambda_2)\boldsymbol{\alpha}_2+\cdots+(\lambda_{n-1}+\lambda_n)\boldsymbol{\alpha}_n=\mathbf{0}.$$

因为 $\boldsymbol{\alpha}_1,\boldsymbol{\alpha}_2,\cdots,\boldsymbol{\alpha}_n$ 线性无关，则有方程组

$$\lambda_1+\lambda_n=\lambda_1+\lambda_2=\cdots=\lambda_{n-1}+\lambda_n=0,$$

且该方程组的系数矩阵行列式为

$$D_n=\begin{vmatrix}1&0&\cdots&0&1\\1&1&\cdots&0&0\\0&1&\cdots&0&0\\\vdots&\vdots&&\vdots&\vdots\\0&0&\cdots&1&1\end{vmatrix}=1+(-1)^{n-1}.$$

当 n 为偶数时，$D_n=0$，则方程组有非零解，因此 $\boldsymbol{\alpha}_1+\boldsymbol{\alpha}_2,\cdots,\boldsymbol{\alpha}_n+\boldsymbol{\alpha}_1$ 线性相关.

当 n 为奇数时，$D_n=2$，则方程组只有零解，因此 $\boldsymbol{\alpha}_1+\boldsymbol{\alpha}_2,\cdots,\boldsymbol{\alpha}_n+\boldsymbol{\alpha}_1$ 线性无关.

例 5 设有向量组(Ⅰ):$\boldsymbol{\alpha}_1=(1,0,2)^{\mathrm{T}}$,$\boldsymbol{\alpha}_2=(1,1,3)^{\mathrm{T}}$,$\boldsymbol{\alpha}_3=(1,-1,a+2)^{\mathrm{T}}$ 和向量组(Ⅱ):$\boldsymbol{\beta}_1=(1,2,a+3)^{\mathrm{T}}$,$\boldsymbol{\beta}_2=(2,1,a+6)^{\mathrm{T}}$,$\boldsymbol{\beta}_3=(2,1,a+4)^{\mathrm{T}}$. 试问:当 a 为何值时,向量组(Ⅰ)与(Ⅱ)等价? 当 a 为何值时,向量组(Ⅰ)与(Ⅱ)不等价?

解 对$(\boldsymbol{\alpha}_1,\boldsymbol{\alpha}_2,\boldsymbol{\alpha}_3,\boldsymbol{\beta}_1,\boldsymbol{\beta}_2,\boldsymbol{\beta}_3)$作初等行变换,有

$$(\boldsymbol{\alpha}_1,\boldsymbol{\alpha}_2,\boldsymbol{\alpha}_3,\boldsymbol{\beta}_1,\boldsymbol{\beta}_2,\boldsymbol{\beta}_3)=\begin{pmatrix}1&1&1&1&2&2\\0&1&-1&2&1&1\\2&3&a+2&a+3&a+6&a+4\end{pmatrix}$$

$$\sim\begin{pmatrix}1&0&2&-1&1&1\\0&1&-1&2&1&1\\0&0&a+1&a-1&a+1&a-1\end{pmatrix}.$$

(1) 当 $a\neq-1$ 时,有秩 $r(\boldsymbol{\alpha}_1,\boldsymbol{\alpha}_2,\boldsymbol{\alpha}_3)=3$,则 $\boldsymbol{\beta}_1,\boldsymbol{\beta}_2,\boldsymbol{\beta}_3$ 均能由 $\boldsymbol{\alpha}_1,\boldsymbol{\alpha}_2,\boldsymbol{\alpha}_3$ 线性表示.

同样,行列式 $|\boldsymbol{\beta}_1,\boldsymbol{\beta}_2,\boldsymbol{\beta}_3|=6\neq0$,故秩 $r(\boldsymbol{\beta}_1,\boldsymbol{\beta}_2,\boldsymbol{\beta}_3)=3$,则 $\boldsymbol{\alpha}_1,\boldsymbol{\alpha}_2,\boldsymbol{\alpha}_3$ 可由 $\boldsymbol{\beta}_1,\boldsymbol{\beta}_2,\boldsymbol{\beta}_3$ 线性表示. 因此,向量组(Ⅰ)与(Ⅱ)等价.

(2) 当 $a=-1$ 时,有

$$(\boldsymbol{\alpha}_1,\boldsymbol{\alpha}_2,\boldsymbol{\alpha}_3,\boldsymbol{\beta}_1,\boldsymbol{\beta}_2,\boldsymbol{\beta}_3)\sim\begin{pmatrix}1&0&2&-1&1&1\\0&1&-1&2&1&1\\0&0&0&-2&0&2\end{pmatrix}.$$

由于秩 $r(\boldsymbol{\alpha}_1,\boldsymbol{\alpha}_2,\boldsymbol{\alpha}_3)\neq r(\boldsymbol{\alpha}_1,\boldsymbol{\alpha}_2,\boldsymbol{\alpha}_3,\boldsymbol{\beta}_1)$,故 $\boldsymbol{\beta}_1$ 不能由$\boldsymbol{\alpha}_1,\boldsymbol{\alpha}_2,\boldsymbol{\alpha}_3$ 线性表示,故向量组(Ⅰ)与(Ⅱ)不等价.

例 6 求证:n 维列向量组 $\boldsymbol{\alpha}_1,\boldsymbol{\alpha}_2,\cdots,\boldsymbol{\alpha}_n$ 线性无关的充要条件是

$$D=\begin{vmatrix}\boldsymbol{\alpha}_1^{\mathrm{T}}\boldsymbol{\alpha}_1&\boldsymbol{\alpha}_1^{\mathrm{T}}\boldsymbol{\alpha}_2&\cdots&\boldsymbol{\alpha}_1^{\mathrm{T}}\boldsymbol{\alpha}_n\\\boldsymbol{\alpha}_2^{\mathrm{T}}\boldsymbol{\alpha}_1&\boldsymbol{\alpha}_2^{\mathrm{T}}\boldsymbol{\alpha}_2&\cdots&\boldsymbol{\alpha}_2^{\mathrm{T}}\boldsymbol{\alpha}_n\\\vdots&\vdots&&\vdots\\\boldsymbol{\alpha}_n^{\mathrm{T}}\boldsymbol{\alpha}_1&\boldsymbol{\alpha}_n^{\mathrm{T}}\boldsymbol{\alpha}_2&\cdots&\boldsymbol{\alpha}_n^{\mathrm{T}}\boldsymbol{\alpha}_n\end{vmatrix}\neq0,$$

其中 $\boldsymbol{\alpha}_i^{\mathrm{T}}$ 表示 $\boldsymbol{\alpha}_i$ 的转置.

证 设 $\boldsymbol{A}=(\boldsymbol{\alpha}_1,\boldsymbol{\alpha}_2,\cdots,\boldsymbol{\alpha}_n)$,则 $\boldsymbol{\alpha}_1,\boldsymbol{\alpha}_2,\cdots,\boldsymbol{\alpha}_n$ 线性无关的充要条件是 $|\boldsymbol{A}|\neq0$.

$$\text{由 }\boldsymbol{A}^{\mathrm{T}}=\begin{pmatrix}\boldsymbol{\alpha}_1^{\mathrm{T}}\\\boldsymbol{\alpha}_2^{\mathrm{T}}\\\vdots\\\boldsymbol{\alpha}_n^{\mathrm{T}}\end{pmatrix},\text{得}\quad\boldsymbol{A}^{\mathrm{T}}\boldsymbol{A}=\begin{pmatrix}\boldsymbol{\alpha}_1^{\mathrm{T}}\boldsymbol{\alpha}_1&\boldsymbol{\alpha}_1^{\mathrm{T}}\boldsymbol{\alpha}_2&\cdots&\boldsymbol{\alpha}_1^{\mathrm{T}}\boldsymbol{\alpha}_n\\\boldsymbol{\alpha}_2^{\mathrm{T}}\boldsymbol{\alpha}_1&\boldsymbol{\alpha}_2^{\mathrm{T}}\boldsymbol{\alpha}_2&\cdots&\boldsymbol{\alpha}_2^{\mathrm{T}}\boldsymbol{\alpha}_n\\\vdots&\vdots&&\vdots\\\boldsymbol{\alpha}_n^{\mathrm{T}}\boldsymbol{\alpha}_1&\boldsymbol{\alpha}_n^{\mathrm{T}}\boldsymbol{\alpha}_2&\cdots&\boldsymbol{\alpha}_n^{\mathrm{T}}\boldsymbol{\alpha}_n\end{pmatrix}.\text{则}$$

$$D=|\boldsymbol{A}^{\mathrm{T}}\boldsymbol{A}|=|\boldsymbol{A}^{\mathrm{T}}|\,|\boldsymbol{A}|=|\boldsymbol{A}|^2.$$

因此

$$D\neq0\Leftrightarrow|\boldsymbol{A}|\neq0,$$

所以 $\boldsymbol{\alpha}_1,\boldsymbol{\alpha}_2,\cdots,\boldsymbol{\alpha}_n$ 线性无关的充要条件是 $D\neq0$.

例 7　设向量组的秩满足 $r(\boldsymbol{\alpha}_1,\boldsymbol{\alpha}_2,\boldsymbol{\alpha}_3)=r(\boldsymbol{\alpha}_1,\boldsymbol{\alpha}_2,\boldsymbol{\alpha}_3,\boldsymbol{\alpha}_4)=3$, $r(\boldsymbol{\alpha}_1,\boldsymbol{\alpha}_2,\boldsymbol{\alpha}_3,\boldsymbol{\alpha}_4,\boldsymbol{\alpha}_5)=4$,证明:$r(\boldsymbol{\alpha}_1,\boldsymbol{\alpha}_2,\boldsymbol{\alpha}_3,\boldsymbol{\alpha}_5-\boldsymbol{\alpha}_4)=4$.

证　设

$$\lambda_1\boldsymbol{\alpha}_1+\lambda_2\boldsymbol{\alpha}_2+\lambda_3\boldsymbol{\alpha}_3+\lambda_4(\boldsymbol{\alpha}_5-\boldsymbol{\alpha}_4)=\boldsymbol{0}, \tag{3.11}$$

由 $r(\boldsymbol{\alpha}_1,\boldsymbol{\alpha}_2,\boldsymbol{\alpha}_3)=r(\boldsymbol{\alpha}_1,\boldsymbol{\alpha}_2,\boldsymbol{\alpha}_3,\boldsymbol{\alpha}_4)=3$,知 $\boldsymbol{\alpha}_1,\boldsymbol{\alpha}_2,\boldsymbol{\alpha}_3$ 线性无关,$\boldsymbol{\alpha}_1,\boldsymbol{\alpha}_2,\boldsymbol{\alpha}_3,\boldsymbol{\alpha}_4$ 线性相关,则 $\boldsymbol{\alpha}_4$ 可由 $\boldsymbol{\alpha}_1,\boldsymbol{\alpha}_2,\boldsymbol{\alpha}_3$ 线性表示. 设

$$\boldsymbol{\alpha}_4=l_1\boldsymbol{\alpha}_1+l_2\boldsymbol{\alpha}_2+l_3\boldsymbol{\alpha}_3,$$

代入(3.11)式,得

$$(\lambda_1-\lambda_4l_1)\boldsymbol{\alpha}_1+(\lambda_2-\lambda_4l_2)\boldsymbol{\alpha}_2+(\lambda_3-\lambda_4l_3)\boldsymbol{\alpha}_3+\lambda_4\boldsymbol{\alpha}_5=\boldsymbol{0},$$

由 $r(\boldsymbol{\alpha}_1,\boldsymbol{\alpha}_2,\boldsymbol{\alpha}_3,\boldsymbol{\alpha}_4,\boldsymbol{\alpha}_5)=4$ 且 $\boldsymbol{\alpha}_1,\boldsymbol{\alpha}_2,\boldsymbol{\alpha}_3,\boldsymbol{\alpha}_4$ 线性相关,可知 $\boldsymbol{\alpha}_1,\boldsymbol{\alpha}_2,\boldsymbol{\alpha}_3,\boldsymbol{\alpha}_5$ 线性无关,否则 $\boldsymbol{\alpha}_5$ 也能由 $\boldsymbol{\alpha}_1,\boldsymbol{\alpha}_2,\boldsymbol{\alpha}_3$ 线性表示,与秩为 4 矛盾. 因此

$$\begin{cases}\lambda_1-\lambda_4l_1=0,\\ \lambda_2-\lambda_4l_2=0,\\ \lambda_3-\lambda_4l_3=0,\\ \lambda_4=0,\end{cases}$$

得 $\lambda_1=\lambda_2=\lambda_3=\lambda_4=0$,从而可知 $\boldsymbol{\alpha}_1,\boldsymbol{\alpha}_2,\boldsymbol{\alpha}_3,\boldsymbol{\alpha}_5-\boldsymbol{\alpha}_4$ 线性无关,所以

$$r(\boldsymbol{\alpha}_1,\boldsymbol{\alpha}_2,\boldsymbol{\alpha}_3,\boldsymbol{\alpha}_5-\boldsymbol{\alpha}_4)=4.$$

例 8　设 $\boldsymbol{A}$ 为 $m\times n$ 矩阵,$\boldsymbol{B}$ 为 $n\times m$ 矩阵,$\boldsymbol{E}$ 是 n 阶单位矩阵($m>n$),且 $\boldsymbol{BA}=\boldsymbol{E}$,判断 $\boldsymbol{A}$ 的列向量组的线性相关性,为什么?

解　设 $\boldsymbol{A}=(\boldsymbol{\alpha}_1,\boldsymbol{\alpha}_2,\cdots,\boldsymbol{\alpha}_n)$,其中 $\boldsymbol{\alpha}_1,\boldsymbol{\alpha}_2,\cdots,\boldsymbol{\alpha}_n$ 为 m 维列向量. 令

$$\lambda_1\boldsymbol{\alpha}_1+\lambda_2\boldsymbol{\alpha}_2+\cdots+\lambda_n\boldsymbol{\alpha}_n=\boldsymbol{0},$$

即

$$(\boldsymbol{\alpha}_1,\boldsymbol{\alpha}_2,\cdots,\boldsymbol{\alpha}_n)\cdot(\lambda_1,\lambda_2,\cdots,\lambda_n)^{\mathrm{T}}=\boldsymbol{0},$$

所以

$$\boldsymbol{A}(\lambda_1,\lambda_2,\cdots,\lambda_n)^{\mathrm{T}}=\boldsymbol{0},$$

则

$$\boldsymbol{BA}(\lambda_1,\lambda_2,\cdots,\lambda_n)^{\mathrm{T}}=\boldsymbol{0},$$

又 $\boldsymbol{BA}=\boldsymbol{E}$,则

$$(\lambda_1,\lambda_2,\cdots,\lambda_n)^{\mathrm{T}}=\boldsymbol{0},$$

从而 $\lambda_1=\lambda_2=\cdots=\lambda_n=0$,即 $\boldsymbol{A}$ 的列向量组线性无关.

习　题　三

1. 设 $\boldsymbol{\alpha}_1=(1,1,0)$,$\boldsymbol{\alpha}_2=(0,1,1)$,$\boldsymbol{\alpha}_3=(3,4,0)$,求 $\boldsymbol{\alpha}_1-\boldsymbol{\alpha}_2$ 及 $3\boldsymbol{\alpha}_1+2\boldsymbol{\alpha}_2-\boldsymbol{\alpha}_3$.

2. 设 $3(\boldsymbol{\alpha}_1-\boldsymbol{\alpha})+2(\boldsymbol{\alpha}_2+\boldsymbol{\alpha})=5(\boldsymbol{\alpha}_3+\boldsymbol{\alpha})$,其中 $\boldsymbol{\alpha}_1=(2,5,1,3)$,$\boldsymbol{\alpha}_2=(10,1,5,10)$,$\boldsymbol{\alpha}_3=(4,1,-1,1)$,求 $\boldsymbol{\alpha}$.

3. 设有向量组

$$\boldsymbol{\alpha}_1=(3,2,5),\quad \boldsymbol{\alpha}_2=(2,4,7),\quad \boldsymbol{\alpha}_3=(5,6,\lambda),\quad \boldsymbol{\beta}=(1,3,5).$$

当 λ 为何值时,$\boldsymbol{\beta}$ 能由 $\boldsymbol{\alpha}_1,\boldsymbol{\alpha}_2,\boldsymbol{\alpha}_3$ 线性表示?

4. 设向量 $\boldsymbol{x}$ 可由 $\boldsymbol{\alpha}_1,\boldsymbol{\alpha}_2,\cdots,\boldsymbol{\alpha}_r$ 线性表示,$\boldsymbol{\alpha}_1,\boldsymbol{\alpha}_2,\cdots,\boldsymbol{\alpha}_r$ 可由 $\boldsymbol{\beta}_1,\boldsymbol{\beta}_2,\cdots,\boldsymbol{\beta}_s$ 线性表示,证明:$\boldsymbol{x}$ 可由 $\boldsymbol{\beta}_1,\boldsymbol{\beta}_2,\cdots,\boldsymbol{\beta}_s$ 线性表示.

5. 设 $\boldsymbol{\beta}_1=\boldsymbol{\alpha}_1+\boldsymbol{\alpha}_2$,$\boldsymbol{\beta}_2=\boldsymbol{\alpha}_2+\boldsymbol{\alpha}_3$,$\boldsymbol{\beta}_3=\boldsymbol{\alpha}_3+\boldsymbol{\alpha}_4$,$\boldsymbol{\beta}_4=\boldsymbol{\alpha}_4+\boldsymbol{\alpha}_1$,证明:向量组 $\boldsymbol{\beta}_1,\boldsymbol{\beta}_2,\boldsymbol{\beta}_3,\boldsymbol{\beta}_4$ 线性相关.

6. 设 $\boldsymbol{\beta}_1=\boldsymbol{\alpha}_1$,$\boldsymbol{\beta}_2=\boldsymbol{\alpha}_1+\boldsymbol{\alpha}_2$,$\cdots$,$\boldsymbol{\beta}_r=\boldsymbol{\alpha}_1+\boldsymbol{\alpha}_2+\cdots+\boldsymbol{\alpha}_r$,且向量组 $\boldsymbol{\alpha}_1,\boldsymbol{\alpha}_2,\cdots,\boldsymbol{\alpha}_r$ 线性无关,证明:向量组 $\boldsymbol{\beta}_1,\boldsymbol{\beta}_2,\cdots,\boldsymbol{\beta}_r$ 线性无关.

7. 讨论下列向量组的线性相关性.

(1) $\boldsymbol{\alpha}_1=(1,1,1)$,$\boldsymbol{\alpha}_2=(0,2,5)$,$\boldsymbol{\alpha}_3=(1,3,6)$;

(2) $\boldsymbol{\alpha}_1=(1,1,0)$,$\boldsymbol{\alpha}_2=(0,2,0)$,$\boldsymbol{\alpha}_3=(0,0,1)$.

8. 设 $\boldsymbol{\alpha}_1=(1,1,1)^{\mathrm{T}}$,$\boldsymbol{\alpha}_2=(1,2,3)^{\mathrm{T}}$,$\boldsymbol{\alpha}_3=(1,3,t)^{\mathrm{T}}$.

(1) 当 t 为何值时,向量组 $\boldsymbol{\alpha}_1,\boldsymbol{\alpha}_2,\boldsymbol{\alpha}_3$ 线性相关?

(2) 当 t 为何值时,向量组 $\boldsymbol{\alpha}_1,\boldsymbol{\alpha}_2,\boldsymbol{\alpha}_3$ 线性无关?

(3) 当向量组 $\boldsymbol{\alpha}_1,\boldsymbol{\alpha}_2,\boldsymbol{\alpha}_3$ 线性相关时,将 $\boldsymbol{\alpha}_3$ 表示为 $\boldsymbol{\alpha}_1$ 和 $\boldsymbol{\alpha}_2$ 的线性组合.

9. 已知向量组 $\boldsymbol{\alpha}_1=(1,1,2,1)$,$\boldsymbol{\alpha}_2=(1,0,0,2)$,$\boldsymbol{\alpha}_3=(-1,-4,-8,k)$线性相关,求 k 值.

10. 设向量组 $\boldsymbol{\alpha}_1,\boldsymbol{\alpha}_2,\boldsymbol{\alpha}_3,\boldsymbol{\alpha}_4$ 线性相关,但其中任意三个向量线性无关,证明:存在一组全不为零的数 $\lambda_1,\lambda_2,\lambda_3,\lambda_4$,使 $\lambda_1\boldsymbol{\alpha}_1+\lambda_2\boldsymbol{\alpha}_2+\lambda_3\boldsymbol{\alpha}_3+\lambda_4\boldsymbol{\alpha}_4=\mathbf{0}$.

11. 设向量组 $\boldsymbol{\alpha}_1,\boldsymbol{\alpha}_2,\cdots,\boldsymbol{\alpha}_m$ 线性无关,向量 $\boldsymbol{\beta}_1$ 可由它们线性表示,向量 $\boldsymbol{\beta}_2$ 不能由它们线性表示,证明:向量组 $\boldsymbol{\alpha}_1,\boldsymbol{\alpha}_2,\cdots,\boldsymbol{\alpha}_m,\lambda\boldsymbol{\beta}_1+\boldsymbol{\beta}_2$($\lambda$ 为常数)线性无关.

12. 设向量组 $\boldsymbol{\alpha}_1,\boldsymbol{\alpha}_2,\cdots,\boldsymbol{\alpha}_{m-1}$($m\geqslant 3$)线性相关,向量组 $\boldsymbol{\alpha}_2,\boldsymbol{\alpha}_3,\cdots,\boldsymbol{\alpha}_m$ 线性无关,试讨论:

(1) $\boldsymbol{\alpha}_1$ 能否由 $\boldsymbol{\alpha}_2,\boldsymbol{\alpha}_3,\cdots,\boldsymbol{\alpha}_{m-1}$ 线性表示?

(2) $\boldsymbol{\alpha}_m$ 能否由 $\boldsymbol{\alpha}_1,\boldsymbol{\alpha}_2,\cdots,\boldsymbol{\alpha}_{m-1}$ 线性表示?

13. 设 $\boldsymbol{\alpha}_1,\boldsymbol{\alpha}_2,\cdots,\boldsymbol{\alpha}_n$ 是一组 n 维向量,已知 n 维单位向量组 $\boldsymbol{\varepsilon}_1,\boldsymbol{\varepsilon}_2,\cdots,\boldsymbol{\varepsilon}_n$ 能由它们线性表示,证明 $\boldsymbol{\alpha}_1,\boldsymbol{\alpha}_2,\cdots,\boldsymbol{\alpha}_n$ 线性无关.

14. 设向量组 $\boldsymbol{\alpha}_1,\boldsymbol{\alpha}_2,\cdots,\boldsymbol{\alpha}_n$ 是一组 n 维向量,证明:它们线性无关的充要条件是任一 n 维向量都能由它们线性表示.

15. 试用施密特正交化法把下列向量组正交化.

(1) $\boldsymbol{\alpha}_1=(1,1,1)^{\mathrm{T}}$,$\boldsymbol{\alpha}_2=(1,2,3)^{\mathrm{T}}$,$\boldsymbol{\alpha}_3=(1,4,9)^{\mathrm{T}}$;

(2) $\boldsymbol{\alpha}_1=(1,0,-1,1)^{\mathrm{T}}$,$\boldsymbol{\alpha}_2=(1,-1,0,1)^{\mathrm{T}}$,$\boldsymbol{\alpha}_3=(-1,1,1,0)^{\mathrm{T}}$.

16. 设向量组 $\boldsymbol{A}$:$\boldsymbol{\alpha}_1,\boldsymbol{\alpha}_2,\cdots,\boldsymbol{\alpha}_s$ 的秩为 r_1，向量组 $\boldsymbol{B}$:$\boldsymbol{\beta}_1,\boldsymbol{\beta}_2,\cdots,\boldsymbol{\beta}_t$ 的秩为 r_2，向量组 $\boldsymbol{C}$:$\boldsymbol{\alpha}_1,\boldsymbol{\alpha}_2,\cdots,\boldsymbol{\alpha}_s,\boldsymbol{\beta}_1,\boldsymbol{\beta}_2,\cdots,\boldsymbol{\beta}_t$ 的秩为 r_3，证明：

$$\max\{r_1,r_2\}\leqslant r_3\leqslant r_1+r_2.$$

17. 用矩阵的秩判别下列各向量组的线性相关性.

(1) $\boldsymbol{\alpha}_1=(3,1,0,2)^{\mathrm{T}},\boldsymbol{\alpha}_2=(1,-1,2,-1)^{\mathrm{T}},\boldsymbol{\alpha}_3=(1,3,-4,4)^{\mathrm{T}}$；

(2) $\boldsymbol{\alpha}_1=(1,0,1)^{\mathrm{T}},\boldsymbol{\alpha}_2=(2,2,0)^{\mathrm{T}},\boldsymbol{\alpha}_3=(0,3,3)^{\mathrm{T}}$；

(3) $\boldsymbol{\alpha}_1=(2,4,1,1,0)^{\mathrm{T}},\boldsymbol{\alpha}_2=(1,-2,0,1,1)^{\mathrm{T}},\boldsymbol{\alpha}_3=(1,3,1,0,1)^{\mathrm{T}}$.

18. 求作一个秩为 4 的方阵，它的两个行向量是

$$(1,0,1,0,0),\quad (1,-1,0,0,0).$$

19. 设矩阵 $\boldsymbol{A},\boldsymbol{B}$ 是同型矩阵，证明：

$$r(\boldsymbol{A}\pm\boldsymbol{B})\leqslant r(\boldsymbol{A})+r(\boldsymbol{B}).$$

20. 求向量组 $\boldsymbol{\alpha}_1=(1,-1,5,-1),\boldsymbol{\alpha}_2=(1,1,-2,3),\boldsymbol{\alpha}_3=(3,-1,8,1),\boldsymbol{\alpha}_4=(1,3,-9,7)$所有的极大线性无关组.

21. 求下列向量组的秩和一个极大线性无关组，并把其余向量用极大线性无关组表示出来.

(1) $\boldsymbol{\alpha}_1=(1,2,1,3),\boldsymbol{\alpha}_2=(4,-1,-5,-6),\boldsymbol{\alpha}_3=(-1,-3,-4,-7),\boldsymbol{\alpha}_4=(2,1,2,3)$；

(2) $\boldsymbol{\alpha}_1=(1,3,2,0),\boldsymbol{\alpha}_2=(7,0,14,3),\boldsymbol{\alpha}_3=(2,-1,0,1),\boldsymbol{\alpha}_4=(5,1,6,2),\boldsymbol{\alpha}_5=(2,-1,4,1)$；

(3) $\boldsymbol{\alpha}_1=(1,2,1,2),\boldsymbol{\alpha}_2=(1,0,3,1),\boldsymbol{\alpha}_3=(2,-1,0,1),\boldsymbol{\alpha}_4=(2,1,-2,2),\boldsymbol{\alpha}_5=(2,2,4,3)$.

22. 设向量组 $\boldsymbol{\alpha}_1=(1,0,1)^{\mathrm{T}},\boldsymbol{\alpha}_2=(0,1,1)^{\mathrm{T}},\boldsymbol{\alpha}_3=(1,3,5)^{\mathrm{T}}$ 不能由向量组 $\boldsymbol{\beta}_1=(1,1,1)^{\mathrm{T}},\boldsymbol{\beta}_2=(1,2,3)^{\mathrm{T}},\boldsymbol{\beta}_3=(3,4,a)^{\mathrm{T}}$ 线性表示，

(1) 求 a 的值；

(2) 将 $\boldsymbol{\beta}_1,\boldsymbol{\beta}_2,\boldsymbol{\beta}_3$ 用 $\boldsymbol{\alpha}_1,\boldsymbol{\alpha}_2,\boldsymbol{\alpha}_3$ 线性表示.

23. 设 $\boldsymbol{A}$ 和 $\boldsymbol{B}$ 都是 $m\times n$ 矩阵，证明：矩阵 $\boldsymbol{A}$ 和 $\boldsymbol{B}$ 等价的充分必要条件是 $r(\boldsymbol{A})=r(\boldsymbol{B})$.

24. 计算：

(1) 设 $\boldsymbol{A}$ 为三阶矩阵，$\boldsymbol{A}=(\boldsymbol{A}_1,\boldsymbol{A}_2,\boldsymbol{A}_3)$，$\boldsymbol{A}_i(i=1,2,3)$是 $\boldsymbol{A}$ 的第 i 个列向量，且 $|\boldsymbol{A}|=3$，求 $|2\boldsymbol{A}_2,2\boldsymbol{A}_1-\boldsymbol{A}_2,-\boldsymbol{A}_3|$ 的值；

(2) 设四阶矩阵 $\boldsymbol{A}=(\boldsymbol{\alpha},-\boldsymbol{r}_2,\boldsymbol{r}_3,-\boldsymbol{r}_4)$，$\boldsymbol{B}=(\boldsymbol{\beta},\boldsymbol{r}_2,-\boldsymbol{r}_3,\boldsymbol{r}_4)$，其中 $\boldsymbol{\alpha},\boldsymbol{\beta},\boldsymbol{r}_2,\boldsymbol{r}_3,\boldsymbol{r}_4$ 均为 4 维列向量，且已知行列式 $|\boldsymbol{A}|=4$，$|\boldsymbol{B}|=1$，求行列式 $|\boldsymbol{A}-\boldsymbol{B}|$ 的值.

25. 验证 $\{\boldsymbol{0}\}$ 是向量空间，其中 $\boldsymbol{0}$ 为 n 维零向量.

26. 验证：

(1) 向量空间必定含有零向量；

(2) 若向量空间含有向量 $\boldsymbol{\alpha}$,则必定含有 $-\boldsymbol{\alpha}$.

27. 设 $\mathbf{R}^3$ 中两组基：(Ⅰ) $\boldsymbol{\alpha}_1=(1,0,1)^{\mathrm{T}}$, $\boldsymbol{\alpha}_2=(1,1,-1)^{\mathrm{T}}$, $\boldsymbol{\alpha}_3=(0,1,0)^{\mathrm{T}}$; (Ⅱ) $\boldsymbol{\beta}_1=(1,-2,1)^{\mathrm{T}}$, $\boldsymbol{\beta}_2=(1,2,-1)^{\mathrm{T}}$, $\boldsymbol{\beta}_3=(0,1,-2)^{\mathrm{T}}$, 求

(1) 由基(Ⅰ)到基(Ⅱ)的过渡矩阵；

(2) 向量 $\boldsymbol{\eta}=3\boldsymbol{\beta}_1+2\boldsymbol{\beta}_3$ 在基(Ⅰ)下的坐标；

(3) 向量 $\boldsymbol{\xi}=(4,1,-2)^{\mathrm{T}}$ 在基(Ⅱ)下的坐标.

第四章　线性方程组

线性方程组是线性代数的核心内容之一，线性代数的许多问题最终都归结为线性方程组. 本章讨论一般的线性方程组有解的条件、解的性质与结构以及求解的方法.

第一节　高斯消元法

在第一章中我们介绍了求解线性方程组的克拉默法则，它要求的条件较高，解的过程也较烦琐.

下面讨论一般的线性方程组

$$\begin{cases} a_{11}x_1+a_{12}x_2+\cdots+a_{1n}x_n=b_1, \\ a_{21}x_1+a_{22}x_2+\cdots+a_{2n}x_n=b_2, \\ \cdots\cdots \\ a_{m1}x_1+a_{m2}x_2+\cdots+a_{mn}x_n=b_m \end{cases} \tag{4.1}$$

的求解问题，方程组(4.1)的矩阵形式为

$$\boldsymbol{A}\boldsymbol{x}=\boldsymbol{b},$$

其中

$$\boldsymbol{A}=\begin{pmatrix} a_{11} & a_{12} & \cdots & a_{1n} \\ a_{21} & a_{22} & \cdots & a_{2n} \\ \vdots & \vdots & & \vdots \\ a_{m1} & a_{m2} & \cdots & a_{mn} \end{pmatrix}$$

称为**系数矩阵**，$\boldsymbol{b}=(b_1,b_2,\cdots,b_m)^{\mathrm{T}}$，$\boldsymbol{x}=(x_1,x_2,\cdots,x_n)^{\mathrm{T}}$.

称矩阵

$$\widetilde{\boldsymbol{A}}=(\boldsymbol{A},\boldsymbol{b})=\left(\begin{array}{cccc:c} a_{11} & a_{12} & \cdots & a_{1n} & b_1 \\ a_{21} & a_{22} & \cdots & a_{2n} & b_2 \\ \vdots & \vdots & & \vdots & \vdots \\ a_{m1} & a_{m2} & \cdots & a_{mn} & b_m \end{array}\right)$$

为线性方程组(4.1)的**增广矩阵**.

显然，方程组与其增广矩阵构成一一对应关系.

消元法的基本思想是通过同解变换把方程组化成容易求解的阶梯形方程组.

例 1 解线性方程组

$$\begin{cases}2x_1+2x_2-x_3=6,\\ x_1-2x_2+4x_3=3,\\ 5x_1+7x_2+x_3=28.\end{cases} \tag{4.2}$$

解 方程组(4.2)中第二个与第三个方程分别减去第一个方程组的$\frac{1}{2}$倍与$\frac{5}{2}$倍,得

$$\begin{cases}2x_1+2x_2-x_3=6,\\ -3x_2+\frac{9}{2}x_3=0,\\ 2x_2+\frac{7}{2}x_3=13.\end{cases} \tag{4.3}$$

再将方程组(4.3)中第三个方程加上第二个方程的$\frac{2}{3}$倍,得

$$\begin{cases}2x_1+2x_2-x_3=6,\\ -3x_2+\frac{9}{2}x_3=0,\\ \frac{13}{2}x_3=13.\end{cases} \tag{4.4}$$

方程组(4.4)是一个阶梯形方程组,从第三个方程可以得到 x_3 的值,然后再逐次代入前两个方程,求出 x_2,x_1,得

$$\begin{cases}x_1=1,\\ x_2=3,\\ x_3=2.\end{cases}$$

这种解法称为**高斯消元法**,它分为消元过程和回代过程两部分.

上面的求解过程也可以用方程组(4.2)的增广矩阵的初等行变换来表示:

$$(\boldsymbol{A},\boldsymbol{b})=\left(\begin{array}{ccc:c}2&2&-1&6\\1&-2&4&3\\5&7&1&28\end{array}\right)\sim\left(\begin{array}{ccc:c}2&2&-1&6\\0&-3&\frac{9}{2}&0\\0&2&\frac{7}{2}&13\end{array}\right)$$

$$\sim\left(\begin{array}{ccc:c}2&2&-1&6\\0&-3&\frac{9}{2}&0\\0&0&1&2\end{array}\right)\sim\left(\begin{array}{ccc:c}2&2&0&8\\0&-3&0&-9\\0&0&1&2\end{array}\right)$$

$$\sim\left(\begin{array}{ccc:c}2&0&0&2\\0&1&0&3\\0&0&1&2\end{array}\right)\sim\left(\begin{array}{ccc:c}1&0&0&1\\0&1&0&3\\0&0&1&2\end{array}\right),$$

由最后一个矩阵得到方程组的解

$$x_1=1,\quad x_2=3,\quad x_3=2.$$

由上面的例子可以看出.解线性方程组时,只需写出方程组的增广矩阵,再对增广矩阵施行初等行变换,化成行最简形阶梯矩阵即可.

不失一般性,假设线性方程组(4.1)的增广矩阵 $\widetilde{\boldsymbol{A}}=(\boldsymbol{A},\boldsymbol{b})$ 经初等行变换(如有必要,可重新安排方程组中未知量的次序),化成如下的行最简形阶梯矩阵

$$\widetilde{\boldsymbol{A}}\sim\left(\begin{array}{ccccccc:c}1 & 0 & \cdots & 0 & c_{11} & \cdots & c_{1,n-r} & d_1\\ 0 & 1 & \cdots & 0 & c_{21} & \cdots & c_{2,n-r} & d_2\\ \vdots & \vdots & & \vdots & \vdots & & \vdots & \vdots\\ 0 & 0 & \cdots & 1 & c_{r1} & \cdots & c_{r,n-r} & d_r\\ 0 & 0 & \cdots & 0 & 0 & \cdots & 0 & d_{r+1}\\ 0 & 0 & \cdots & 0 & 0 & \cdots & 0 & 0\\ \vdots & \vdots & & \vdots & \vdots & & \vdots & \vdots\\ 0 & 0 & \cdots & 0 & 0 & \cdots & 0 & 0\end{array}\right),\tag{4.5}$$

对应的线性方程组为

$$\begin{cases}x_1+c_{11}x_{r+1}+\cdots+c_{1,n-r}x_n=d_1,\\ x_2+c_{21}x_{r+1}+\cdots+c_{2,n-r}x_n=d_2,\\ \qquad\cdots\cdots\\ x_r+c_{r1}x_{r+1}+\cdots+c_{r,n-r}x_n=d_r,\\ \qquad\qquad\qquad 0=d_{r+1}.\end{cases}\tag{4.6}$$

显然,方程组(4.6)与方程组(4.1)为同解方程组.

由方程组(4.6)可直接得到:

(1) 如果方程组(4.6)中 $d_{r+1}\neq 0$,则方程组无解.

(2) 如果方程组(4.6)中 $d_{r+1}=0$,又有以下两种情况:

① 若 $r=n$,则方程组有唯一解

$$x_1=d_1,x_2=d_2,\cdots,x_n=d_n;$$

② 若 $r<n$,则将 $x_{r+1},x_{r+2},\cdots,x_n$ 作为自由未知量,方程组(4.6)变为

$$\begin{cases}x_1=d_1-c_{11}x_{r+1}-\cdots-c_{1,n-r}x_n,\\ x_2=d_2-c_{21}x_{r+1}-\cdots-c_{2,n-r}x_n,\\ \qquad\cdots\cdots\\ x_r=d_r-c_{r1}x_{r+1}-\cdots-c_{r,n-r}x_n,\end{cases}\tag{4.7}$$

对自由变量 $(x_{r+1},x_{r+2},\cdots,x_n)$ 的每一组取值,约束变量 $(x_1,x_2,\cdots,x_r)$ 对应的值是唯一确定的,因此方程组有无穷多个解.

特别,当方程组(4.1)为齐次线性方程组,即 $b_1=b_2=\cdots=b_m=0$ 时,则

(1) 若 $r=n$,齐次线性方程组只有零解;

(2) 若 $r<n$,齐次线性方程组有无穷多个非零解.

下面,我们将利用矩阵与向量理论,对线性方程组进行更深入的分析,对有解的条件及解的性质与结构进行详细的讨论.首先我们讨论齐次线性方程组.

第二节　齐次线性方程组

齐次线性方程组

$$\begin{cases} a_{11}x_1+a_{12}x_2+\cdots+a_{1n}x_n=0, \\ a_{21}x_1+a_{22}x_2+\cdots+a_{2n}x_n=0, \\ \cdots\cdots \\ a_{m1}x_1+a_{m2}x_2+\cdots+a_{mn}x_n=0 \end{cases} \tag{4.8}$$

的矩阵形式为

$$\boldsymbol{A}\boldsymbol{x}=\boldsymbol{0}, \tag{4.9}$$

其中

$$\boldsymbol{A}=(a_{ij})_{m\times n}, \quad \boldsymbol{x}=(x_1,x_2,\cdots,x_n)^{\mathrm{T}}.$$

由于 $\boldsymbol{x}=\boldsymbol{0}$ 总是(4.9)的解,所以,对齐次线性方程组,需研究在什么情况下有非零解,以及在有非零解时如何求出其所有解.

把方程组(4.8)写成向量形式

$$x_1\boldsymbol{\alpha}_1+x_2\boldsymbol{\alpha}_2+\cdots+x_n\boldsymbol{\alpha}_n=\boldsymbol{0}, \tag{4.10}$$

其中

$$\boldsymbol{\alpha}_j=(a_{1j},a_{2j},\cdots,a_{mj})^{\mathrm{T}}.$$

如果方程组(4.8)有非零解

$$\boldsymbol{x}=(c_1,c_2,\cdots,c_n)^{\mathrm{T}},$$

则存在一组不全为 0 的常数 $c_1,c_2,\cdots,c_n$,使得

$$c_1\boldsymbol{\alpha}_1+c_2\boldsymbol{\alpha}_2+\cdots+c_n\boldsymbol{\alpha}_n=\boldsymbol{0},$$

于是向量组 $\boldsymbol{\alpha}_1,\boldsymbol{\alpha}_2,\cdots,\boldsymbol{\alpha}_n$ 线性相关,即方程组(4.8)的系数矩阵 $\boldsymbol{A}$ 的列向量组线性相关,反之亦然,从而可得

定理 4.1　n 元齐次线性方程组 $\boldsymbol{A}\boldsymbol{x}=\boldsymbol{0}$ 存在非零解的充要条件是系数矩阵 $\boldsymbol{A}$ 的秩 $r(\boldsymbol{A})<n$,也即 $\boldsymbol{A}\boldsymbol{x}=\boldsymbol{0}$ 只有零解的充要条件是 $r(\boldsymbol{A})=n$.

推论 4.1　齐次线性方程组 $\boldsymbol{A}\boldsymbol{x}=\boldsymbol{0}$ 有非零解的充要条件是系数矩阵 $\boldsymbol{A}$ 的列向量组线性相关;只有零解的充要条件是系数矩阵 $\boldsymbol{A}$ 的列向量组线性无关.

推论 4.2　当 $\boldsymbol{A}$ 为方阵时,齐次线性方程组 $\boldsymbol{A}\boldsymbol{x}=\boldsymbol{0}$ 有非零解的充要条件是系数行列式 $|\boldsymbol{A}|=0$;只有零解的充要条件是系数行列式 $|\boldsymbol{A}|\neq 0$.

利用方程组的矩阵形式(4.9),可得齐次线性方程组的解有如下结构.

定理 4.2　若 $\boldsymbol{x}=\boldsymbol{\xi}_1,\boldsymbol{x}=\boldsymbol{\xi}_2$ 为齐次线性方程组 $\boldsymbol{A}\boldsymbol{x}=\boldsymbol{0}$ 的两个解,则 $\boldsymbol{x}=\boldsymbol{\xi}_1+\boldsymbol{\xi}_2$

也是 $\boldsymbol{Ax}=\mathbf{0}$ 的解，即齐次线性方程组的任意两个解之和还是它的解.

证　因为

$$\boldsymbol{A}(\boldsymbol{\xi}_1+\boldsymbol{\xi}_2)=\boldsymbol{A}\boldsymbol{\xi}_1+\boldsymbol{A}\boldsymbol{\xi}_2=\mathbf{0}+\mathbf{0}=\mathbf{0},$$

所以 $\boldsymbol{x}=\boldsymbol{\xi}_1+\boldsymbol{\xi}_2$ 也是 $\boldsymbol{Ax}=\mathbf{0}$ 的解.

定理 4.3　若 $\boldsymbol{x}=\boldsymbol{\xi}$ 是齐次线性方程组 $\boldsymbol{Ax}=\mathbf{0}$ 的一个解，k 为任意常数，则 $\boldsymbol{x}=k\boldsymbol{\xi}$ 也是 $\boldsymbol{Ax}=\mathbf{0}$ 的解，即齐次线性方程组的解的任意倍数还是它的解.

证　因为

$$\boldsymbol{A}(k\boldsymbol{\xi})=k(\boldsymbol{A}\boldsymbol{\xi})=k\mathbf{0}=\mathbf{0}.$$

$\boldsymbol{x}=k\boldsymbol{\xi}$ 也是 $\boldsymbol{Ax}=\mathbf{0}$ 的解.

由定理 4.2 与定理 4.3 可知，齐次线性方程组 $\boldsymbol{Ax}=\mathbf{0}$ 的解对加法与数乘运算封闭. 易得，齐次线性方程组 $\boldsymbol{Ax}=\mathbf{0}$ 的解的任意线性组合

$$k_1\boldsymbol{\xi}_1+k_2\boldsymbol{\xi}_2+\cdots+k_r\boldsymbol{\xi}_r$$

也是 $\boldsymbol{Ax}=\mathbf{0}$ 的解，其中 $\boldsymbol{\xi}_i$ 为方程组 $\boldsymbol{Ax}=\mathbf{0}$ 的解，$k_i\,(i=1,2,\cdots,r)$ 为任意常数.

因此，齐次线性方程组 $\boldsymbol{Ax}=\mathbf{0}$ 的所有解恰好构成一个向量空间，称为 $\boldsymbol{Ax}=\mathbf{0}$ 的**解空间**. 如果能求出解空间的一个基，则其通解(全部解)也就求出来了.

定义 4.1　设 $\boldsymbol{\xi}_1,\boldsymbol{\xi}_2,\cdots,\boldsymbol{\xi}_r$ 是 $\boldsymbol{Ax}=\mathbf{0}$ 的解向量，如果：

(ⅰ) $\boldsymbol{\xi}_1,\boldsymbol{\xi}_2,\cdots,\boldsymbol{\xi}_r$ 线性无关；

(ⅱ) $\boldsymbol{Ax}=\mathbf{0}$ 的任一解向量均可由 $\boldsymbol{\xi}_1,\boldsymbol{\xi}_2,\cdots,\boldsymbol{\xi}_r$ 线性表示，

则称 $\boldsymbol{\xi}_1,\boldsymbol{\xi}_2,\cdots,\boldsymbol{\xi}_r$ 为 $\boldsymbol{Ax}=\mathbf{0}$ 的一个**基础解系**.

由定义易知，$\boldsymbol{Ax}=\mathbf{0}$ 的基础解系实际上就是 $\boldsymbol{Ax}=\mathbf{0}$ 的解空间的一个基，即所有解向量集合的一个极大无关组.

定理 4.4　对于 n 元齐次线性方程组 $\boldsymbol{Ax}=\mathbf{0}$，如果 $r(\boldsymbol{A})=r<n$，则方程组的基础解系存在，且含 $n-r$ 个线性无关的解向量，即解空间的维数为 $n-r$.

证　不失一般性，不妨设对 $\boldsymbol{A}$ 施行初等行变换后，将 $\boldsymbol{A}$ 化成如下的行最简形阶梯矩阵

$$\boldsymbol{A}\sim\begin{pmatrix}1 & 0 & \cdots & 0 & c_{11} & \cdots & c_{1,n-r}\\ 0 & 1 & \cdots & 0 & c_{21} & \cdots & c_{2,n-r}\\ \vdots & \vdots & & \vdots & \vdots & & \vdots\\ 0 & 0 & \cdots & 1 & c_{r1} & \cdots & c_{r,n-r}\\ 0 & 0 & \cdots & 0 & 0 & \cdots & 0\\ \vdots & \vdots & & \vdots & \vdots & & \vdots\\ 0 & 0 & \cdots & 0 & 0 & \cdots & 0\end{pmatrix},$$

对应方程组为

$$\begin{cases} x_1 = -c_{11}x_{r+1} - \cdots - c_{1,n-r}x_n, \\ x_2 = -c_{21}x_{r+1} - \cdots - c_{2,n-r}x_n, \\ \quad\cdots\cdots \\ x_r = -c_{r1}x_{r+1} - \cdots - c_{r,n-r}x_n. \end{cases} \tag{4.11}$$

对 $x_{r+1},x_{r+2},\cdots,x_n$ 这 $n-r$ 个自由未知量分别取

$$\begin{pmatrix} x_{r+1} \\ x_{r+2} \\ \vdots \\ x_n \end{pmatrix} = \begin{pmatrix} 1 \\ 0 \\ \vdots \\ 0 \end{pmatrix}, \begin{pmatrix} 0 \\ 1 \\ \vdots \\ 0 \end{pmatrix}, \cdots, \begin{pmatrix} 0 \\ 0 \\ \vdots \\ 1 \end{pmatrix},$$

代入式(4.11),依次可得

$$\begin{pmatrix} x_1 \\ x_2 \\ \vdots \\ x_r \end{pmatrix} = \begin{pmatrix} -c_{11} \\ -c_{21} \\ \vdots \\ -c_{r1} \end{pmatrix}, \begin{pmatrix} -c_{12} \\ -c_{22} \\ \vdots \\ -c_{r2} \end{pmatrix}, \cdots, \begin{pmatrix} -c_{1,n-r} \\ -c_{2,n-r} \\ \vdots \\ -c_{r,n-r} \end{pmatrix}.$$

这样得到 $\boldsymbol{Ax}=\boldsymbol{0}$ 的 $n-r$ 个解向量

$$\boldsymbol{\xi}_1 = \begin{pmatrix} -c_{11} \\ -c_{21} \\ \vdots \\ -c_{r1} \\ 1 \\ 0 \\ \vdots \\ 0 \end{pmatrix}, \boldsymbol{\xi}_2 = \begin{pmatrix} -c_{12} \\ -c_{22} \\ \vdots \\ -c_{r2} \\ 0 \\ 1 \\ \vdots \\ 0 \end{pmatrix}, \cdots, \boldsymbol{\xi}_{n-r} = \begin{pmatrix} -c_{1,n-r} \\ -c_{2,n-r} \\ \vdots \\ -c_{r,n-r} \\ 0 \\ 0 \\ \vdots \\ 1 \end{pmatrix}.$$

下面证明 $\boldsymbol{\xi}_1,\boldsymbol{\xi}_2,\cdots,\boldsymbol{\xi}_{n-r}$ 构成方程组 $\boldsymbol{Ax}=\boldsymbol{0}$ 的一个基础解系.

首先,由于 $n-r$ 维坐标向量组

$$\begin{pmatrix} 1 \\ 0 \\ \vdots \\ 0 \end{pmatrix}, \begin{pmatrix} 0 \\ 1 \\ \vdots \\ 0 \end{pmatrix}, \cdots, \begin{pmatrix} 0 \\ 0 \\ \vdots \\ 1 \end{pmatrix}$$

线性无关,则在每个向量前面添加 r 个分量而得到的 $n-r$ 个 n 维向量 $\boldsymbol{\xi}_1,\boldsymbol{\xi}_2,\cdots,\boldsymbol{\xi}_{n-r}$ 也线性无关.

再证 $\boldsymbol{Ax}=\boldsymbol{0}$ 的任一解都可由 $\boldsymbol{\xi}_1,\boldsymbol{\xi}_2,\cdots,\boldsymbol{\xi}_{n-r}$ 线性表示. 设 $\boldsymbol{Ax}=\boldsymbol{0}$ 的任一解为

$$\boldsymbol{\xi}=(\lambda_1,\lambda_2,\cdots,\lambda_r,\lambda_{r+1},\cdots,\lambda_n)^{\mathrm{T}}.$$

作向量

$$\boldsymbol{\eta}=\lambda_{r+1}\boldsymbol{\xi}_1+\lambda_{r+2}\boldsymbol{\xi}_2+\cdots+\lambda_n\boldsymbol{\xi}_{n-r},$$

由于 $\boldsymbol{\xi}_1,\boldsymbol{\xi}_2,\cdots,\boldsymbol{\xi}_{n-r}$ 是 $\boldsymbol{Ax}=\boldsymbol{0}$ 的解，则 $\boldsymbol{\eta}$ 也是 $\boldsymbol{Ax}=\boldsymbol{0}$ 的解，比较 $\boldsymbol{\eta}$ 与 $\boldsymbol{\xi}$，知它们后面的 $n-r$ 个分量对应相等，又由于它们都满足方程组(4.11)，从而知它们前面的 r 个分量亦对应相等，因此 $\boldsymbol{\eta}=\boldsymbol{\xi}$，即

$$\boldsymbol{\xi}=\lambda_{r+1}\boldsymbol{\xi}_1+\lambda_{r+2}\boldsymbol{\xi}_2+\cdots+\lambda_n\boldsymbol{\xi}_{n-r},$$

这样就证明了 $\boldsymbol{\xi}_1,\boldsymbol{\xi}_2,\cdots,\boldsymbol{\xi}_{n-r}$ 是 $\boldsymbol{Ax}=\boldsymbol{0}$ 一个基础解系，这 $n-r$ 个解向量构成了解空间的一个基.

注　(1) 方程组(4.8)与方程组(4.11)是同解的，当 $r(\boldsymbol{A})=r<m$(方程个数)时，说明方程组(4.8)中有多余的方程(即去掉此方程不影响方程组的解)，有多少多余方程，哪些是多余方程请读者思考；而当 $r(\boldsymbol{A})=r<n$(未知量个数)时，方程组有无穷多的非零解.

(2) 定理的证明过程提供了求 $\boldsymbol{Ax}=\boldsymbol{0}$ 的基础解系的一种方法，当然，求基础解系的方法很多，基础解系显然是不唯一的，但基础解系中所含解向量的个数不变.

(3) 一个齐次线性方程组的自由未知量的个数是确定的(即解空间的维数)，但自由未知量的选取不是唯一的.

(4) 选定 $n-r$ 个自由未知量后，在 $n-r$ 维向量空间中，任意取一个基，其坐标作为相应的 $n-r$ 个自由未知量的值，然后对应得出另外的 r 个约束变量的值，即可得到一个基础解系，读者可根据需要得到不同的基础解系，这点在以后的学习中很有应用价值.

(5) 定理 4.4 不仅是线性方程组各种解法的理论基础，在讨论向量组的线性相关性时也很有用.

设求得齐次线性方程组 $\boldsymbol{Ax}=\boldsymbol{0}$ 的一个基础解系为 $\boldsymbol{\xi}_1,\boldsymbol{\xi}_2,\cdots,\boldsymbol{\xi}_{n-r}$，则 $\boldsymbol{Ax}=\boldsymbol{0}$ 的所有解可表示为

$$\boldsymbol{x}=k_1\boldsymbol{\xi}_1+k_2\boldsymbol{\xi}_2+\cdots+k_{n-r}\boldsymbol{\xi}_{n-r},$$

其中 $k_1,k_2,\cdots,k_{n-r}$ 为任意常数，上式称为齐次线性方程组 $\boldsymbol{Ax}=\boldsymbol{0}$ 的通解或一般解.

例 1　求解方程组

$$\begin{cases} x_1+2x_2+3x_3+x_4=0,\\ 2x_1+4x_2-x_4=0,\\ -x_1-2x_2+3x_3+2x_4=0,\\ x_1+2x_2-9x_3-5x_4=0. \end{cases}$$

解

$$\boldsymbol{A}=\begin{pmatrix} 1 & 2 & 3 & 1\\ 2 & 4 & 0 & -1\\ -1 & -2 & 3 & 2\\ 1 & 2 & -9 & -5 \end{pmatrix}\xrightarrow[r_4-r_1]{\substack{r_2-2r_1\\ r_3+r_1}}\begin{pmatrix} 1 & 2 & 3 & 1\\ 0 & 0 & -6 & -3\\ 0 & 0 & 6 & 3\\ 0 & 0 & -12 & -6 \end{pmatrix}$$

$$\xrightarrow[r_2\div(-6)]{\substack{r_4-2r_2\\ r_3+r_2}}\begin{pmatrix}1&2&3&1\\0&0&1&\frac{1}{2}\\0&0&0&0\\0&0&0&0\end{pmatrix}\xrightarrow{r_1-3r_2}\begin{pmatrix}1&2&0&-\frac{1}{2}\\0&0&1&\frac{1}{2}\\0&0&0&0\\0&0&0&0\end{pmatrix},$$

由此得

$$\begin{cases}x_1=-2x_2+\dfrac{1}{2}x_4,\\ x_3=\qquad\quad -\dfrac{1}{2}x_4.\end{cases}\tag{4.12}$$

取 $\begin{pmatrix}x_2\\x_4\end{pmatrix}$ 分别为 $\begin{pmatrix}1\\0\end{pmatrix}$，$\begin{pmatrix}0\\1\end{pmatrix}$，代入上式得 $\begin{pmatrix}x_1\\x_3\end{pmatrix}$ 为 $\begin{pmatrix}-2\\0\end{pmatrix}$，$\begin{pmatrix}\frac{1}{2}\\-\frac{1}{2}\end{pmatrix}$，由此得基础解系

$$\boldsymbol{\xi}_1=\begin{pmatrix}-2\\1\\0\\0\end{pmatrix},\quad \boldsymbol{\xi}_2=\begin{pmatrix}\frac{1}{2}\\0\\-\frac{1}{2}\\1\end{pmatrix},$$

方程组的通解为

$$\begin{pmatrix}x_1\\x_2\\x_3\\x_4\end{pmatrix}=c_1\begin{pmatrix}-2\\1\\0\\0\end{pmatrix}+c_2\begin{pmatrix}\frac{1}{2}\\0\\-\frac{1}{2}\\1\end{pmatrix}\quad(c_1,c_2\text{ 为任意常数}).$$

注 (1)若将方程组(4.12)写成

$$\begin{cases}x_1=-2x_2+\dfrac{1}{2}x_4,\\ x_2=\quad\ \ x_2,\\ x_3=\qquad\quad -\dfrac{1}{2}x_4,\\ x_4=\qquad\qquad\ \ x_4.\end{cases}$$

记 $x_2=c_1$，$x_4=c_2$，则写成向量形式即为通解：

$$\begin{pmatrix} x_1 \\ x_2 \\ x_3 \\ x_4 \end{pmatrix} = c_1 \begin{pmatrix} -2 \\ 1 \\ 0 \\ 0 \end{pmatrix} + c_2 \begin{pmatrix} \frac{1}{2} \\ 0 \\ -\frac{1}{2} \\ 1 \end{pmatrix} \quad (c_1, c_2 \text{ 为任意常数}),$$

其中

$$\boldsymbol{\xi}_1 = \begin{pmatrix} -2 \\ 1 \\ 0 \\ 0 \end{pmatrix}, \quad \boldsymbol{\xi}_2 = \begin{pmatrix} \frac{1}{2} \\ 0 \\ -\frac{1}{2} \\ 1 \end{pmatrix}$$

就是原方程组的一个基础解系.

(2)如取 $\begin{pmatrix} x_2 \\ x_4 \end{pmatrix}$ 分别为 $\begin{pmatrix} 1 \\ 0 \end{pmatrix}, \begin{pmatrix} 2 \\ 10 \end{pmatrix}$，对应得 $\begin{pmatrix} x_1 \\ x_3 \end{pmatrix}$ 为 $\begin{pmatrix} -2 \\ 0 \end{pmatrix}, \begin{pmatrix} 1 \\ -5 \end{pmatrix}$，即得一个新的基础解系：

$$\boldsymbol{\xi}_1 = \begin{pmatrix} -2 \\ 1 \\ 0 \\ 0 \end{pmatrix}, \quad \boldsymbol{\xi}_2 = \begin{pmatrix} 1 \\ 2 \\ -5 \\ 10 \end{pmatrix}.$$

如此取到的基础解系，它们对应坐标乘积之和等于零，即两两正交，这类特殊的基础解系在后续内容的学习中很重要.

例 2　设 $\boldsymbol{\xi}_1, \boldsymbol{\xi}_2, \boldsymbol{\xi}_3$ 是齐次线性方程组 $\boldsymbol{Ax}=\boldsymbol{0}$ 的一个基础解系，$\boldsymbol{\eta}_1 = \boldsymbol{\xi}_1 + \boldsymbol{\xi}_2$，$\boldsymbol{\eta}_2 = \boldsymbol{\xi}_2 + \boldsymbol{\xi}_3$，$\boldsymbol{\eta}_3 = \boldsymbol{\xi}_3 + \boldsymbol{\xi}_1$，判定 $\boldsymbol{\eta}_1, \boldsymbol{\eta}_2, \boldsymbol{\eta}_3$ 是否也是 $\boldsymbol{Ax}=\boldsymbol{0}$ 的基础解系.

解　$\boldsymbol{\eta}_1, \boldsymbol{\eta}_2, \boldsymbol{\eta}_3$ 显然是 $\boldsymbol{Ax}=\boldsymbol{0}$ 的解，且含向量个数为 3，故只需判定 $\boldsymbol{\eta}_1, \boldsymbol{\eta}_2, \boldsymbol{\eta}_3$ 是否线性无关，设有 x_1, x_2, x_3，使

$$x_1 \boldsymbol{\eta}_1 + x_2 \boldsymbol{\eta}_2 + x_3 \boldsymbol{\eta}_3 = \boldsymbol{0},$$

即

$$x_1(\boldsymbol{\xi}_1 + \boldsymbol{\xi}_2) + x_2(\boldsymbol{\xi}_2 + \boldsymbol{\xi}_3) + x_3(\boldsymbol{\xi}_3 + \boldsymbol{\xi}_1) = \boldsymbol{0},$$

亦即

$$(x_1 + x_3)\boldsymbol{\xi}_1 + (x_1 + x_2)\boldsymbol{\xi}_2 + (x_2 + x_3)\boldsymbol{\xi}_3 = \boldsymbol{0},$$

由于 $\boldsymbol{\xi}_1, \boldsymbol{\xi}_2, \boldsymbol{\xi}_3$ 线性无关，所以

$$\begin{cases} x_1 + x_3 = 0, \\ x_1 + x_2 = 0, \\ x_2 + x_3 = 0. \end{cases}$$

上面方程组的系数行列式不等于 0,因此方程组只有零解,$\boldsymbol{\eta}_1,\boldsymbol{\eta}_2,\boldsymbol{\eta}_3$ 线性无关,从而它们也是方程组 $\boldsymbol{Ax}=\mathbf{0}$ 的基础解系.

例 3　设 $\boldsymbol{A}$ 为 r 阶方阵,$\boldsymbol{C}$ 为 $r\times n$ 矩阵,证明当且仅当 $r(\boldsymbol{C})=r$ 时,有:

(1) 若 $\boldsymbol{AC}=\mathbf{0}$,则 $\boldsymbol{A}=\mathbf{0}$;

(2) 若 $\boldsymbol{AC}=\boldsymbol{C}$,则 $\boldsymbol{A}=\boldsymbol{E}$.

证　充分性.

(1) 若 $\boldsymbol{AC}=\mathbf{0}$,则 $\boldsymbol{C}$ 的 n 个列向量均为 $\boldsymbol{Ax}=\mathbf{0}$ 的解,而 $r(\boldsymbol{C})=r$,则方程组 $\boldsymbol{Ax}=\mathbf{0}$ 有 r 个线性无关的解,由 $\boldsymbol{A}$ 为 r 阶方阵可知 $r(\boldsymbol{A})=0$,即 $\boldsymbol{A}=\mathbf{0}$.

(2) 由 $\boldsymbol{AC}=\boldsymbol{C}$,即 $\boldsymbol{AC}-\boldsymbol{C}=\mathbf{0}$,得 $(\boldsymbol{A}-\boldsymbol{E})\boldsymbol{C}=\mathbf{0}$,由(1)即得 $\boldsymbol{A}-\boldsymbol{E}=\mathbf{0}$,从而 $\boldsymbol{A}=\boldsymbol{E}$.

必要性.

(1) 若 $\boldsymbol{AC}=\mathbf{0}$,则 $\boldsymbol{A}=\mathbf{0}$ 成立,即 $\boldsymbol{C}^{\mathrm{T}}\boldsymbol{A}^{\mathrm{T}}=\mathbf{0}$,则 $\boldsymbol{A}^{\mathrm{T}}=\mathbf{0}$ 成立,说明齐次线性方程组 $\boldsymbol{C}^{\mathrm{T}}\boldsymbol{y}=\mathbf{0}$ 只有零解,而 $\boldsymbol{C}^{\mathrm{T}}$ 为 $n\times r$ 矩阵,所以 $r(\boldsymbol{C}^{\mathrm{T}})=r$,即 $r(\boldsymbol{C})=r$.

(2) 若 $\boldsymbol{AC}=\boldsymbol{C}$,则 $\boldsymbol{A}=\boldsymbol{E}$ 成立,即当 $(\boldsymbol{A}-\boldsymbol{E})\boldsymbol{C}=\mathbf{0}$ 时,有 $\boldsymbol{A}-\boldsymbol{E}=\mathbf{0}$,由(1)即得 $r(\boldsymbol{C})=r$ 成立.

例 4　设 $\boldsymbol{\alpha}_1,\boldsymbol{\alpha}_2,\cdots,\boldsymbol{\alpha}_r$ 是齐次线性方程组 $\boldsymbol{Ax}=\mathbf{0}$ 的一个基础解系,$\boldsymbol{\beta}$ 不是方程组 $\boldsymbol{Ax}=\mathbf{0}$ 的解,证明向量组 $\boldsymbol{\beta},\boldsymbol{\beta}+\boldsymbol{\alpha}_1,\boldsymbol{\beta}+\boldsymbol{\alpha}_2,\cdots,\boldsymbol{\beta}+\boldsymbol{\alpha}_r$ 线性无关.

证　设有 $k,k_1,k_2,\cdots,k_r$,使

$$k\boldsymbol{\beta}+k_1(\boldsymbol{\beta}+\boldsymbol{\alpha}_1)+k_2(\boldsymbol{\beta}+\boldsymbol{\alpha}_2)+\cdots+k_r(\boldsymbol{\beta}+\boldsymbol{\alpha}_r)=\mathbf{0},$$

即

$$(k+k_1+\cdots+k_r)\boldsymbol{\beta}+k_1\boldsymbol{\alpha}_1+k_2\boldsymbol{\alpha}_2+\cdots+k_r\boldsymbol{\alpha}_r=\mathbf{0},\tag{4.13}$$

上式左乘矩阵 $\boldsymbol{A}$,得

$$(k+k_1+\cdots+k_r)\boldsymbol{A\beta}+k_1\boldsymbol{A\alpha}_1+k_2\boldsymbol{A\alpha}_2+\cdots+k_r\boldsymbol{A\alpha}_r=\boldsymbol{A}\cdot\mathbf{0}.$$

由于 $\boldsymbol{\alpha}_1,\boldsymbol{\alpha}_2,\cdots,\boldsymbol{\alpha}_r$ 是齐次线性方程组 $\boldsymbol{Ax}=\mathbf{0}$ 的解,故

$$(k+k_1+\cdots+k_r)\boldsymbol{A\beta}=\mathbf{0},$$

而 $\boldsymbol{\beta}$ 不是方程组 $\boldsymbol{Ax}=\mathbf{0}$ 的解,知 $\boldsymbol{A\beta}\neq\mathbf{0}$,且 $\boldsymbol{\beta}\neq\mathbf{0}$,因此 $k+k_1+\cdots+k_r=0$.

由(4.13)知

$$k_1\boldsymbol{\alpha}_1+k_2\boldsymbol{\alpha}_2+\cdots+k_r\boldsymbol{\alpha}_r=\mathbf{0},$$

又因为 $\boldsymbol{\alpha}_1,\boldsymbol{\alpha}_2,\cdots,\boldsymbol{\alpha}_r$ 线性无关,则 $k_1=k_2=\cdots=k_r=0$,从而 $k=0$. 因此,向量组 $\boldsymbol{\beta},\boldsymbol{\beta}+\boldsymbol{\alpha}_1,\boldsymbol{\beta}+\boldsymbol{\alpha}_2,\cdots,\boldsymbol{\beta}+\boldsymbol{\alpha}_r$ 线性无关.

例 5　设 $\boldsymbol{A}$ 为 n 阶方阵,$\boldsymbol{A}^*$ 为 $\boldsymbol{A}$ 的伴随矩阵,证明:

(1) 当 $r(\boldsymbol{A})=n$ 时,$r(\boldsymbol{A}^*)=n$;

(2) 当 $r(\boldsymbol{A})=n-1$ 时,$r(\boldsymbol{A}^*)=1$;

(3) 当 $r(\boldsymbol{A})<n-1$ 时,$r(\boldsymbol{A}^*)=0$.

证　(1) 当 $r(\boldsymbol{A})=n$ 时,$\boldsymbol{A}$ 可逆,则由 $\boldsymbol{A}^*=|\boldsymbol{A}|\boldsymbol{A}^{-1}$ 知 $\boldsymbol{A}^*$ 可逆,因此,$r(\boldsymbol{A}^*)=n$;

(2) 由 $\boldsymbol{AA}^*=|\boldsymbol{A}|\boldsymbol{E}=\mathbf{0}$,知 $\boldsymbol{A}^*$ 的 n 个列向量均为方程组 $\boldsymbol{Ax}=\mathbf{0}$ 的解向量,而

$r(\mathbf{A})=n-1$，则 $\mathbf{A}\boldsymbol{x}=\mathbf{0}$ 的基础解系只含一个解向量，因此，$\mathbf{A}^*$ 的 n 个列向量所成的向量组的秩不会超过 1，即 $r(\mathbf{A}^*)\leqslant 1$，而 $r(\mathbf{A})=n-1$，知 $\mathbf{A}^*$ 为非零矩阵，所以 $r(\mathbf{A}^*)=1$；

(3) 当 $r(\mathbf{A})<n-1$ 时，则 $\mathbf{A}$ 的所有 $n-1$ 阶余子式全等于零，则 $\mathbf{A}^*=\mathbf{0}$，从而 $r(\mathbf{A}^*)=0$.

上述结论被称为伴随矩阵秩的公式.

第三节　非齐次线性方程组

设有非齐次线性方程组

$$\begin{cases} a_{11}x_1+a_{12}x_2+\cdots+a_{1n}x_n=b_1, \\ a_{21}x_1+a_{22}x_2+\cdots+a_{2n}x_n=b_2, \\ \cdots\cdots \\ a_{m1}x_1+a_{m2}x_2+\cdots+a_{mn}x_n=b_m, \end{cases} \tag{4.14}$$

若方程组有解，则称方程组是**相容**的，否则即称**不相容**.

称

$$\begin{cases} a_{11}x_1+a_{12}x_2+\cdots+a_{1n}x_n=0, \\ a_{21}x_1+a_{22}x_2+\cdots+a_{2n}x_n=0, \\ \cdots\cdots \\ a_{m1}x_1+a_{m2}x_2+\cdots+a_{mn}x_n=0 \end{cases}$$

为方程组(4.14)所**对应的齐次线性方程组**，也称为方程组(4.14)的**导出组**.

其矩阵形式

$$\mathbf{A}\boldsymbol{x}=\boldsymbol{b}, \tag{4.15}$$

其中

$$\mathbf{A}=(a_{ij})_{m\times n},\quad \boldsymbol{x}=(x_1,x_2,\cdots,x_n)^{\mathrm{T}},\quad \boldsymbol{b}=(b_1,b_2,\cdots,b_m)^{\mathrm{T}}.$$

方程组(4.14)亦可写成向量形式

$$x_1\boldsymbol{\alpha}_1+x_2\boldsymbol{\alpha}_2+\cdots+x_n\boldsymbol{\alpha}_n=\boldsymbol{b}, \tag{4.16}$$

其中 $\boldsymbol{\alpha}_1,\boldsymbol{\alpha}_2,\cdots,\boldsymbol{\alpha}_n$ 是 $\mathbf{A}$ 的 n 个列向量，故方程组(4.14)有解的充分必要条件是 $\boldsymbol{b}$ 能由 $\boldsymbol{\alpha}_1,\boldsymbol{\alpha}_2,\cdots,\boldsymbol{\alpha}_n$ 线性表示，从而向量组 $\boldsymbol{\alpha}_1,\boldsymbol{\alpha}_2,\cdots,\boldsymbol{\alpha}_n$ 与向量组 $\boldsymbol{\alpha}_1,\boldsymbol{\alpha}_2,\cdots,\boldsymbol{\alpha}_n,\boldsymbol{b}$ 等价，因此

$$秩\{\boldsymbol{\alpha}_1,\boldsymbol{\alpha}_2,\cdots,\boldsymbol{\alpha}_n\}=秩\{\boldsymbol{\alpha}_1,\boldsymbol{\alpha}_2,\cdots,\boldsymbol{\alpha}_n,\boldsymbol{b}\},$$

即

$$r(\mathbf{A},\boldsymbol{b})=r(\mathbf{A}).$$

于是有

定理 4.5　对于方程组(4.14)，下列结论等价：

(1) $\boldsymbol{Ax}=\boldsymbol{b}$ 有解;

(2) $\boldsymbol{b}$ 可由 $\boldsymbol{A}$ 的列向量 $\boldsymbol{\alpha}_1,\boldsymbol{\alpha}_2,\cdots,\boldsymbol{\alpha}_n$ 线性表示;

(3) 向量组 $\boldsymbol{\alpha}_1,\boldsymbol{\alpha}_2,\cdots,\boldsymbol{\alpha}_n$ 与向量组 $\boldsymbol{\alpha}_1,\boldsymbol{\alpha}_2,\cdots,\boldsymbol{\alpha}_n,\boldsymbol{b}$ 等价;

(4) 增广矩阵 $\widetilde{\boldsymbol{A}}=(\boldsymbol{A},\boldsymbol{b})$ 的秩等于系数矩阵 $\boldsymbol{A}$ 的秩.

下面讨论非齐次线性方程组的解的结构.

定理 4.6 设 $\boldsymbol{\eta}_1,\boldsymbol{\eta}_2$ 是非齐次线性方程组 $\boldsymbol{Ax}=\boldsymbol{b}$ 的解,则 $\boldsymbol{\eta}_1-\boldsymbol{\eta}_2$ 是对应的齐次线性方程组 $\boldsymbol{Ax}=\boldsymbol{0}$ 的解.

证 因为

$$\boldsymbol{A}(\boldsymbol{\eta}_1-\boldsymbol{\eta}_2)=\boldsymbol{A}\boldsymbol{\eta}_1-\boldsymbol{A}\boldsymbol{\eta}_2=\boldsymbol{b}-\boldsymbol{b}=\boldsymbol{0},$$

所以 $\boldsymbol{\eta}_1-\boldsymbol{\eta}_2$ 是 $\boldsymbol{Ax}=\boldsymbol{0}$ 的解.

推论 4.3 设 $\boldsymbol{\eta}$ 是非齐次线性方程组 $\boldsymbol{Ax}=\boldsymbol{b}$ 的解,$\boldsymbol{\xi}$ 是齐次线性方程组 $\boldsymbol{Ax}=\boldsymbol{0}$ 的解,则 $\boldsymbol{\xi}+\boldsymbol{\eta}$ 是非齐次线性方程组 $\boldsymbol{Ax}=\boldsymbol{b}$ 的解.

定理 4.7 如果非齐次线性方程组 $\boldsymbol{Ax}=\boldsymbol{b}$ 有解,则其通解为

$$\boldsymbol{\eta}=\boldsymbol{\xi}+\boldsymbol{\eta}^*,$$

其中 $\boldsymbol{\xi}$ 是 $\boldsymbol{Ax}=\boldsymbol{0}$ 的通解,$\boldsymbol{\eta}^*$ 是 $\boldsymbol{Ax}=\boldsymbol{b}$ 的一个特解.

证 由推论 4.3 知,$\boldsymbol{\xi}+\boldsymbol{\eta}^*$ 是 $\boldsymbol{Ax}=\boldsymbol{b}$ 的解.

设 $\boldsymbol{x}^*$ 是 $\boldsymbol{Ax}=\boldsymbol{b}$ 的任一个解,则 $\boldsymbol{x}^*-\boldsymbol{\eta}^*$ 是 $\boldsymbol{Ax}=\boldsymbol{0}$ 的解,而

$$\boldsymbol{x}^*=(\boldsymbol{x}^*-\boldsymbol{\eta}^*)+\boldsymbol{\eta}^*,$$

即 $\boldsymbol{Ax}=\boldsymbol{b}$ 的任一解 $\boldsymbol{x}^*$ 均可表示成 $\boldsymbol{\xi}+\boldsymbol{\eta}^*$ 的形式,因此 $\boldsymbol{\eta}=\boldsymbol{\xi}+\boldsymbol{\eta}^*$ 为 $\boldsymbol{Ax}=\boldsymbol{b}$ 的通解.

注 (1) 非齐次线性方程组 $\boldsymbol{A}_{m\times n}\boldsymbol{x}=\boldsymbol{b}$ 有解的充分必要条件是 $r(\boldsymbol{A})=r(\widetilde{\boldsymbol{A}})=r$,且当 $r=n$ 时只有唯一解,$r<n$ 时有无穷多解.若只有 $r(\boldsymbol{A})=n$ 不能保证方程组有解,但当 $r(\boldsymbol{A})=m$ 时,方程组必定有解(为什么?).

(2) 由 $\boldsymbol{Ax}=\boldsymbol{0}$ 有无穷多个解不能得出 $\boldsymbol{Ax}=\boldsymbol{b}$ 有解,但 $\boldsymbol{Ax}=\boldsymbol{b}$ 有无穷多个解时,$\boldsymbol{Ax}=\boldsymbol{0}$ 有非零解,$\boldsymbol{Ax}=\boldsymbol{b}$ 有唯一解时,$\boldsymbol{Ax}=\boldsymbol{0}$ 只有零解.

(3) 判定 $\boldsymbol{Ax}=\boldsymbol{b}$ 是否有解,只需对增广矩阵 $\widetilde{\boldsymbol{A}}$ 施行初等行变换化成阶梯形矩阵,当 $r(\widetilde{\boldsymbol{A}})=r(\boldsymbol{A})+1$ 时无解,当 $r(\widetilde{\boldsymbol{A}})=r(\boldsymbol{A})$ 时有解;有解时求 $\boldsymbol{Ax}=\boldsymbol{b}$ 的解,只需继续对 $\widetilde{\boldsymbol{A}}$ 施行初等行变换化成行最简形阶梯矩阵即可.

例 1 求解方程组

$$\begin{cases} x_1-2x_2+3x_3-x_4=1,\\ 3x_1-x_2+5x_3-3x_4=2,\\ 2x_1+x_2+2x_3-2x_4=3. \end{cases}$$

解 对方程组的增广矩阵 $\widetilde{\boldsymbol{A}}$ 施行初等行变换

$$\widetilde{\boldsymbol{A}}=\left(\begin{array}{cccc:c} 1 & -2 & 3 & -1 & 1\\ 3 & -1 & 5 & -3 & 2\\ 2 & 1 & 2 & -2 & 3 \end{array}\right)\xrightarrow[r_3-2r_1]{r_2-3r_1}\left(\begin{array}{cccc:c} 1 & -2 & 3 & -1 & 1\\ 0 & 5 & -4 & 0 & -1\\ 0 & 5 & -4 & 0 & 1 \end{array}\right)$$

$$\xrightarrow{r_3-r_2}\left(\begin{array}{cccc|c}1 & -2 & 3 & -1 & 1\\ 0 & 5 & -4 & 0 & -1\\ 0 & 0 & 0 & 0 & 2\end{array}\right),$$

知 $r(\boldsymbol{A})=2, r(\widetilde{\boldsymbol{A}})=3$,故方程组无解.

例 2　求解方程组

$$\begin{cases}x_1+\ x_2-3x_3-\ x_4=1,\\ 3x_1-\ x_2-3x_3+4x_4=4,\\ x_1+5x_2-9x_3-8x_4=0.\end{cases}$$

解　对方程组的增广矩阵 $\widetilde{\boldsymbol{A}}$ 施行初等行变换

$$\widetilde{\boldsymbol{A}}=\left(\begin{array}{cccc|c}1 & 1 & -3 & -1 & 1\\ 3 & -1 & -3 & 4 & 4\\ 1 & 5 & -9 & -8 & 0\end{array}\right)\xrightarrow[r_3-r_1]{r_2-3r_1}\left(\begin{array}{cccc|c}1 & 1 & -3 & -1 & 1\\ 0 & -4 & 6 & 7 & 1\\ 0 & 4 & -6 & -7 & -1\end{array}\right)$$

$$\xrightarrow[r_2\div(-4)]{r_3+r_2}\left(\begin{array}{cccc|c}1 & 1 & -3 & -1 & 1\\ 0 & 1 & -\frac{3}{2} & -\frac{7}{4} & -\frac{1}{4}\\ 0 & 0 & 0 & 0 & 0\end{array}\right),$$

知 $r(\boldsymbol{A})=r(\widetilde{\boldsymbol{A}})=2$,方程组有解,继续对 $\widetilde{\boldsymbol{A}}$ 施行初等行变换

$$\widetilde{\boldsymbol{A}}\xrightarrow{r_1-r_2}\left(\begin{array}{cccc|c}1 & 0 & -\frac{3}{2} & \frac{3}{4} & \frac{5}{4}\\ 0 & 1 & -\frac{3}{2} & -\frac{7}{4} & -\frac{1}{4}\\ 0 & 0 & 0 & 0 & 0\end{array}\right),$$

即得

$$\begin{cases}x_1=\frac{3}{2}x_3-\frac{3}{4}x_4+\frac{5}{4},\\ x_2=\frac{3}{2}x_3+\frac{7}{4}x_4-\frac{1}{4},\end{cases}\tag{4.17}$$

取 $x_3=x_4=0$,则 $x_1=\frac{5}{4}, x_2=-\frac{1}{4}$,即得方程组的一个解

$$\boldsymbol{\eta}^*=\begin{pmatrix}\frac{5}{4}\\ -\frac{1}{4}\\ 0\\ 0\end{pmatrix}.$$

在对应的齐次线性方程组

$$\begin{cases} x_1=\frac{3}{2}x_3-\frac{3}{4}x_4, \\ x_2=\frac{3}{2}x_3+\frac{7}{4}x_4 \end{cases}$$

中,取$\begin{pmatrix} x_3 \\ x_4 \end{pmatrix}$分别为$\begin{pmatrix} 1 \\ 0 \end{pmatrix}$,$\begin{pmatrix} 0 \\ 1 \end{pmatrix}$,得$\begin{pmatrix} x_1 \\ x_2 \end{pmatrix}$对应为$\begin{pmatrix} \frac{3}{2} \\ \frac{3}{2} \end{pmatrix}$,$\begin{pmatrix} -\frac{3}{4} \\ \frac{7}{4} \end{pmatrix}$,由此得对应的齐次线性方程组的基础解系

$$\boldsymbol{\xi}_1=\begin{pmatrix} \frac{3}{2} \\ \frac{3}{2} \\ 1 \\ 0 \end{pmatrix}, \quad \boldsymbol{\xi}_2=\begin{pmatrix} -\frac{3}{4} \\ \frac{7}{4} \\ 0 \\ 1 \end{pmatrix}.$$

于是所求通解为

$$\begin{pmatrix} x_1 \\ x_2 \\ x_3 \\ x_4 \end{pmatrix}=c_1\begin{pmatrix} \frac{3}{2} \\ \frac{3}{2} \\ 1 \\ 0 \end{pmatrix}+c_2\begin{pmatrix} -\frac{3}{4} \\ \frac{7}{4} \\ 0 \\ 1 \end{pmatrix}+\begin{pmatrix} \frac{5}{4} \\ -\frac{1}{4} \\ 0 \\ 0 \end{pmatrix} \quad (c_1,c_2\in\mathbf{R}).$$

注 若将(4.17)式写成

$$\begin{cases} x_1=\frac{3}{2}x_3-\frac{3}{4}x_4+\frac{5}{4}, \\ x_2=\frac{3}{2}x_3+\frac{7}{4}x_4-\frac{1}{4}, \\ x_3=\quad x_3, \\ x_4=\qquad\quad x_4, \end{cases}$$

得向量形式

$$\begin{pmatrix} x_1 \\ x_2 \\ x_3 \\ x_4 \end{pmatrix}=c_1\begin{pmatrix} \frac{3}{2} \\ \frac{3}{2} \\ 1 \\ 0 \end{pmatrix}+c_2\begin{pmatrix} -\frac{3}{4} \\ \frac{7}{4} \\ 0 \\ 1 \end{pmatrix}+\begin{pmatrix} \frac{5}{4} \\ -\frac{1}{4} \\ 0 \\ 0 \end{pmatrix} \quad (c_1,c_2\in\mathbf{R}),$$

即为原方程组的通解,其中 $\boldsymbol{\xi}_1=\begin{pmatrix}\frac{3}{2}\\ \frac{3}{2}\\ 1\\ 0\end{pmatrix}$,$\boldsymbol{\xi}_2=\begin{pmatrix}-\frac{3}{4}\\ \frac{7}{4}\\ 0\\ 1\end{pmatrix}$是对应的齐次线性方程组的基础解系,$\begin{pmatrix}\frac{5}{4}\\ -\frac{1}{4}\\ 0\\ 0\end{pmatrix}$为方程组自身的一个特解.

例 3　当参数 a,b 为何值时,线性方程组

$$\begin{cases}x_1+x_2+x_3+x_4=0,\\ x_2+2x_3+2x_4=1,\\ -x_2+(a-3)x_3-2x_4=b,\\ 3x_1+2x_2+x_3+ax_4=-1\end{cases}$$

有唯一解？有无穷多解？无解？并在有无穷多解时,求其通解.

解　对方程组的增广矩阵施行初等行变换,把它化成阶梯形矩阵

$$\widetilde{\mathbf{A}}=\left(\begin{array}{cccc:c}1&1&1&1&0\\0&1&2&2&1\\0&-1&a-3&-2&b\\3&2&1&a&-1\end{array}\right)\xrightarrow[r_4-3r_1]{r_3+r_2}\left(\begin{array}{cccc:c}1&1&1&1&0\\0&1&2&2&1\\0&0&a-1&0&b+1\\0&-1&-2&a-3&-1\end{array}\right)$$

$$\xrightarrow[r_4+r_2]{r_1-r_2}\left(\begin{array}{cccc:c}1&0&-1&-1&-1\\0&1&2&2&1\\0&0&a-1&0&b+1\\0&0&0&a-1&0\end{array}\right).$$

当 $a\neq1$ 时,$r(\widetilde{\mathbf{A}})=r(\mathbf{A})=4$,有唯一解;

当 $a=1,b\neq-1$ 时,$r(\widetilde{\mathbf{A}})=3$,$r(\mathbf{A})=2$,无解;

当 $a=1,b=-1$ 时,$r(\widetilde{\mathbf{A}})=r(\mathbf{A})=2$,有无穷多解. 此时,得同解方程组

$$\begin{cases}x_1=-1+x_3+x_4,\\ x_2=1-2x_3-2x_4,\\ x_3=x_3,\\ x_4=x_4,\end{cases}$$

令 $x_3=k_1$,$x_4=k_2$,得方程组的通解为

$$\boldsymbol{x}=\begin{pmatrix}-1\\1\\0\\0\end{pmatrix}+k_1\begin{pmatrix}1\\-2\\1\\0\end{pmatrix}+k_2\begin{pmatrix}1\\-2\\0\\1\end{pmatrix},\quad k_1,k_2 \text{ 为任意常数}.$$

例 4 已知 $\boldsymbol{\alpha}_1=(1,0,2,3)^{\mathrm{T}},\boldsymbol{\alpha}_2=(1,1,3,5)^{\mathrm{T}},\boldsymbol{\alpha}_3=(1,-1,a+2,1)^{\mathrm{T}},\boldsymbol{\alpha}_4=(1,2,4,a+8)^{\mathrm{T}}$ 及 $\boldsymbol{\beta}=(1,1,b+3,5)^{\mathrm{T}}$,求

(1) a,b 为何值时,$\boldsymbol{\beta}$ 不能表示成 $\boldsymbol{\alpha}_1,\boldsymbol{\alpha}_2,\boldsymbol{\alpha}_3,\boldsymbol{\alpha}_4$ 的线性组合?

(2) a,b 为何值时,$\boldsymbol{\beta}$ 可由 $\boldsymbol{\alpha}_1,\boldsymbol{\alpha}_2,\boldsymbol{\alpha}_3,\boldsymbol{\alpha}_4$ 唯一的线性表示?并写出该表达式.

解 (1) 设 $\boldsymbol{\beta}=x_1\boldsymbol{\alpha}_1+x_2\boldsymbol{\alpha}_2+x_3\boldsymbol{\alpha}_3+x_4\boldsymbol{\alpha}_4$,所得方程组的增广矩阵为

$$\widetilde{\boldsymbol{A}}=\left(\begin{array}{cccc:c}1&1&1&1&1\\0&1&-1&2&1\\2&3&a+2&4&b+3\\3&5&1&a+8&5\end{array}\right),$$

对 $\widetilde{\boldsymbol{A}}$ 施行初等行变换,得

$$\widetilde{\boldsymbol{A}}\xrightarrow[r_4-3r_1]{r_3-2r_1}\left(\begin{array}{cccc:c}1&1&1&1&1\\0&1&-1&2&1\\0&1&a&2&b+1\\0&2&-2&a+5&2\end{array}\right)\xrightarrow[r_4-2r_2]{r_3-r_2}\left(\begin{array}{cccc:c}1&1&1&1&1\\0&1&-1&2&1\\0&0&a+1&0&b\\0&0&0&a+1&0\end{array}\right),$$

则 $a+1=0,b\neq0$ 时,方程组无解,即 $a=-1,b\neq0$ 时,$\boldsymbol{\beta}$ 不能表示成 $\boldsymbol{\alpha}_1,\boldsymbol{\alpha}_2,\boldsymbol{\alpha}_3,\boldsymbol{\alpha}_4$ 的线性组合.

(2) 当 $a+1\neq0$,即 $a\neq-1$ 时,$\boldsymbol{\beta}$ 有 $\boldsymbol{\alpha}_1,\boldsymbol{\alpha}_2,\boldsymbol{\alpha}_3,\boldsymbol{\alpha}_4$ 的唯一表示式,此时

$$\widetilde{\boldsymbol{A}}\xrightarrow[\substack{r_3\div(a+1)\\r_4\div(a+1)}]{r_1-r_2}\left(\begin{array}{cccc:c}1&0&2&-1&0\\0&1&-1&2&1\\0&0&1&0&\dfrac{b}{a+1}\\0&0&0&1&0\end{array}\right)\xrightarrow[\substack{r_2+r_3\\r_2-2r_4}]{\substack{r_1+r_4\\r_1-2r_3}}\left(\begin{array}{cccc:c}1&0&0&0&\dfrac{-2b}{a+1}\\0&1&0&0&\dfrac{a+b+1}{a+1}\\0&0&1&0&\dfrac{b}{a+1}\\0&0&0&1&0\end{array}\right)$$

有唯一表示式

$$\boldsymbol{\beta}=-\frac{2b}{a+1}\boldsymbol{\alpha}_1+\frac{a+b+1}{a+1}\boldsymbol{\alpha}_2+\frac{b}{a+1}\boldsymbol{\alpha}_3.$$

第四节 投入产出数学模型

投入产出分析是线性代数理论在经济分析与管理中的一个重要应用,它是研究一个经济体系各部门之间“投入”与“产出”关系的线性模型,一般称为**投入产出**

模型. 投入产出模型可应用于微观经济系统，也可应用于宏观经济系统的综合平衡分析.

一、投入产出模型

设一个经济系统可以分为 n 个生产部门，各部门分别用 $1,2,\cdots,n$ 表示，部门 i 只生产一种产品 i，并且没有联合生产，即产品 i 仅由部门 i 生产. 每一生产部门的活动可以分为两个方面：一方面，作为消耗部门，为了完成其经济活动，需要供给它所需要的物质，叫作**投入**；另一方面，作为生产部门，把它的产品分配给各部门作为生产资料或提供社会消费和留作积累，叫作**产出**.

我们把一个经济系统分为 n 个物质生产部门，将这 n 个部门同时作为生产(产出)部门和消耗(投入)部门，按一定顺序列出一张表称为**投入产出表**. 投入产出表分为实物型表和价值型表两种类型. 实物型表采用实物计量单位编制，其特点是经济意义明确，适合于实际工作的需要；价值型表采用货币计量单位编制，其特点是单位统一，适合于对经济系统进行全面的分析研究. 本节仅介绍价值型投入产出表的结构，我们将按统一货币计量单位编制的投入产出表，称为**价值型投入产出表**，如表 4.1 所示. 将投入产出表及由此得出的平衡方程组，统称为**投入产出数学模型**.

表 4.1

<table>
<tr><td colspan="2" rowspan="2">产　出
投　入</td><td colspan="4">消耗部门</td><td colspan="4">最终产品</td><td rowspan="2">总产品</td></tr>
<tr><td>1</td><td>2</td><td>$\cdots$</td><td>n</td><td>消费</td><td>积累</td><td>$\cdots$</td><td>合计</td></tr>
<tr><td rowspan="4">生产部门</td><td>1</td><td>x_{11}</td><td>x_{12}</td><td>$\cdots$</td><td>x_{1n}</td><td></td><td></td><td></td><td>y_1</td><td>x_1</td></tr>
<tr><td>2</td><td>x_{21}</td><td>x_{22}</td><td>$\cdots$</td><td>x_{2n}</td><td></td><td></td><td></td><td>y_2</td><td>x_2</td></tr>
<tr><td>$\vdots$</td><td>$\vdots$</td><td></td><td></td><td>$\vdots$</td><td></td><td></td><td></td><td>$\vdots$</td><td>$\vdots$</td></tr>
<tr><td>n</td><td>x_{n1}</td><td>x_{n2}</td><td>$\cdots$</td><td>x_{nn}</td><td></td><td></td><td></td><td>y_n</td><td>x_n</td></tr>
<tr><td rowspan="3">新创造价值</td><td>报酬</td><td>v_1</td><td>v_2</td><td>$\cdots$</td><td>v_n</td><td></td><td></td><td></td><td></td><td></td></tr>
<tr><td>利润</td><td>m_1</td><td>m_2</td><td>$\cdots$</td><td>m_n</td><td></td><td></td><td></td><td></td><td></td></tr>
<tr><td>合计</td><td>z_1</td><td>z_2</td><td>$\cdots$</td><td>z_n</td><td></td><td></td><td></td><td></td><td></td></tr>
<tr><td colspan="2">总产品价值</td><td>x_1</td><td>x_2</td><td>$\cdots$</td><td>x_n</td><td></td><td></td><td></td><td></td><td></td></tr>
</table>

注：$x_i(i=1,2,\cdots,n)$表示第 i 个生产部门的总产品或相应消耗部门的总产品价值.

在表 4.1 中，由虚线将表分成 4 部分，左上角部分由 n 个部门交叉组成. 其中，x_{ij} 称为部门间的流量，它既表示第 j 个部门消耗第 i 个部门的产品数量，也表示第 i 个部门分配给第 j 个部门的产品数量，这部分反映了各部门之间的生产技术联系，它是投入产出表的最基本部分.

表中右上角部分反映各生产部门从总产品中扣除生产消耗后的最终产品的分配情况，其中 y_i 表示第 i 个部门的最终产品.

表中左下角部分反映各部门的新创造价值，它包括劳动报酬、利润等. v_j，m_j，z_j 分别表示第 j 个部门的劳动报酬、利润和净产值.

$$z_j = v_j + m_j \quad (j=1,2,\cdots,n) \tag{4.18}$$

表中右下角部分反映国民收入的再分配情况，如非生产部门工作者的工资、非生产性事业单位和组织的收入等，由于再分配过程非常复杂，故常常空出不用.

表 4.1 中左上角、右上角部分的每一行有一个等式，即每一个生产部门分配给各部门的生产消耗加上该部门的最终产品等于它的总产品，可用方程组

$$\begin{cases} x_1 = x_{11} + x_{12} + \cdots + x_{1n} + y_1, \\ x_2 = x_{21} + x_{22} + \cdots + x_{2n} + y_2, \\ \cdots\cdots \\ x_n = x_{n1} + x_{n2} + \cdots + x_{nn} + y_n \end{cases} \tag{4.19}$$

表示，或简写为

$$x_i = \sum_{j=1}^{n} x_{ij} + y_i \quad (i = 1,2,\cdots,n), \tag{4.20}$$

称式(4.19)或(4.20)为**分配平衡方程组**.

表 4.1 中左上角、左下角部分的每一列也有一个等式，即每一个消耗部门对各部门的生产消耗加上该部门新创造的价值等于它的总产品价值，可用方程组

$$\begin{cases} x_1 = x_{11} + x_{21} + \cdots + x_{n1} + z_1, \\ x_2 = x_{12} + x_{22} + \cdots + x_{n2} + z_2, \\ \cdots\cdots \\ x_n = x_{1n} + x_{2n} + \cdots + x_{nn} + z_n \end{cases} \tag{4.21}$$

表示，或简写成

$$x_j = \sum_{i=1}^{n} x_{ij} + z_j \quad (j = 1,2,\cdots,n), \tag{4.22}$$

称式(4.21)或(4.22)为**消耗平衡方程组**.

一般地

$$\sum_{j=1}^{n} x_{kj} + y_k = \sum_{i=1}^{n} x_{ik} + z_k \quad (k = 1,2,\cdots,n), \tag{4.23}$$

即第 k 部门的总产出等于第 k 部门的总投入，且

$$\sum_{i=1}^{n} y_i = \sum_{j=1}^{n} z_j,$$

即整个经济系统的最终产品价值等于该系统新创造的价值，但

$$\sum_{j=1}^{n} x_{kj} \neq \sum_{i=1}^{n} x_{ik} \quad (k = 1,2,\cdots,n),$$

即 $y_k \neq z_k (k=1,2,\cdots,n)$.

例 1　设三个经济部门某年的投入产出情况如表 4.2 所示.

表 4.2　(单位:万元)

投入 \ 产出		消耗部门 Ⅰ	消耗部门 Ⅱ	消耗部门 Ⅲ	最终产品	总产品
生产部门	Ⅰ	196	102	70	192	x_1
	Ⅱ	84	68	42	146	x_2
	Ⅲ	112	34	28	106	x_3
新创造价值		z_1	z_2	z_3		
总价值		x_1	x_2	x_3		

求:(1) 各部门的总产品 x_1,x_2,x_3;

(2) 各部门新创造价值 z_1,z_2,z_3.

解　(1) 将表 4.2 中 x_{ij},y_i 的值代入分配平衡方程组

$$x_i = \sum_{j=1}^{3} x_{ij} + y_i \quad (i=1,2,3)$$

得

$$\begin{cases} x_1=(196+102+70)+192=560, \\ x_2=(84+68+42)+146=340, \\ x_3=(112+34+28)+106=280. \end{cases}$$

即三个部门的总产品分别为 560 万元,340 万元,280 万元.

(2) 将表 4.2 中 x_{ij} 的值和(1)中所求 x_i 的值代入消耗平衡方程组

$$x_j = \sum_{i=1}^{3} x_{ij} + z_j \quad (j=1,2,3)$$

得

$$\begin{cases} z_1=560-(196+84+112)=168, \\ z_2=340-(102+68+34)=136, \\ z_3=280-(70+42+28)=140. \end{cases}$$

即三个部门新创造的价值分别为 168 万元,136 万元,140 万元.

二、直接消耗系数

为了确定经济系统各部门间在生产消耗上的数量依存关系,我们引入直接消耗系数的概念.

定义 4.2　第 j 部门生产单位价值产品直接消耗第 i 部门的产品价值量,称为第 j 部门对第 i 部门的**直接消耗系数**,记作 a_{ij},即

$$a_{ij}=\frac{x_{ij}}{x_j}\quad(i,j=1,2,\cdots,n).\tag{4.24}$$

直接计算可求得例1中第Ⅱ个部门每生产一个单位价值产品要消耗第Ⅲ个部门的产品价值量为

$$a_{32}=\frac{x_{32}}{x_2}=\frac{34}{340}=0.10.$$

同理可求得

$$a_{11}=\frac{x_{11}}{x_1}=\frac{196}{560}=0.35,\quad a_{21}=\frac{x_{21}}{x_1}=\frac{84}{560}=0.15,$$

$$a_{31}=\frac{x_{31}}{x_1}=\frac{112}{560}=0.20,\quad a_{12}=\frac{x_{12}}{x_2}=\frac{102}{340}=0.30,$$

$$a_{22}=\frac{x_{22}}{x_2}=\frac{68}{340}=0.20,\quad a_{13}=\frac{x_{13}}{x_3}=\frac{70}{280}=0.25,$$

$$a_{23}=\frac{x_{23}}{x_3}=\frac{42}{280}=0.15,\quad a_{33}=\frac{x_{33}}{x_3}=\frac{28}{280}=0.10.$$

直接消耗系数是以生产技术性联系为基础的,因而是相对稳定的,通常也叫技术系数.各部门之间的直接消耗系数构成的 n 阶矩阵

$$\boldsymbol{A}=\begin{pmatrix}a_{11}&a_{12}&\cdots&a_{1n}\\a_{21}&a_{22}&\cdots&a_{2n}\\\vdots&\vdots&&\vdots\\a_{n1}&a_{n2}&\cdots&a_{nn}\end{pmatrix},$$

称为**直接消耗系数矩阵(或技术系数矩阵)**.

经上述计算可知例1中所示系统的直接消耗系数矩阵为

$$\boldsymbol{A}=\begin{pmatrix}0.35&0.30&0.25\\0.15&0.20&0.15\\0.20&0.10&0.10\end{pmatrix}.$$

直接消耗系数 a_{ij} 具有以下性质:

性质1 $0\leqslant a_{ij}<1\ (i,j=1,2,\cdots,n)$.

证 由于经济系统内部门间流量 $x_{ij}\geqslant 0\ (i,j=1,2,\cdots,n)$,第 j 部门的净产值 $z_j>0\ (j=1,2,\cdots,n)$,于是由式(4.22)有

$$x_j=\sum_{i=1}^{n}x_{ij}+z_j>\sum_{i=1}^{3}x_{ij}\geqslant x_{ij}\geqslant 0\quad(i,j=1,2,\cdots,n),$$

从而

$$0\leqslant a_{ij}=\frac{x_{ij}}{x_j}<1\quad(i,j=1,2,\cdots,n).$$

性质2 $\sum_{i=1}^{n}a_{ij}<1\ (j=1,2,\cdots,n)$.

证　根据消耗平衡方程组(4.22),有

$$x_j=\sum_{i=1}^{n}a_{ij}x_j+z_j\quad(j=1,2,\cdots,n),$$

整理后得

$$\left(1-\sum_{i=1}^{n}a_{ij}\right)x_j=z_j,$$

因为 $x_j>0,z_j>0$,则 $1-\sum\limits_{i=1}^{n}a_{ij}>0$,因此

$$\sum_{i=1}^{n}a_{ij}<1\quad(j=1,2,\cdots,n).$$

三、投入产出分析

1. 分配平衡方程组的解

将 $x_{ij}=a_{ij}x_j(i,j=1,2,\cdots,n)$代入分配平衡方程组(4.19),得

$$\begin{cases}x_1=a_{11}x_1+a_{12}x_2+\cdots+a_{1n}x_n+y_1,\\ x_2=a_{21}x_1+a_{22}x_2+\cdots+a_{2n}x_n+y_2,\\ \qquad\cdots\cdots\\ x_n=a_{n1}x_1+a_{n2}x_2+\cdots+a_{nn}x_n+y_n.\end{cases}\tag{4.25}$$

设

$$\boldsymbol{X}=\begin{pmatrix}x_1\\x_2\\\vdots\\x_n\end{pmatrix},\quad \boldsymbol{Y}=\begin{pmatrix}y_1\\y_2\\\vdots\\y_n\end{pmatrix},$$

则方程组(4.25)可写成矩阵形式

$$\boldsymbol{X}=\boldsymbol{A}\boldsymbol{X}+\boldsymbol{Y},\tag{4.26}$$

或

$$(\boldsymbol{E}-\boldsymbol{A})\boldsymbol{X}=\boldsymbol{Y},$$

其中,$\boldsymbol{A}$ 为直接消耗系数矩阵.

定理 4.8　如果 n 阶方阵 $\boldsymbol{A}=(a_{ij})$具有以下性质:$0\leqslant a_{ij}<1(i,j=1,2,\cdots,n)$及 $\sum\limits_{i=1}^{n}a_{ij}<1(j=1,2,\cdots,n)$,那么,方程$(\boldsymbol{E}-\boldsymbol{A})\boldsymbol{X}=\boldsymbol{Y}$ 当 $\boldsymbol{Y}$ 为已知且为非负(所有元素非负)时,存在非负解

$$\boldsymbol{X}=(\boldsymbol{E}-\boldsymbol{A})^{-1}\boldsymbol{Y}.\tag{4.27}$$

本定理不予证明.

根据定理 4.8,关系式(4.26)和(4.27)建立了分配平衡方程组总产量 $\boldsymbol{X}$ 与最

终产品$\boldsymbol{Y}$之间的关系,若已知$\boldsymbol{X},\boldsymbol{Y}$中的某一个,就可以由式(4.26)或(4.27)求出另外一个.

例 2 已知三个部门在某一生产周期内,直接消耗系数矩阵为

$$\boldsymbol{A}=\begin{pmatrix}0.3&0.4&0.1\\0.5&0.2&0.6\\0.1&0.3&0.1\end{pmatrix}.$$

(1) 若三个部门的总产值分别是 200 亿元,240 亿元,140 亿元,求各部门的最终产品;

(2) 若各部门的最终产品分别是 20 亿元,10 亿元,30 亿元,求各部门的总产值.

解 (1) 已知$\boldsymbol{X}=\begin{pmatrix}200\\240\\140\end{pmatrix}$,将$\boldsymbol{A},\boldsymbol{X}$代入$(\boldsymbol{E}-\boldsymbol{A})\boldsymbol{X}=\boldsymbol{Y}$,得

$$\begin{pmatrix}y_1\\y_2\\y_3\end{pmatrix}=\begin{pmatrix}0.7&-0.4&-0.1\\-0.5&0.8&-0.6\\-0.1&-0.3&0.9\end{pmatrix}\begin{pmatrix}200\\240\\140\end{pmatrix}=\begin{pmatrix}30\\8\\34\end{pmatrix},$$

即各部门的最终产品分别为 30 亿元,8 亿元,34 亿元.

(2) 已知$\boldsymbol{Y}=\begin{pmatrix}20\\10\\30\end{pmatrix}$,将$\boldsymbol{A},\boldsymbol{Y}$代入$\boldsymbol{X}=(\boldsymbol{E}-\boldsymbol{A})^{-1}\boldsymbol{Y}$,其中

$$(\boldsymbol{E}-\boldsymbol{A})^{-1}=\frac{1}{0.151}\begin{pmatrix}0.54&0.39&0.32\\0.51&0.62&0.47\\0.23&0.25&0.36\end{pmatrix},$$

于是

$$\boldsymbol{X}=\frac{1}{0.151}\begin{pmatrix}0.54&0.39&0.32\\0.51&0.62&0.47\\0.23&0.25&0.36\end{pmatrix}\begin{pmatrix}20\\10\\30\end{pmatrix}=\begin{pmatrix}160.93\\201.99\\118.54\end{pmatrix}.$$

所以各部门的总产值为$x_1=160.93$亿元,$x_2=201.99$亿元,$x_3=118.54$亿元.

2. 消耗平衡方程组的解

将$x_{ij}=a_{ij}x_i(i,j=1,2,\cdots,n)$代入消耗平衡方程组(4.22),得

$$x_j=\sum_{i=1}^{n}a_{ij}x_j+z_j\quad(j=1,2,\cdots,n),$$

于是当$x_j(j=1,2,\cdots,n)$为已知时,可求出新创造的价值

$$z_j=\left(1-\sum_{i=1}^{n}a_{ij}\right)x_j\quad(j=1,2,\cdots,n);\tag{4.28}$$

当 $z_j(j=1,2,\cdots,n)$为已知时,可求出总产品价值

$$x_j=\frac{z_j}{1-\sum_{i=1}^{n}a_{ij}}\quad(j=1,2,\cdots,n).\tag{4.29}$$

在例 2 中,当三个部门的总产品价值分别是 200 亿元,240 亿元,140 亿元时,根据式(4.28)可求出三部门新创造的价值,分别是

$$z_1=(1-0.3-0.5-0.1)\cdot 200=20(\text{亿元}),$$
$$z_2=(1-0.4-0.2-0.3)\cdot 240=24(\text{亿元}),$$
$$z_3=(1-0.1-0.6-0.1)\cdot 140=28(\text{亿元}).$$

第五节　内容概要与典型例题分析

一、内容概要

本章的主要内容为齐次与非齐次线性方程组的解的判定、解的性质与结构及求解方法.

(一) 齐次线性方程组 $\boldsymbol{A}_{m\times n}\boldsymbol{x}=\boldsymbol{0}$

1. 齐次线性方程组的解的判定

(1) $\boldsymbol{Ax}=\boldsymbol{0}$ 有非零解$\Leftrightarrow r(\boldsymbol{A})<n$,即系数矩阵 $\boldsymbol{A}$ 的列向量组线性相关;

$\boldsymbol{Ax}=\boldsymbol{0}$ 只有零解$\Leftrightarrow r(\boldsymbol{A})=n$,即系数矩阵 $\boldsymbol{A}$ 列满秩($\boldsymbol{A}$ 的列向量组线性无关).

(2) 当 $m=n$ 时,即 $\boldsymbol{A}$ 是 n 阶方阵,齐次线性方程组 $\boldsymbol{Ax}=\boldsymbol{0}$ 有非零解$\Leftrightarrow|\boldsymbol{A}|=0$;

$\boldsymbol{Ax}=\boldsymbol{0}$ 只有零解$\Leftrightarrow|\boldsymbol{A}|\neq 0$,即 $\boldsymbol{A}$ 可逆.

(3) 当 $m<n$ 时,齐次线性方程组 $\boldsymbol{Ax}=\boldsymbol{0}$ 必有非零解.

2. 齐次线性方程组解的性质与结构

若 $\boldsymbol{\xi}_1,\boldsymbol{\xi}_2$ 是方程组 $\boldsymbol{Ax}=\boldsymbol{0}$ 的解,则解之和 $\boldsymbol{\xi}_1+\boldsymbol{\xi}_2$ 仍是 $\boldsymbol{Ax}=\boldsymbol{0}$ 的解;若 $\boldsymbol{\xi}$ 是方程组$\boldsymbol{Ax}=\boldsymbol{0}$ 的解,则 $\boldsymbol{\xi}$ 的任意常数倍 $k\boldsymbol{\xi}$ 仍是$\boldsymbol{Ax}=\boldsymbol{0}$ 的解. 即方程组 $\boldsymbol{Ax}=\boldsymbol{0}$ 的解构成向量空间,称为 $\boldsymbol{Ax}=\boldsymbol{0}$ 的解空间. 解空间的一个基称为方程组 $\boldsymbol{Ax}=\boldsymbol{0}$ 的一个基础解系,基础解系不是唯一的.

若 $r(\boldsymbol{A})=n$,则方程组只有零解,解空间的维数为零,没有基础解系;若 $r(\boldsymbol{A})=r<n$,则 $\boldsymbol{Ax}=\boldsymbol{0}$ 的解空间的维数为 $n-r$,即基础解系中含 $n-r$ 个线性无关的解向量.

若 $\boldsymbol{\xi}_1,\boldsymbol{\xi}_2,\cdots,\boldsymbol{\xi}_{n-r}$ 是齐次线性方程组$\boldsymbol{Ax}=\boldsymbol{0}$ 的一个基础解系,则齐次线性方程

组 $\boldsymbol{Ax}=\mathbf{0}$ 的通解为

$$\boldsymbol{x}=k_1\boldsymbol{\xi}_1+k_2\boldsymbol{\xi}_2+\cdots+k_{n-r}\boldsymbol{\xi}_{n-r},$$

其中 $k_1,k_2,\cdots,k_{n-r}$是任意常数.

3. 解 n 元齐次线性方程组 $\boldsymbol{Ax}=\mathbf{0}$ 的基本步骤

(1) 对系数矩阵作初等行变换,化成行最简形阶梯矩阵.

(2) 假设行最简形阶梯矩阵中有 r 个非零行,则基础解系中有 $n-r$ 个解向量,选非主元(主元是指行最简形阶梯矩阵中非零行的第一个非零元)所在列的变量为自由未知量,写出对应的同解方程组.

(3) 将自由变量看成 $n-r$ 维向量空间中的向量,并分别取为 $n-r$ 维向量空间中的单位坐标向量,对应求出 r 个约束变量的值,求得所需的线性无关的解向量即为一个基础解系.

(4) 由求得的基础解系,写出方程组的通解.

第(3),(4)两步可通过向量形式简化而得.

(二) 非齐次线性方程组 $\boldsymbol{A}_{m\times n}\boldsymbol{x}=\boldsymbol{b}$

方程组的增广矩阵

$$\left(\begin{array}{cccc:c} a_{11} & a_{12} & \cdots & a_{1n} & b_1 \\ a_{21} & a_{22} & \cdots & a_{2n} & b_2 \\ \vdots & \vdots & & \vdots & \vdots \\ a_{m1} & a_{m2} & \cdots & a_{mn} & b_m \end{array}\right)$$

记作 $\widetilde{\boldsymbol{A}}=(\boldsymbol{A},\boldsymbol{b})$.

对应的齐次线性方程组 $\boldsymbol{A}_{m\times n}\boldsymbol{x}=\mathbf{0}$ 称为非齐次线性方程组 $\boldsymbol{A}_{m\times n}\boldsymbol{x}=\boldsymbol{b}$ 的导出组.

1. 非齐次线性方程组有解的判定

(1) $\boldsymbol{Ax}=\boldsymbol{b}$ 有解$\Leftrightarrow r(\boldsymbol{A})=r(\boldsymbol{A},\boldsymbol{b})$,即系数矩阵的秩等于增广矩阵的秩

$\Leftrightarrow\boldsymbol{b}$ 能由 $\boldsymbol{A}$ 的列向量组线性表示;

$\boldsymbol{Ax}=\boldsymbol{b}$ 无解$\Leftrightarrow r(\boldsymbol{A},\boldsymbol{b})=r(\boldsymbol{A})+1$

$\Leftrightarrow\boldsymbol{b}$ 不能由 $\boldsymbol{A}$ 的列向量组线性表示.

(2) 当 n 元非齐次线性方程组有解,即 $r(\boldsymbol{A})=r(\boldsymbol{A},\boldsymbol{b})=r$ 时,则

当 $r=n$ 时,方程组 $\boldsymbol{Ax}=\boldsymbol{b}$ 有唯一解,即 $\boldsymbol{b}$ 能由 $\boldsymbol{A}$ 的列向量组线性表示,且表示式唯一;

当 $r<n$ 时,方程组 $\boldsymbol{Ax}=\boldsymbol{b}$ 有无穷多解,即 $\boldsymbol{b}$ 能由 $\boldsymbol{A}$ 的列向量组线性表示,且表示式不唯一.

(3) 当系数矩阵 $\boldsymbol{A}$ 为方阵时,非齐次线性方程组 $\boldsymbol{Ax}=\boldsymbol{b}$ 有唯一解$\Leftrightarrow|\boldsymbol{A}|\neq0$,即 $\boldsymbol{A}$ 为可逆矩阵,且解为 $\boldsymbol{x}=\boldsymbol{A}^{-1}\boldsymbol{b}$.

2. 非齐次线性方程组解的性质与结构

(1) 设 $\boldsymbol{\eta}_1,\boldsymbol{\eta}_2$ 是非齐次线性方程组 $\boldsymbol{Ax}=\boldsymbol{b}$ 的两个解，则 $\dfrac{\boldsymbol{\eta}_1+\boldsymbol{\eta}_2}{2}$ 是方程组 $\boldsymbol{Ax}=\boldsymbol{b}$ 的一个解，$\boldsymbol{\eta}_1-\boldsymbol{\eta}_2$ 是导出组 $\boldsymbol{Ax}=\boldsymbol{0}$ 的一个解.

(2) 非齐次线性方程组 $\boldsymbol{Ax}=\boldsymbol{b}$ 的任一解 $\boldsymbol{\eta}$ 与导出组 $\boldsymbol{Ax}=\boldsymbol{0}$ 的解 $\boldsymbol{\xi}$ 的和 $\boldsymbol{\eta}+\boldsymbol{\xi}$ 是非齐次线性方程组 $\boldsymbol{Ax}=\boldsymbol{b}$ 的解.

(3) 非齐次线性方程组 $\boldsymbol{Ax}=\boldsymbol{b}$ 的通解(一般解)为非齐次线性方程组的一个特解加上导出组的基础解系的线性组合. 即

设非齐次线性方程组 $\boldsymbol{Ax}=\boldsymbol{b}$，若 $r(\boldsymbol{A})=r$，$\boldsymbol{\eta}$ 是 $\boldsymbol{Ax}=\boldsymbol{b}$ 的一个特解，$\boldsymbol{\xi}_1,\boldsymbol{\xi}_2,\cdots,\boldsymbol{\xi}_{n-r}$ 是导出组 $\boldsymbol{Ax}=\boldsymbol{0}$ 的基础解系，则 $\boldsymbol{Ax}=\boldsymbol{b}$ 的通解(一般解)是

$$\boldsymbol{x}=\boldsymbol{\eta}+k_1\boldsymbol{\xi}_1+\cdots+k_{n-r}\boldsymbol{\xi}_{n-r},\quad \text{其中 } k_1,\cdots,k_{n-r}\text{是任意常数.}$$

3. 解 n 元非齐次线性方程组 $\boldsymbol{Ax}=\boldsymbol{b}$ 的基本步骤

(1) 对增广矩阵 $\widetilde{\boldsymbol{A}}$ 作初等行变换，化成行阶梯矩阵.

比较 $r(\boldsymbol{A}),r(\widetilde{\boldsymbol{A}})$，若 $r(\boldsymbol{A})\neq r(\widetilde{\boldsymbol{A}})$，方程组无解；若 $r(\boldsymbol{A})=r(\widetilde{\boldsymbol{A}})=r$，方程组有解，且 $r=n$ 时，方程组有唯一解，$r<n$ 时，方程组有无穷多解.

(2) 有解时，继续对 $\widetilde{\boldsymbol{A}}$ 施行初等行变换，化 $\widetilde{\boldsymbol{A}}$ 为行最简形阶梯矩阵.

(3) 假设行最简形阶梯矩阵中有 r 个非零行，则其导出组的基础解系中有 $n-r$ 个解向量，选非主元(系数不是阶梯形矩阵的主元)所在列的变量为自由未知量，写出对应的同解方程组.

(4) 求出导出组的基础解系，取所有自由变量的值为 0 得到方程组的一个特解.

(5) 由求得的导出组的基础解系及方程组本身的一个特解，写出方程组的通解.

其中，第(4)，(5)两步可通过向量形式简化而得.

二、典型例题分析

例 1　设线性方程组 $\boldsymbol{Ax}=\boldsymbol{b}$ 有 n 个未知量 m 个方程，且 $r(\boldsymbol{A})=r$，则(　　).

A. $r=m$ 时，方程组有解　　B. $r=n$ 时，方程组有唯一解

C. $m=n$ 时，方程组有唯一解　　D. $r<n$ 时，方程组有无穷多解

答案　A.

因为当 $r=m$ 时，$\boldsymbol{A}$ 为行满秩矩阵，则有 $r(\widetilde{\boldsymbol{A}})=r(\boldsymbol{A})=m$，因此方程组有解. 其余的情况均不能保证 $r(\widetilde{\boldsymbol{A}})=r(\boldsymbol{A})$.

例 2　设四元非齐次线性方程组 $\boldsymbol{Ax}=\boldsymbol{b}$ 有三个解向量 $\boldsymbol{u},\boldsymbol{v},\boldsymbol{w}$，且 $r(\boldsymbol{A})=3$，$\boldsymbol{u}=(1,2,3,4)$，$\boldsymbol{v}+\boldsymbol{w}=(0,1,2,3)$，则 $\boldsymbol{Ax}=\boldsymbol{b}$ 的通解为(　　).

A. $\begin{pmatrix}1\\2\\3\\4\end{pmatrix}+c\begin{pmatrix}1\\1\\1\\1\end{pmatrix}$　B. $\begin{pmatrix}1\\2\\3\\4\end{pmatrix}+c\begin{pmatrix}1\\3\\5\\7\end{pmatrix}$　C. $\begin{pmatrix}1\\2\\3\\4\end{pmatrix}+c\begin{pmatrix}2\\3\\4\\5\end{pmatrix}$　D. $\begin{pmatrix}1\\2\\3\\4\end{pmatrix}+c\begin{pmatrix}3\\4\\5\\6\end{pmatrix}$

答案　C.

由于 $r(\boldsymbol{A})=3$,则 $\boldsymbol{Ax}=\boldsymbol{0}$ 的基础解系含有 1 个解向量,又非齐次线性方程组的解之差为对应的齐次线性方程组的解,则 $\boldsymbol{v}-\boldsymbol{u},\boldsymbol{w}-\boldsymbol{u}$ 为齐次方程组 $\boldsymbol{Ax}=\boldsymbol{0}$ 的解,因此

$$(\boldsymbol{v}-\boldsymbol{u})+(\boldsymbol{w}-\boldsymbol{u})=(\boldsymbol{v}+\boldsymbol{w})-2\boldsymbol{u}=-(2,3,4,5)^{\mathrm{T}}$$

也为 $\boldsymbol{Ax}=\boldsymbol{0}$ 的解,于是 $\boldsymbol{Ax}=\boldsymbol{0}$ 的通解为 $c\,(2,3,4,5)^{\mathrm{T}}$.

例 3　四阶矩阵 $\boldsymbol{A}$ 不可逆,其代数余子式 $A_{12}\neq 0$,$\boldsymbol{\alpha}_1,\boldsymbol{\alpha}_2,\boldsymbol{\alpha}_3,\boldsymbol{\alpha}_4$ 为矩阵 $\boldsymbol{A}$ 的列向量组,则 $\boldsymbol{A}^*\boldsymbol{x}=\boldsymbol{0}$ 的通解为(　　).

A. $\boldsymbol{x}=k_1\boldsymbol{\alpha}_1+k_2\boldsymbol{\alpha}_2$　　B. $\boldsymbol{x}=k_1\boldsymbol{\alpha}_2+k_2\boldsymbol{\alpha}_3$

C. $\boldsymbol{x}=k_1\boldsymbol{\alpha}_1+k_2\boldsymbol{\alpha}_3+k_3\boldsymbol{\alpha}_4$　　D. $\boldsymbol{x}=k_1\boldsymbol{\alpha}_2+k_2\boldsymbol{\alpha}_3+k_3\boldsymbol{\alpha}_4$

答案　C.

本题涉及的知识点有齐次线性方程组的通解结构、伴随矩阵秩及 $\boldsymbol{AA}^*$ 的公式.

由于 $A_{12}\neq 0$,则 $r(\boldsymbol{A}^*)\geqslant 1$,而矩阵 $\boldsymbol{A}$ 不可逆,故由伴随矩阵秩的公式可知,$r(\boldsymbol{A}^*)=1,r(\boldsymbol{A})=3$,则 $\boldsymbol{A}^*\boldsymbol{x}=\boldsymbol{0}$ 的基础解系含有 3 个解向量.

由 $\boldsymbol{A}^*\boldsymbol{A}=|\boldsymbol{A}|\boldsymbol{E}=\boldsymbol{0}$,得 $\boldsymbol{A}$ 的列向量 $\boldsymbol{\alpha}_1,\boldsymbol{\alpha}_2,\boldsymbol{\alpha}_3,\boldsymbol{\alpha}_4$ 都是 $\boldsymbol{A}^*\boldsymbol{x}=\boldsymbol{0}$ 的解向量.

又由

$$\boldsymbol{AA}^*=(\boldsymbol{\alpha}_1,\boldsymbol{\alpha}_2,\boldsymbol{\alpha}_3,\boldsymbol{\alpha}_4)\begin{pmatrix}A_{11}&\cdots\\A_{12}&\cdots\\A_{13}&\cdots\\A_{14}&\cdots\end{pmatrix}=\boldsymbol{0}$$

可知 $A_{11}\boldsymbol{\alpha}_1+A_{12}\boldsymbol{\alpha}_2+A_{13}\boldsymbol{\alpha}_3+A_{14}\boldsymbol{\alpha}_4=\boldsymbol{0}$,而 $A_{12}\neq 0$,故 $\boldsymbol{\alpha}_2$ 可由 $\boldsymbol{\alpha}_1,\boldsymbol{\alpha}_3,\boldsymbol{\alpha}_4$ 线性表示,而 $r(\boldsymbol{\alpha}_1,\boldsymbol{\alpha}_2,\boldsymbol{\alpha}_3,\boldsymbol{\alpha}_4)=3$,则 $\boldsymbol{\alpha}_1,\boldsymbol{\alpha}_3,\boldsymbol{\alpha}_4$ 线性无关,即 $\boldsymbol{\alpha}_1,\boldsymbol{\alpha}_3,\boldsymbol{\alpha}_4$ 为 $\boldsymbol{A}^*\boldsymbol{x}=\boldsymbol{0}$ 的一个基础解系,故选 C.

例 4　写出一个以

$$\boldsymbol{x}=c_1\begin{pmatrix}2\\-3\\1\\0\end{pmatrix}+c_2\begin{pmatrix}-1\\4\\0\\1\end{pmatrix}+\begin{pmatrix}1\\2\\0\\0\end{pmatrix}$$

为通解的非齐次线性方程组.

分析:解决此类问题的关键在于由已知的基础解系求出其导出组方程. 一般若

已知某个齐次线性方程组的一个基础解系为 $\boldsymbol{\xi}_1,\boldsymbol{\xi}_2,\cdots,\boldsymbol{\xi}_t$，可设方程组为 $\boldsymbol{Ax}=\boldsymbol{0}$，则 $\boldsymbol{A}(\boldsymbol{\xi}_1,\boldsymbol{\xi}_2,\cdots,\boldsymbol{\xi}_t)=\boldsymbol{0}$，即 $\boldsymbol{A}$ 的行向量组 $\boldsymbol{\alpha}_1,\boldsymbol{\alpha}_2,\cdots,\boldsymbol{\alpha}_n$ 满足方程

$$\begin{pmatrix}\boldsymbol{\alpha}_1\\ \boldsymbol{\alpha}_2\\ \vdots\\ \boldsymbol{\alpha}_n\end{pmatrix}(\boldsymbol{\xi}_1,\boldsymbol{\xi}_2,\cdots,\boldsymbol{\xi}_t)=\boldsymbol{0}.$$

解此方程组，求出它的一个基础解系，以此基础解系中的向量作为 $\boldsymbol{A}$ 的行向量，从而得出方程组 $\boldsymbol{Ax}=\boldsymbol{0}$，再由已知 $\boldsymbol{Ax}=\boldsymbol{b}$ 的一个特解，求出向量 $\boldsymbol{b}$. 若已知的基础解系形式特殊(如本例，具有定理 4.4 中基础解系的结构)，则求法更为简单. 一般来说，答案不唯一.

解　根据已知，可得

$$\begin{pmatrix}x_1\\x_2\\x_3\\x_4\end{pmatrix}=c_1\begin{pmatrix}2\\-3\\1\\0\end{pmatrix}+c_2\begin{pmatrix}-1\\4\\0\\1\end{pmatrix}+\begin{pmatrix}1\\2\\0\\0\end{pmatrix},$$

与此等价地可以写成

$$\begin{cases}x_1=2c_1-c_2+1,\\x_2=-3c_1+4c_2+2,\\x_3=c_1,\\x_4=c_2,\end{cases}$$

得

$$\begin{cases}x_1=2x_3-x_4+1,\\x_2=-3x_3+4x_4+2,\end{cases}$$

即

$$\begin{cases}x_1-2x_3+x_4=1,\\x_2+3x_3-4x_4=2.\end{cases}$$

这就是一个满足题目要求的非齐次线性方程组.

例 5　设 n 阶方阵 $\boldsymbol{A}$ 的各行元素之和都为 0，且 $r(\boldsymbol{A})=n-1$，求 $\boldsymbol{Ax}=\boldsymbol{0}$ 的通解，并证明 $A_{ti}=A_{tj}(t,i,j=1,2,\cdots,n)$，其中 A_{ij} 为 $\boldsymbol{A}$ 的元素 a_{ij} 的代数余子式.

分析：根据方阵 $\boldsymbol{A}$ 的各行元素之和都为 0，可知 $\boldsymbol{x}=(1,1,\cdots,1)^{\mathrm{T}}$ 满足 $\boldsymbol{Ax}=\boldsymbol{0}$，即得 $\boldsymbol{Ax}=\boldsymbol{0}$ 的一个非零解. 再由定理 4.4 可知，$\boldsymbol{Ax}=\boldsymbol{0}$ 的解空间的维数为 $n-r(\boldsymbol{A})=1$，求出其通解. 然后由等式 $\boldsymbol{AA}^*=|\boldsymbol{A}|\boldsymbol{E}=\boldsymbol{0}$，得 $\boldsymbol{A}^*$ 的每一个列向量均为 $\boldsymbol{Ax}=\boldsymbol{0}$ 的解向量，可证明结论.

解　由于 n 阶方阵 $\boldsymbol{A}$ 的各行元素之和都为 0，则有 $\boldsymbol{x}=(1,1,\cdots,1)^{\mathrm{T}}$ 满足 $\boldsymbol{Ax}=$

$\mathbf{0}$,即 $\boldsymbol{x}=(1,1,\cdots,1)^{\mathrm{T}}$ 为 $\boldsymbol{A}\boldsymbol{x}=\mathbf{0}$ 的解,又 $r(\boldsymbol{A})=n-1$,则 $\boldsymbol{A}\boldsymbol{x}=\mathbf{0}$ 的基础解系只含有 1 个解向量,因此 $\boldsymbol{A}\boldsymbol{x}=\mathbf{0}$ 的通解为

$$\boldsymbol{x}=k\begin{pmatrix}1\\1\\\vdots\\1\end{pmatrix},\quad k \text{ 为常数}.$$

由于 $r(\boldsymbol{A})=n-1$,则 $|\boldsymbol{A}|=0$,因此 $\boldsymbol{A}\boldsymbol{A}^*=|\boldsymbol{A}|\boldsymbol{E}=\mathbf{0}$,即 $\boldsymbol{A}^*$ 的每一个列向量均为 $\boldsymbol{A}\boldsymbol{x}=\mathbf{0}$ 的解向量,所以 $(A_{t1},A_{t2},\cdots,A_{tn})^{\mathrm{T}}=c\,(1,1,\cdots,1)^{\mathrm{T}}(t=1,2,\cdots,n)$,即 $A_{ti}=A_{tj}$,其中 $t,i,j=1,2,\cdots,n$.

例 6　讨论 p,t 为何值时,方程组

$$\begin{cases}x_1+x_2-2x_3+3x_4=0,\\2x_1+x_2-6x_3+4x_4=-1,\\3x_1+2x_2+px_3+7x_4=-1,\\x_1-x_2-6x_3-x_4=t\end{cases}$$

无解,有解?有解时,用其导出组的一个基础解系表示其全部解.

分析:解此类问题,只需先写出方程组的增广矩阵,对增广矩阵施行初等行变换化为行阶梯形矩阵,再根据有解的条件确定参数的取值.

解　方程组的增广矩阵为

$$\widetilde{\boldsymbol{A}}=\left(\begin{array}{cccc:c}1&1&-2&3&0\\2&1&-6&4&-1\\3&2&p&7&-1\\1&-1&-6&-1&t\end{array}\right),$$

则

$$\widetilde{\boldsymbol{A}}\underset{\substack{r_3-3r_1\\r_4-r_1}}{\overset{r_2-2r_1}{\sim}}\left(\begin{array}{cccc:c}1&1&-2&3&0\\0&-1&-2&-2&-1\\0&-1&p+6&-2&-1\\0&-2&-4&-4&t\end{array}\right)\underset{r_4-2r_2}{\overset{r_3-r_2}{\sim}}\left(\begin{array}{cccc:c}1&1&-2&3&0\\0&-1&-2&-2&-1\\0&0&p+8&0&0\\0&0&0&0&t+2\end{array}\right),$$

当 $t\neq-2$,p 任意时,有 $r(\boldsymbol{A})\neq r(\widetilde{\boldsymbol{A}})$,方程组无解;$t=-2$,$p$ 任意时,$r(\boldsymbol{A})=r(\widetilde{\boldsymbol{A}})<4$,方程组有无穷多解,且

(1) $p=-8$ 时,$r(\boldsymbol{A})=r(\widetilde{\boldsymbol{A}})=2$,此时

$$\widetilde{\boldsymbol{A}}\sim\left(\begin{array}{cccc:c}1&1&-2&3&0\\0&-1&-2&-2&-1\\0&0&0&0&0\\0&0&0&0&0\end{array}\right)\sim\left(\begin{array}{cccc:c}1&0&-4&1&-1\\0&1&2&2&1\\0&0&0&0&0\\0&0&0&0&0\end{array}\right),$$

则全部解

$$\begin{pmatrix}x_1\\x_2\\x_3\\x_4\end{pmatrix}=c_1\begin{pmatrix}4\\-2\\1\\0\end{pmatrix}+c_2\begin{pmatrix}-1\\-2\\0\\1\end{pmatrix}+\begin{pmatrix}-1\\1\\0\\0\end{pmatrix},$$

其中 c_1,c_2 为任意常数，$(4,-2,1,0)^{\mathrm{T}}$ 和 $(-1,-2,0,1)^{\mathrm{T}}$ 为导出组的一个基础解系.

(2) 当 $p\neq-8$ 时，$r(\boldsymbol{A})=r(\widetilde{\boldsymbol{A}})=3$，此时

$$\widetilde{\boldsymbol{A}}\sim\left(\begin{array}{cccc:c}1&1&-2&3&0\\0&-1&-2&-2&-1\\0&0&p+8&0&0\\0&0&0&0&0\end{array}\right)\sim\left(\begin{array}{cccc:c}1&0&0&1&-1\\0&1&0&2&1\\0&0&1&0&0\\0&0&0&0&0\end{array}\right),$$

即得同解方程

$$\begin{cases}x_1=-x_4-1,\\x_2=-2x_4+1,\\x_3=0,\end{cases}$$

则

$$\begin{pmatrix}x_1\\x_2\\x_3\\x_4\end{pmatrix}=c\begin{pmatrix}-1\\-2\\0\\1\end{pmatrix}+\begin{pmatrix}-1\\1\\0\\0\end{pmatrix},$$

其中 c 为任意常数，$(-1,-2,0,1)^{\mathrm{T}}$ 为导出组的一个基础解系.

例 7　设四元齐次线性方程组(Ⅰ)为

$$\begin{cases}2x_1+3x_2-x_3=0,\\x_1+2x_2+x_3-x_4=0,\end{cases}$$

且已知另一四元齐次线性方程组(Ⅱ)的一个基础解系为 $\boldsymbol{\alpha}_1=(2,-1,a+2,1)^{\mathrm{T}}$，$\boldsymbol{\alpha}_2=(-1,2,4,a+8)^{\mathrm{T}}$.

(1) 求方程组(Ⅰ)的一个基础解系；

(2) 当 a 为何值时，方程组(Ⅰ)与(Ⅱ)有非零公共解？有时，求出全部非零公共解.

分析：由求解齐次线性方程组的基本方法解(1)；要求两个方程组(Ⅰ)与(Ⅱ)的非零公共解，只需把(Ⅱ)的通解代入(Ⅰ)，得到一个新的齐次线性方程组，再讨论此方程组是否有非零解，并求出其所有非零解即可.

解　(1) 方程组(Ⅰ)的系数矩阵

$$A=\begin{pmatrix}2&3&-1&0\\1&2&1&-1\end{pmatrix}\sim\begin{pmatrix}1&0&-5&3\\0&1&3&-2\end{pmatrix},$$

得同解方程组

$$\begin{cases}x_1=5x_3-3x_4,\\x_2=-3x_3+2x_4,\end{cases}$$

取 $\begin{bmatrix}x_3\\x_4\end{bmatrix}$ 分别为 $\begin{pmatrix}1\\0\end{pmatrix},\begin{pmatrix}0\\1\end{pmatrix}$,得基础解系

$$\boldsymbol{\beta}_1=(5,-3,1,0)^{\mathrm{T}},\quad \boldsymbol{\beta}_2=(-3,2,0,1)^{\mathrm{T}}.$$

(2) 求方程组(Ⅰ)与(Ⅱ)的非零公共解,只需把(Ⅱ)的通解 $k_1\boldsymbol{\alpha}_1+k_2\boldsymbol{\alpha}_2$ 代入(Ⅰ),整理得

$$\begin{cases}(a+1)k_1=0,\\(a+1)k_1-(a+1)k_2=0,\end{cases}$$

当 $a\neq-1$ 时,$k_1=k_2=0$,只有公共零解;

当 $a=-1$ 时,有非零公共解,且为 $k_1\ (2,-1,1,1)^{\mathrm{T}}+k_2\ (-1,2,4,7)^{\mathrm{T}}$, k_1, k_2 不全为 0.

例 8 已知三阶非零矩阵 $\boldsymbol{B}$ 的每一个列向量均是以下方程组的解:

$$\begin{cases}x_1+2x_2-2x_3=0,\\2x_1-x_2+\lambda x_3=0,\\3x_1+x_2-x_3=0.\end{cases}$$

(1) 求 λ 的值;

(2) 证明 $|\boldsymbol{B}|=0$.

分析:由非零矩阵 $\boldsymbol{B}$ 的每一个列向量均是方程组 $\boldsymbol{Ax}=\boldsymbol{0}$ 的解,即 $\boldsymbol{Ax}=\boldsymbol{0}$ 有非零解,而 $\boldsymbol{A}$ 是方阵,则 $|\boldsymbol{A}|=0$,可求出 λ 的值;再根据 $\boldsymbol{Ax}=\boldsymbol{0}$ 的解空间的维数可以证明 $|\boldsymbol{B}|=0$.

解 (1) 记方程组为 $\boldsymbol{Ax}=\boldsymbol{0}$,并记 $\boldsymbol{B}=(\boldsymbol{\beta}_1,\boldsymbol{\beta}_2,\boldsymbol{\beta}_3)$,由题意知 $\boldsymbol{\beta}_1,\boldsymbol{\beta}_2,\boldsymbol{\beta}_3$ 均为方程组的解,由 $\boldsymbol{B}$ 为非零矩阵,则 $\boldsymbol{Ax}=\boldsymbol{0}$ 有非零解,则系数行列式

$$|\boldsymbol{A}|=\begin{vmatrix}1&2&-2\\2&-1&\lambda\\3&1&-1\end{vmatrix}=5(\lambda-1)=0,$$

得 $\lambda=1$.

(2) $\boldsymbol{A}=\begin{bmatrix}1&2&-2\\2&-1&1\\3&1&-1\end{bmatrix}$,易知 $r(\boldsymbol{A})=2$,则 $\boldsymbol{Ax}=\boldsymbol{0}$ 的基础解系只含一个解向量,因此 $\boldsymbol{\beta}_1,\boldsymbol{\beta}_2,\boldsymbol{\beta}_3$ 线性相关,从而 $|\boldsymbol{B}|=0$.

例 9 已知两个线性方程组

$$(\text{Ⅰ})\begin{cases}a_{11}x_1+a_{12}x_2+\cdots+a_{1,2n}x_{2n}=0,\\a_{21}x_1+a_{22}x_2+\cdots+a_{2,2n}x_{2n}=0,\\\qquad\cdots\cdots\\a_{n1}x_1+a_{n2}x_2+\cdots+a_{n,2n}x_{2n}=0\end{cases}$$

和

$$(\text{Ⅱ})\begin{cases}b_{11}y_1+b_{12}y_2+\cdots+b_{1,2n}y_{2n}=0,\\b_{21}y_1+b_{22}y_2+\cdots+b_{2,2n}y_{2n}=0,\\\qquad\cdots\cdots\\b_{n1}y_1+b_{n2}y_2+\cdots+b_{n,2n}y_{2n}=0,\end{cases}$$

且(Ⅰ)的一个基础解系为

$$(b_{11},b_{12},\cdots,b_{1,2n})^{\mathrm{T}},(b_{21},b_{22},\cdots,b_{2,2n})^{\mathrm{T}},\cdots,(b_{n1},b_{n2},\cdots,b_{n,2n})^{\mathrm{T}},$$

试写出(Ⅱ)的解,并说明理由.

分析:由(Ⅰ)的一个基础解系为(Ⅱ)的系数矩阵的行向量,得到两个方程组的系数矩阵满足的矩阵方程,再根据定理 4.4 分析求解.

解　记方程组(Ⅰ),(Ⅱ)的系数矩阵分别为 $\boldsymbol{A},\boldsymbol{B}$. 由(Ⅰ)的一个基础解系为 $\boldsymbol{B}$ 的行向量,则有

$$\boldsymbol{A}\boldsymbol{B}^{\mathrm{T}}=\boldsymbol{0},$$

两边取转置,得

$$\boldsymbol{B}\boldsymbol{A}^{\mathrm{T}}=\boldsymbol{0},$$

即 $\boldsymbol{A}$ 的 n 个行向量均满足 $\boldsymbol{B}\boldsymbol{y}=\boldsymbol{0}$,即为(Ⅱ)的解,又因为 $r(\boldsymbol{B})=n$(因为 $\boldsymbol{B}$ 的 n 个行向量线性无关),则(Ⅱ)的基础解系含有 $2n-n=n$ 个解向量. 又因为 $\boldsymbol{A}\boldsymbol{x}=\boldsymbol{0}$ 的基础解系含 n 个解向量,则 $r(\boldsymbol{A})=2n-n=n$,则 $\boldsymbol{A}$ 的 n 个行向量线性无关,从而 $\boldsymbol{A}$ 的 n 个行向量为 $\boldsymbol{B}\boldsymbol{y}=\boldsymbol{0}$ 的一个基础解系,所以(Ⅱ)的解为

$$\boldsymbol{y}=\begin{pmatrix}y_1\\y_2\\\vdots\\y_{2n}\end{pmatrix}=k_1\begin{pmatrix}a_{11}\\a_{12}\\\vdots\\a_{1,2n}\end{pmatrix}+k_2\begin{pmatrix}a_{21}\\a_{22}\\\vdots\\a_{2,2n}\end{pmatrix}+\cdots+k_n\begin{pmatrix}a_{n1}\\a_{n2}\\\vdots\\a_{n,2n}\end{pmatrix}\quad(k_1,\cdots,k_n\text{ 为任意实数}).$$

例 10　设 $\boldsymbol{\alpha}_i=(a_{i1},a_{i2},\cdots,a_{in})^{\mathrm{T}}(i=1,2,\cdots,r,r<n)$ 是 n 维实向量,且 $\boldsymbol{\alpha}_1,\boldsymbol{\alpha}_2,\cdots,\boldsymbol{\alpha}_r$ 线性无关,又 $\boldsymbol{\beta}=(b_1,b_2,\cdots,b_n)^{\mathrm{T}}$ 是线性方程组

$$\begin{cases}a_{11}x_1+a_{12}x_2+\cdots+a_{1n}x_n=0,\\a_{21}x_1+a_{22}x_2+\cdots+a_{2n}x_n=0,\\\qquad\cdots\cdots\\a_{n1}x_1+a_{n2}x_2+\cdots+a_{rn}x_n=0\end{cases}$$

的非零解,试判断向量组 $\boldsymbol{\alpha}_1,\boldsymbol{\alpha}_2,\cdots,\boldsymbol{\alpha}_r,\boldsymbol{\beta}$ 的线性相关性.

分析:根据线性相关性证明的一般方法,设有 $\lambda_1,\lambda_2,\cdots,\lambda_r,\lambda$ 使 $\lambda_1\boldsymbol{\alpha}_1+\lambda_2\boldsymbol{\alpha}_2+\cdots+\lambda_r\boldsymbol{\alpha}_r+\lambda\boldsymbol{\beta}=\mathbf{0}$,再由已知条件判定此方程是否有非零解.

解 设有 $\lambda_1,\lambda_2,\cdots,\lambda_r,\lambda$ 使

$$\lambda_1\boldsymbol{\alpha}_1+\lambda_2\boldsymbol{\alpha}_2+\cdots+\lambda_r\boldsymbol{\alpha}_r+\lambda\boldsymbol{\beta}=\mathbf{0}, \tag{4.30}$$

由 $\boldsymbol{\beta}$ 是线性方程组 $\begin{pmatrix}\boldsymbol{\alpha}_1^{\mathrm{T}}\\ \boldsymbol{\alpha}_2^{\mathrm{T}}\\ \vdots\\ \boldsymbol{\alpha}_r^{\mathrm{T}}\end{pmatrix}\cdot\boldsymbol{x}=\mathbf{0}$ 的解,可得

$$\boldsymbol{\alpha}_i^{\mathrm{T}}\boldsymbol{\beta}=0\quad(i=1,2,\cdots,r),$$
$$\boldsymbol{\beta}^{\mathrm{T}}\boldsymbol{\alpha}_i=0\quad(i=1,2,\cdots,r),$$

在(4.30)式两边左乘 $\boldsymbol{\beta}^{\mathrm{T}}$,则

$$\lambda_1\boldsymbol{\beta}^{\mathrm{T}}\boldsymbol{\alpha}_1+\lambda_2\boldsymbol{\beta}^{\mathrm{T}}\boldsymbol{\alpha}_2+\cdots+\lambda_r\boldsymbol{\beta}^{\mathrm{T}}\boldsymbol{\alpha}_r+\lambda\boldsymbol{\beta}^{\mathrm{T}}\boldsymbol{\beta}=0.$$

所以 $\lambda\boldsymbol{\beta}^{\mathrm{T}}\boldsymbol{\beta}=0$,又 $\boldsymbol{\beta}\neq\mathbf{0}$,则 $\boldsymbol{\beta}^{\mathrm{T}}\boldsymbol{\beta}\neq0$,所以 $\lambda=0$. 于是由(4.30)式,得

$$\lambda_1\boldsymbol{\alpha}_1+\lambda_2\boldsymbol{\alpha}_2+\cdots+\lambda_r\boldsymbol{\alpha}_r=\mathbf{0}.$$

又因为 $\boldsymbol{\alpha}_1,\boldsymbol{\alpha}_2,\cdots,\boldsymbol{\alpha}_r$ 线性无关,所以 $\lambda_1=\lambda_2=\cdots=\lambda_r=0$,因此,向量组 $\boldsymbol{\alpha}_1,\boldsymbol{\alpha}_2,\cdots,\boldsymbol{\alpha}_r,\boldsymbol{\beta}$ 线性无关.

习 题 四

1. 求下列齐次线性方程组的一个基础解系,并求其通解.

(1) $\begin{cases}x-y+2z=0,\\3x-5y-z=0,\\3x-7y-8z=0;\end{cases}$

(2) $\begin{cases}x_1-x_2+5x_3-x_4=0,\\x_1+x_2-2x_3+3x_4=0,\\3x_1-x_2+8x_3+x_4=0,\\x_1+3x_2-9x_3+7x_4=0;\end{cases}$

(3) $\begin{cases}x_1+x_2+x_3+x_4+x_5=0,\\3x_1+2x_2+x_3+x_4-3x_5=0,\\x_2+2x_3+2x_4+6x_5=0,\\5x_1+4x_2+3x_3+3x_4-x_5=0;\end{cases}$

(4) $\begin{cases}x_1+x_2-3x_4-x_5=0,\\x_1-x_2+2x_3-x_4=0,\\4x_1-2x_2+6x_3+3x_4-4x_5=0,\\2x_1+4x_2-2x_3+4x_4-7x_5=0.\end{cases}$

2. 求下列非齐次线性方程组的解.

(1) $\begin{cases}x_1+x_2-3x_3=-1,\\2x_1+x_2-2x_3=1,\\x_1+2x_2-3x_3=1,\\x_1+x_2+x_3=1;\end{cases}$

(2) $\begin{cases}x_1+x_2+2x_3=1,\\2x_1-x_2+2x_3=4,\\x_1-2x_2=3,\\4x_1+x_2+4x_3=2;\end{cases}$

(3) $\begin{cases}2x_1+x_2-x_3+x_4=1,\\4x_1+2x_2-2x_3+x_4=2,\\2x_1+x_2-x_3-x_4=1;\end{cases}$ (4) $\begin{cases}x_1+x_2+x_3+x_4+x_5=7,\\3x_1+2x_2+x_3+x_4-3x_5=-2,\\x_2+2x_3+2x_4+6x_5=23,\\5x_1+4x_2+3x_3+3x_4-x_5=12.\end{cases}$

3. 设 $\boldsymbol{A}=\begin{pmatrix}1&1&2\\2&2&4\\3&3&6\end{pmatrix}$,求一个秩为 2 的三阶方阵 $\boldsymbol{B}$ 使 $\boldsymbol{AB}=\boldsymbol{0}$.

4. 设四元非齐次线性方程组的系数矩阵的秩为 3,已知 $\boldsymbol{\xi}_1,\boldsymbol{\xi}_2,\boldsymbol{\xi}_3$ 是它的三个解向量,且

$$\boldsymbol{\xi}_1=\begin{pmatrix}2\\3\\4\\5\end{pmatrix},\quad \boldsymbol{\xi}_2+\boldsymbol{\xi}_3=\begin{pmatrix}1\\2\\3\\4\end{pmatrix},$$

求该方程组的通解.

5. 已知 $\boldsymbol{\eta}_1,\boldsymbol{\eta}_2,\boldsymbol{\eta}_3$ 是三元非齐次线性方程组 $\boldsymbol{Ax}=\boldsymbol{b}$ 的解,且 $r(\boldsymbol{A})=1$,$\boldsymbol{\eta}_1,\boldsymbol{\eta}_2,\boldsymbol{\eta}_3$ 满足

$$\boldsymbol{\eta}_1+\boldsymbol{\eta}_2=\begin{pmatrix}1\\0\\0\end{pmatrix},\quad \boldsymbol{\eta}_2+\boldsymbol{\eta}_3=\begin{pmatrix}1\\1\\0\end{pmatrix},\quad \boldsymbol{\eta}_1+\boldsymbol{\eta}_3=\begin{pmatrix}1\\1\\1\end{pmatrix},$$

求方程组 $\boldsymbol{Ax}=\boldsymbol{b}$ 的通解.

6. 求出一个齐次线性方程组,使它的基础解系由下列向量组成.

(1) $\boldsymbol{\xi}_1=\begin{pmatrix}-2\\1\\0\end{pmatrix},\quad \boldsymbol{\xi}_2=\begin{pmatrix}3\\0\\1\end{pmatrix}$; (2) $\boldsymbol{\xi}_1=\begin{pmatrix}1\\-2\\0\\3\\-1\end{pmatrix},\quad \boldsymbol{\xi}_2=\begin{pmatrix}2\\-3\\2\\5\\-3\end{pmatrix},\quad \boldsymbol{\xi}_3=\begin{pmatrix}1\\-2\\1\\2\\-2\end{pmatrix}$.

7. 讨论 a,b 取什么值时,下列方程组有解,并求解.

(1) $\begin{cases}ax_1+x_2+x_3=1,\\x_1+ax_2+x_3=a,\\x_1+x_2+ax_3=a^2;\end{cases}$ (2) $\begin{cases}ax_1+x_2+x_3=4,\\x_1+bx_2+x_3=3,\\x_1+2bx_2+x_3=4;\end{cases}$

(3) $\begin{cases}x_1+2x_2+3x_3-x_4=1,\\x_1+x_2+2x_3+3x_4=1,\\3x_1-x_2-x_3-2x_4=a,\\2x_1+3x_2-x_3+bx_4=-6;\end{cases}$ (4) $\begin{cases}x_1+ax_2=1,\\x_2+ax_3=-1,\\x_3+ax_4=0,\\ax_1+x_4=0.\end{cases}$

8. 设矩阵 $\boldsymbol{A}=\begin{pmatrix}1&1&1-a\\1&0&a\\a+1&1&a+1\end{pmatrix}$，$\boldsymbol{\beta}=\begin{pmatrix}0\\1\\2a-2\end{pmatrix}$，且方程组 $\boldsymbol{Ax}=\boldsymbol{\beta}$ 无解，求

(1) a 的值；

(2) 方程组 $\boldsymbol{A}^{\mathrm{T}}\boldsymbol{Ax}=\boldsymbol{A}^{\mathrm{T}}\boldsymbol{\beta}$ 的解.

9. 设矩阵 $\boldsymbol{A}=\begin{pmatrix}1&-2&3&-4\\0&1&-1&1\\1&2&0&-3\end{pmatrix}$，$\boldsymbol{E}$ 为 3 阶单位矩阵，求

(1) $\boldsymbol{Ax}=\boldsymbol{0}$ 的一个基础解系；

(2) 满足 $\boldsymbol{AB}=\boldsymbol{E}$ 的所有矩阵.

10. 设有下列线性方程组(Ⅰ)和(Ⅱ).

(Ⅰ)$\begin{cases}x_1+x_2-2x_4=-6,\\4x_1-x_2-x_3-x_4=1,\\3x_1-x_2-x_3=3;\end{cases}$　　(Ⅱ)$\begin{cases}x_1+mx_2-x_3-x_4=-5,\\nx_2-x_3-2x_4=-11,\\x_3-2x_4=1-t.\end{cases}$

(1) 求方程组(Ⅰ)的通解；

(2) 当方程组(Ⅱ)中的参数 m,n,t 为何值时，(Ⅰ)与(Ⅱ)同解？

11. 设四元齐次线性方程组(Ⅰ)$\begin{cases}x_1+x_2=0,\\x_2-x_4=0.\end{cases}$ 又已知某齐次线性方程组(Ⅱ)的通解为 $k_1\ (0,1,1,0)^{\mathrm{T}}+k_2\ (-1,2,2,1)^{\mathrm{T}}$.

(1) 求方程组(Ⅰ)的基础解系；

(2) 方程组(Ⅰ)和(Ⅱ)是否有非零公共解？若有求出所有的非零公共解.

12. 设线性方程组$\begin{cases}x_1+x_2+x_3=0,\\x_1+2x_2+ax_3=0,\\x_1+4x_2+a^2x_3=0\end{cases}$与方程 $x_1+2x_2+x_3=a-1$ 有公共解，求 a 的值及所有公共解.

13. 证明：线性方程组$\begin{cases}x_1-x_2=a_1,\\x_2-x_3=a_2,\\x_3-x_4=a_3,\\x_4-x_5=a_4,\\x_5-x_1=a_5\end{cases}$有解的充要条件是 $\sum\limits_{i=1}^{5}a_i=0$.

14. 证明：方程组

$$\begin{cases}a_{11}x_1+a_{12}x_2+\cdots+a_{1n}x_n=b_1,\\a_{21}x_1+a_{22}x_2+\cdots+a_{2n}x_n=b_2,\\\qquad\cdots\cdots\\a_{n1}x_1+a_{n2}x_2+\cdots+a_{nn}x_n=b_n\end{cases}$$

对任何 $b_1,b_2,\cdots,b_n$ 都有解的充分必要条件是系数行列式 $\det(a_{ij})\neq 0$.

15. 设 $\boldsymbol{\eta}^*$ 是非齐次线性方程组 $\boldsymbol{Ax}=\boldsymbol{b}$ 的一个解，$\boldsymbol{\xi}_1,\boldsymbol{\xi}_2,\cdots,\boldsymbol{\xi}_{n-r}$ 是对应的齐次线性方程组的一个基础解系. 证明：

(1) $\boldsymbol{\eta}^*,\boldsymbol{\xi}_1,\cdots,\boldsymbol{\xi}_{n-r}$ 线性无关；

(2) $\boldsymbol{\eta}^*,\boldsymbol{\eta}^*+\boldsymbol{\xi}_1,\cdots,\boldsymbol{\eta}^*+\boldsymbol{\xi}_{n-r}$ 线性无关.

16. 证明：$r(\boldsymbol{AB})=r(\boldsymbol{B})$ 的充分必要条件是齐次线性方程组 $\boldsymbol{ABx}=\boldsymbol{0}$ 的解都是 $\boldsymbol{Bx}=\boldsymbol{0}$ 的解.

17. 设 $\boldsymbol{A}$ 是 $m\times n$ 矩阵，证明：若 $\boldsymbol{AX}=\boldsymbol{AY}$，且 $r(\boldsymbol{A})=n$，则 $\boldsymbol{X}=\boldsymbol{Y}$.

18. 设 $\boldsymbol{A}$ 为 n 阶方阵，证明存在 n 阶方阵 $\boldsymbol{B}\neq\boldsymbol{0}$ 使得 $\boldsymbol{AB}=\boldsymbol{0}$ 的充分必要条件为 $|\boldsymbol{A}|=\boldsymbol{0}$.

19. 设 $\boldsymbol{A},\boldsymbol{B}$ 都是 n 阶方阵，且 $\boldsymbol{AB}=\boldsymbol{0}$，证明 $r(\boldsymbol{A})+r(\boldsymbol{B})\leqslant n$.

20. 某工厂有三个车间，各车间相互提供产品（或劳务），今年各车间出厂产量及对其他车间的消耗如下表所示.

项目	消耗系数			出厂产量/万元	总产量/万元
	车间 1	车间 2	车间 3		
车间 1	0.1	0.2	0.45	22	x_1
车间 2	0.2	0.2	0.3	0	x_2
车间 3	0.5	0	0.12	55.6	x_3

表中第一列消耗系数 0.1，0.2，0.5 表示第一车间生产 1 万元的产品需分别消耗第一，二，三车间 0.1 万元，0.2 万元，0.5 万元的产品；第二列，第三列类同，求今年各车间的总产量.

第五章　相似矩阵与二次型

相似矩阵与二次型是线性代数中非常重要的内容，而且在工程技术领域和经济理论中都有广泛的应用. 本章，我们先讨论特征值与特征向量的概念、性质；在此基础上，引入相似矩阵的概念，讨论矩阵与对角矩阵相似的条件、实对称矩阵的对角化；最后讨论 n 元二次齐次多项式的化简问题及有定性的判定. 本章讨论的矩阵都是方阵.

第一节　特征值与特征向量

一、特征值与特征向量的基本概念

定义 5.1　设 $\boldsymbol{A}=(a_{ij})$ 是一个 n 阶矩阵，如果存在一个数 λ 和一个非零列向量 $\boldsymbol{x}=(x_1,x_2,\cdots,x_n)^{\mathrm{T}}$，使得关系式

$$\boldsymbol{A}\boldsymbol{x}=\lambda\boldsymbol{x} \tag{5.1}$$

成立，则称数 λ 为方阵 $\boldsymbol{A}$ 的一个**特征值**，非零向量 $\boldsymbol{x}$ 称为 $\boldsymbol{A}$ 的相对应于（或属于）特征值 λ 的**特征向量**.

注　(1) 特征值问题只是对方阵而言的；

(2) 特征向量必须是非零向量.

显然，方阵 $\boldsymbol{A}$ 的特征值对应于无穷多个特征向量，这是因为如果 $\boldsymbol{x}$ 是属于 λ 的特征向量，由

$$\boldsymbol{A}(k\boldsymbol{x})=k(\boldsymbol{A}\boldsymbol{x})=k(\lambda\boldsymbol{x})=\lambda(k\boldsymbol{x}),$$

则 $k\boldsymbol{x}$ 也是属于 λ 的特征向量（$k\neq0$）.

若 $\boldsymbol{x}_1$ 和 $\boldsymbol{x}_2$ 是 $\boldsymbol{A}$ 的属于 λ 的特征向量，由

$$\boldsymbol{A}(\boldsymbol{x}_1+\boldsymbol{x}_2)=\boldsymbol{A}\boldsymbol{x}_1+\boldsymbol{A}\boldsymbol{x}_2=\lambda\boldsymbol{x}_1+\lambda\boldsymbol{x}_2=\lambda(\boldsymbol{x}_1+\boldsymbol{x}_2),$$

则当 $\boldsymbol{x}_1+\boldsymbol{x}_2\neq\boldsymbol{0}$ 时，$\boldsymbol{x}_1+\boldsymbol{x}_2$ 也是属于 λ 的特征向量.

综上所述，可知属于同一特征值的特征向量的任意非零线性组合也是属于此特征值的特征向量.

下面讨论特征值与特征向量的求法.

式(5.1)也可以写成

$$(\boldsymbol{A}-\lambda\boldsymbol{E})\boldsymbol{x}=\boldsymbol{0}\quad[\text{或记}(\lambda\boldsymbol{E}-\boldsymbol{A})\boldsymbol{x}=\boldsymbol{0}]. \tag{5.2}$$

这是 n 个未知量 n 个方程的齐次线性方程组，它有非零解的充分必要条件是系数行列式

$$|\boldsymbol{A}-\lambda\boldsymbol{E}|=0, \tag{5.3}$$

即

$$\begin{vmatrix} a_{11}-\lambda & a_{12} & \cdots & a_{1n} \\ a_{21} & a_{22}-\lambda & \cdots & a_{2n} \\ \vdots & \vdots & & \vdots \\ a_{n1} & a_{n2} & \cdots & a_{nn}-\lambda \end{vmatrix} = 0.$$

上式是以 λ 为未知量的一元 n 次方程，称为方阵 $\boldsymbol{A}$ 的**特征方程**. 其左端 $|\boldsymbol{A}-\lambda\boldsymbol{E}|$ 是 λ 的 n 次多项式，称为方阵 $\boldsymbol{A}$ 的**特征多项式**，记为 $f(\lambda)$. 显然 $\boldsymbol{A}$ 的特征值就是特征方程的根，在复数范围内，n 阶方阵有 n 个特征值(重根按重数计算). 显然，对角矩阵、三角矩阵的特征值即为对角线元素.

对所求得的每个特征值 $\lambda=\lambda_i$，由方程

$$(\boldsymbol{A}-\lambda_i\boldsymbol{E})\boldsymbol{x}=\boldsymbol{0}$$

可求得其全部非零解，这些非零解就是 $\boldsymbol{A}$ 的对应于 λ_i 的全部特征向量.

例 1　求 $\boldsymbol{A}=\begin{pmatrix} 4 & 6 & 0 \\ -3 & -5 & 0 \\ -3 & -6 & 1 \end{pmatrix}$ 的特征值和对应的特征向量.

解　$\boldsymbol{A}$ 的特征多项式

$$|\boldsymbol{A}-\lambda\boldsymbol{E}|=\begin{vmatrix} 4-\lambda & 6 & 0 \\ -3 & -5-\lambda & 0 \\ -3 & -6 & 1-\lambda \end{vmatrix}=-(\lambda-1)^2(\lambda+2),$$

所以 $\boldsymbol{A}$ 的特征值 $\lambda_1=-2, \lambda_2=\lambda_3=1$.

当 $\lambda_1=-2$ 时，解方程 $(\boldsymbol{A}+2\boldsymbol{E})\boldsymbol{x}=\boldsymbol{0}$，由

$$\boldsymbol{A}+2\boldsymbol{E}=\begin{pmatrix} 6 & 6 & 0 \\ -3 & -3 & 0 \\ -3 & -6 & 3 \end{pmatrix} \sim \begin{pmatrix} 1 & 0 & 1 \\ 0 & 1 & -1 \\ 0 & 0 & 0 \end{pmatrix}$$

得基础解系

$$\boldsymbol{\eta}_1=\begin{pmatrix} -1 \\ 1 \\ 1 \end{pmatrix},$$

所以属于 $\lambda_1=-2$ 的全部特征向量为

$$k\boldsymbol{\eta}_1=k\begin{pmatrix} -1 \\ 1 \\ 1 \end{pmatrix} \quad (k\neq 0).$$

当 $\lambda_2=\lambda_3=1$ 时，解方程 $(\boldsymbol{A}-\boldsymbol{E})\boldsymbol{x}=\boldsymbol{0}$，由

$$A-E=\begin{pmatrix}3&6&0\\-3&-6&0\\-3&-6&0\end{pmatrix}\sim\begin{pmatrix}1&2&0\\0&0&0\\0&0&0\end{pmatrix},$$

得基础解系

$$\boldsymbol{\eta}_2=\begin{pmatrix}-2\\1\\0\end{pmatrix},\quad \boldsymbol{\eta}_3=\begin{pmatrix}0\\0\\1\end{pmatrix}.$$

所以属于 $\lambda_2=\lambda_3=1$ 的全部特征向量是

$$k_2\boldsymbol{\eta}_2+k_3\boldsymbol{\eta}_3=k_2\begin{pmatrix}-2\\1\\0\end{pmatrix}+k_3\begin{pmatrix}0\\0\\1\end{pmatrix}\quad(k_2,k_3\text{ 不同时为 }0).$$

例 2　求矩阵 $A=\begin{pmatrix}-1&1&0\\-4&3&0\\1&0&2\end{pmatrix}$ 的特征值和对应的特征向量.

解　A 的特征多项式为

$$|A-\lambda E|=\begin{vmatrix}-1-\lambda&1&0\\-4&3-\lambda&0\\1&0&2-\lambda\end{vmatrix}=(2-\lambda)(\lambda-1)^2,$$

得 A 的特征值 $\lambda_1=2,\lambda_2=\lambda_3=1$.

当 $\lambda_1=2$ 时,解方程 $(A-2E)x=0$,由

$$A-2E=\begin{pmatrix}-3&1&0\\-4&1&0\\1&0&0\end{pmatrix}\sim\begin{pmatrix}1&0&0\\0&1&0\\0&0&0\end{pmatrix}$$

得基础解系

$$\boldsymbol{\eta}_1=\begin{pmatrix}0\\0\\1\end{pmatrix},$$

所以属于 $\lambda_1=2$ 的全部特征向量为

$$k\boldsymbol{\eta}_1=k\begin{pmatrix}0\\0\\1\end{pmatrix}\quad(k\neq0).$$

当 $\lambda_2=\lambda_3=1$ 时,解方程 $(A-E)x=0$,由

$$A-E=\begin{pmatrix}-2&1&0\\-4&2&0\\1&0&1\end{pmatrix}\sim\begin{pmatrix}1&0&1\\0&1&2\\0&0&0\end{pmatrix},$$

得基础解系

$$\boldsymbol{\eta}_2=\begin{pmatrix}-1\\-2\\1\end{pmatrix},$$

所以对应于 $\lambda_2=\lambda_3=1$ 的全部特征向量为

$$k\boldsymbol{\eta}_2=k\begin{pmatrix}-1\\-2\\1\end{pmatrix}\quad(k\neq 0).$$

二、特征值与特征向量的性质

性质 1　一个特征向量只能属于一个特征值(相同的看成一个).

证　设 $\boldsymbol{x}$ 是 $\boldsymbol{A}$ 的不同特征值 λ_1 和 $\lambda_2(\lambda_1\neq\lambda_2)$ 的特征向量,则

$$\boldsymbol{Ax}=\lambda_1\boldsymbol{x}\quad 和\quad \boldsymbol{Ax}=\lambda_2\boldsymbol{x},$$

则

$$\lambda_1\boldsymbol{x}=\lambda_2\boldsymbol{x},\quad 即(\lambda_1-\lambda_2)\boldsymbol{x}=\boldsymbol{0}.$$

因为 $\lambda_1-\lambda_2\neq 0$,则 $\boldsymbol{x}=\boldsymbol{0}$,矛盾.

性质 2　若 λ 是方阵 $\boldsymbol{A}$ 的特征值,$\boldsymbol{x}$ 是属于 λ 的特征向量,则

(1) $\mu\lambda$ 是 $\mu\boldsymbol{A}$ 的特征值,$\boldsymbol{x}$ 是属于 $\mu\lambda$ 的特征向量(μ 是常数);

(2) λ^m 是 $\boldsymbol{A}^m$ 的特征值,$\boldsymbol{x}$ 是属于 λ^m 的特征向量(m 是自然数);

(3) 当 $|\boldsymbol{A}|\neq 0$ 时,λ^{-1} 是 $\boldsymbol{A}^{-1}$ 的特征值,$\lambda^{-1}|\boldsymbol{A}|$ 为 $\boldsymbol{A}^*$ 特征值,且 $\boldsymbol{x}$ 为对应的特征向量.

证　由 $\boldsymbol{Ax}=\lambda\boldsymbol{x}$,可得

(1) $(\mu\boldsymbol{A})\boldsymbol{x}=\mu(\boldsymbol{Ax})=\mu(\lambda\boldsymbol{x})=(\mu\lambda)\boldsymbol{x}$;

(2) $\boldsymbol{A}^2\boldsymbol{x}=\boldsymbol{A}(\boldsymbol{Ax})=\boldsymbol{A}(\lambda\boldsymbol{x})=\lambda(\boldsymbol{Ax})=\lambda^2\boldsymbol{x}$,由归纳法即得

$$\boldsymbol{A}^m\boldsymbol{x}=\lambda^m\boldsymbol{x}\quad(m\in\mathbf{N});$$

(3) $|\boldsymbol{A}|\neq 0$,则 $\lambda\neq 0$,于是

$$\boldsymbol{A}^{-1}(\boldsymbol{Ax})=\boldsymbol{A}^{-1}(\lambda\boldsymbol{x}),$$

即 $\boldsymbol{x}=\lambda(\boldsymbol{A}^{-1}\boldsymbol{x})$,则 $\boldsymbol{A}^{-1}\boldsymbol{x}=\lambda^{-1}\boldsymbol{x}$. 而

$$\boldsymbol{A}^*\boldsymbol{x}=(|\boldsymbol{A}|\boldsymbol{A}^{-1})\boldsymbol{x}=|\boldsymbol{A}|\boldsymbol{A}^{-1}\boldsymbol{x}=\lambda^{-1}|\boldsymbol{A}|\boldsymbol{x}.$$

按此类推,不难证明:若 λ 是 $\boldsymbol{A}$ 的特征值,则 $\varphi(\lambda)$ 是 $\varphi(\boldsymbol{A})$ 的特征值(其中 $\varphi(\lambda)=a_0+a_1\lambda+\cdots+a_m\lambda^m$,$\varphi(\boldsymbol{A})=a_0\boldsymbol{E}+a_1\boldsymbol{A}+\cdots+a_m\boldsymbol{A}^m$).

性质 3　$\boldsymbol{A}$ 与 $\boldsymbol{A}^{\mathrm{T}}$ 有相同的特征值.

证　因为

$$(\lambda\boldsymbol{E}-\boldsymbol{A})^{\mathrm{T}}=(\lambda\boldsymbol{E})^{\mathrm{T}}-\boldsymbol{A}^{\mathrm{T}}=\lambda\boldsymbol{E}-\boldsymbol{A}^{\mathrm{T}},$$

所以

$$|\lambda\boldsymbol{E}-\boldsymbol{A}|=|(\lambda\boldsymbol{E}-\boldsymbol{A})^{\mathrm{T}}|=|\lambda\boldsymbol{E}-\boldsymbol{A}^{\mathrm{T}}|,$$

即 $\boldsymbol{A}$ 与 $\boldsymbol{A}^{\mathrm{T}}$ 有相同的特征多项式,从而特征值相同.

性质 4　设 n 阶矩阵 $\boldsymbol{A}=(a_{ij})$ 的 n 个特征值为 $\lambda_1,\lambda_2,\cdots,\lambda_n$,则

(1) $\sum_{i=1}^{n}\lambda_i=\sum_{i=1}^{n}a_{ii}=\mathrm{tr}(\boldsymbol{A})$;

(2) $\lambda_1\lambda_2\cdots\lambda_n=|\boldsymbol{A}|$.

其中 $\mathrm{tr}(\boldsymbol{A})$ 称为 $\boldsymbol{A}$ 的迹,为 $\boldsymbol{A}$ 的主对角线元素之和.

证　$\boldsymbol{A}$ 的特征多项式

$$|\boldsymbol{A}-\lambda\boldsymbol{E}|=\begin{vmatrix} a_{11}-\lambda & a_{12} & \cdots & a_{1n} \\ a_{21} & a_{22}-\lambda & \cdots & a_{2n} \\ \vdots & \vdots & & \vdots \\ a_{n1} & a_{n2} & \cdots & a_{nn}-\lambda \end{vmatrix},$$

考虑特征方程 $f(\lambda)=|\lambda\boldsymbol{E}-\boldsymbol{A}|=0$,而

$$f(\lambda)=\lambda^n-(a_{11}+a_{22}+\cdots+a_{nn})\lambda^{n-1}+\cdots+(-1)^n|\boldsymbol{A}|,$$

由根与系数的关系即得.

注　由性质 4 可知,$\boldsymbol{A}$ 可逆当且仅当 $\boldsymbol{A}$ 的特征值不为零.

性质 5　设 $\lambda_1,\lambda_2,\cdots,\lambda_m$ 是方阵 $\boldsymbol{A}$ 的 m 个特征值,$\boldsymbol{p}_1,\boldsymbol{p}_2,\cdots,\boldsymbol{p}_m$ 是依次与之对应的特征向量.如果 $\lambda_1,\lambda_2,\cdots,\lambda_m$ 互不相等,则 $\boldsymbol{p}_1,\boldsymbol{p}_2,\cdots,\boldsymbol{p}_m$ 线性无关.

证　设有常数 $x_1,x_2,\cdots,x_m$,使

$$x_1\boldsymbol{p}_1+x_2\boldsymbol{p}_2+\cdots+x_m\boldsymbol{p}_m=\boldsymbol{0},$$

则

$$\boldsymbol{A}(x_1\boldsymbol{p}_1+x_2\boldsymbol{p}_2+\cdots+x_m\boldsymbol{p}_m)=\boldsymbol{0},$$

即

$$\lambda_1x_1\boldsymbol{p}_1+\lambda_2x_2\boldsymbol{p}_2+\cdots+\lambda_mx_m\boldsymbol{p}_m=\boldsymbol{0},$$

以此类推,有

$$\lambda_1^kx_1\boldsymbol{p}_1+\lambda_2^kx_2\boldsymbol{p}_2+\cdots+\lambda_m^kx_m\boldsymbol{p}_m=\boldsymbol{0}\quad(k=1,2,\cdots,m-1).$$

把上述各式写成矩阵形式,得

$$(x_1\boldsymbol{p}_1,x_2\boldsymbol{p}_2,\cdots,x_m\boldsymbol{p}_m)\begin{pmatrix} 1 & \lambda_1 & \cdots & \lambda_1^{m-1} \\ 1 & \lambda_2 & \cdots & \lambda_2^{m-1} \\ \vdots & \vdots & & \vdots \\ 1 & \lambda_m & \cdots & \lambda_m^{m-1} \end{pmatrix}=(\boldsymbol{0},\boldsymbol{0},\cdots,\boldsymbol{0}).$$

上式等号左边第二个矩阵的行列式为范德蒙德行列式,当 λ_i 各不相同时该行列式不为 0,从而该矩阵可逆,于是有

$$(x_1\boldsymbol{p}_1,x_2\boldsymbol{p}_2,\cdots,x_m\boldsymbol{p}_m)=(\boldsymbol{0},\boldsymbol{0},\cdots,\boldsymbol{0}),$$

即有 $x_j\boldsymbol{p}_j=\boldsymbol{0}(j=1,2,\cdots,m)$,由 $\boldsymbol{p}_j\neq\boldsymbol{0}$,则 $x_j=0(j=1,2,\cdots,m)$,所以 $\boldsymbol{p}_1,\boldsymbol{p}_2,\cdots,$

$\boldsymbol{p}_m$ 线性无关.

性质 6　设 $\boldsymbol{A},\boldsymbol{B}$ 都是 n 阶方阵,则 $\boldsymbol{AB}$ 与 $\boldsymbol{BA}$ 有相同的特征值.

证　令 $\boldsymbol{C}=\begin{pmatrix}\lambda\boldsymbol{E} & \boldsymbol{A}\\ \boldsymbol{B} & \boldsymbol{E}\end{pmatrix}$, $\boldsymbol{D}=\begin{pmatrix}\boldsymbol{E} & \boldsymbol{0}\\ -\boldsymbol{B} & \lambda\boldsymbol{E}\end{pmatrix}$,则

$$|\boldsymbol{CD}|=\begin{vmatrix}\lambda\boldsymbol{E}-\boldsymbol{AB} & \lambda\boldsymbol{A}\\ \boldsymbol{0} & \lambda\boldsymbol{E}\end{vmatrix}=\lambda^n|\lambda\boldsymbol{E}-\boldsymbol{AB}|,$$

$$|\boldsymbol{DC}|=\begin{vmatrix}\lambda\boldsymbol{E} & \boldsymbol{A}\\ \boldsymbol{0} & \lambda\boldsymbol{E}-\boldsymbol{BA}\end{vmatrix}=\lambda^n|\lambda\boldsymbol{E}-\boldsymbol{BA}|.$$

而 $|\boldsymbol{CD}|=|\boldsymbol{DC}|$, 因此 $|\lambda\boldsymbol{E}-\boldsymbol{AB}|=|\lambda\boldsymbol{E}-\boldsymbol{BA}|$.

用同样的方法可得更加一般的结论.

西尔维斯特(Sylvester)定理　设 $\boldsymbol{A},\boldsymbol{B}$ 分别为 $m\times n$ 和 $n\times m$ 矩阵,则 $\boldsymbol{AB}$ 与 $\boldsymbol{BA}$ 有相同的非零特征值,只有零特征值个数不同.

由此可得,若矩阵 $\boldsymbol{A}$ 可以表示成 $\boldsymbol{A}=\boldsymbol{\alpha\beta}^{\mathrm{T}}=\begin{pmatrix}a_1\\a_2\\ \vdots\\a_n\end{pmatrix}(b_1,b_2,\cdots,b_n)$,则 $\boldsymbol{A}$ 的特征值为 $\lambda=a_1b_1+a_2b_2+\cdots+a_nb_n$, $\lambda=0(n-1$ 重).

例 3　设 $\boldsymbol{A}$ 为三阶矩阵,有三个特征值 $\lambda_1=0,\lambda_2=4,\lambda_3=3$,$\boldsymbol{B}=\boldsymbol{A}^2-3\boldsymbol{A}+\boldsymbol{E}$. 求 $|\boldsymbol{B}|$.

解　因 $\boldsymbol{B}=\varphi(\boldsymbol{A})=\boldsymbol{A}^2-3\boldsymbol{A}+\boldsymbol{E}$,则若 $\boldsymbol{A}$ 有特征值为 λ,$\boldsymbol{B}$ 就有特征值 $\varphi(\lambda)=\lambda^2-3\lambda+1$. 由已知条件,得 $\boldsymbol{B}$ 有三个特征值为 $\varphi(0)=1,\varphi(4)=5,\varphi(3)=1$,由性质 4 有 $|\boldsymbol{B}|=1\times5\times1=5$.

例 4　设 $\boldsymbol{A}$ 为四阶方阵,且 $|3\boldsymbol{E}+\boldsymbol{A}|=0,\boldsymbol{A}^{\mathrm{T}}\boldsymbol{A}=9\boldsymbol{E},|\boldsymbol{A}|<0$,求伴随矩阵 $\boldsymbol{A}^*$ 的一个特征值.

解　由 $|3\boldsymbol{E}+\boldsymbol{A}|=0$ 得 $|-3\boldsymbol{E}-\boldsymbol{A}|=0$,即 $\lambda=-3$ 满足特征方程 $|\lambda\boldsymbol{E}-\boldsymbol{A}|=0$,因此,$\boldsymbol{A}$ 有一个特征值 $\lambda=-3$.

又 $\boldsymbol{A}^{\mathrm{T}}\boldsymbol{A}=9\boldsymbol{E}$,取行列式得

$$|\boldsymbol{A}^{\mathrm{T}}\boldsymbol{A}|=|\boldsymbol{A}|^2=|9\boldsymbol{E}|=9^4,$$

且 $|\boldsymbol{A}|<0$,得 $|\boldsymbol{A}|=-81$,因此,$\boldsymbol{A}^*$ 有一个特征值 $\lambda^{-1}|\boldsymbol{A}|=\dfrac{-81}{-3}=27$.

例 5　设 $\boldsymbol{x}_1$ 是方阵 $\boldsymbol{A}$ 的属于特征值 λ_1 的特征向量,$\boldsymbol{x}_2$ 是属于特征值 λ_2 的特征向量,证明:如果 $\lambda_1\neq\lambda_2$,则 $\boldsymbol{x}_1+\boldsymbol{x}_2$ 不是 $\boldsymbol{A}$ 的特征向量.

证　假设 $\boldsymbol{x}_1+\boldsymbol{x}_2$ 是 $\boldsymbol{A}$ 的属于特征值 λ 的特征向量,则

$$\boldsymbol{A}(\boldsymbol{x}_1+\boldsymbol{x}_2)=\boldsymbol{A}\boldsymbol{x}_1+\boldsymbol{A}\boldsymbol{x}_2=\lambda_1\boldsymbol{x}_1+\lambda_2\boldsymbol{x}_2,$$

$$\boldsymbol{A}(\boldsymbol{x}_1+\boldsymbol{x}_2)=\lambda(\boldsymbol{x}_1+\boldsymbol{x}_2),$$

所以

$$(\lambda-\lambda_1)\boldsymbol{x}_1+(\lambda-\lambda_2)\boldsymbol{x}_2=\boldsymbol{0}.$$

因为 $\boldsymbol{x}_1$ 和 $\boldsymbol{x}_2$ 是属于不同特征值的特征向量,所以 $\boldsymbol{x}_1$ 和 $\boldsymbol{x}_2$ 线性无关,则

$$\lambda-\lambda_1=0,\quad \lambda-\lambda_2=0,$$

即 $\lambda=\lambda_1=\lambda_2$,矛盾.

例 6　设 $\boldsymbol{\alpha}$ 为 n 维单位列向量,求 $|\boldsymbol{E}+\boldsymbol{\alpha}\boldsymbol{\alpha}^{\mathrm{T}}|$.

证　由于 $\boldsymbol{\alpha}^{\mathrm{T}}\boldsymbol{\alpha}=1$,则矩阵 $\boldsymbol{\alpha}\boldsymbol{\alpha}^{\mathrm{T}}$ 的特征值为 1 及 0($n-1$ 重),从而 $\boldsymbol{E}+\boldsymbol{\alpha}\boldsymbol{\alpha}^{\mathrm{T}}$ 的特征值为 2 及 1($n-1$ 重),因此 $|\boldsymbol{E}+\boldsymbol{\alpha}\boldsymbol{\alpha}^{\mathrm{T}}|=2$.

第二节　相似矩阵

一、相似矩阵的概念和性质

定义 5.2　设 $\boldsymbol{A},\boldsymbol{B}$ 都是 n 阶方阵,如果存在一个可逆矩阵 $\boldsymbol{P}$,使

$$\boldsymbol{P}^{-1}\boldsymbol{A}\boldsymbol{P}=\boldsymbol{B},$$

则称 $\boldsymbol{A}$ 与 $\boldsymbol{B}$ 是相似的. 称 $\boldsymbol{P}^{-1}\boldsymbol{A}\boldsymbol{P}$ 为对 $\boldsymbol{A}$ 作**相似变换**,可逆矩阵 $\boldsymbol{P}$ 称为把 $\boldsymbol{A}$ 变成 $\boldsymbol{B}$ 的**相似变换矩阵**.

易知矩阵的相似关系是一种等价关系,即有

(i) 自反性　$\boldsymbol{A}$ 与 $\boldsymbol{A}$ 相似;

(ii) 对称性　若 $\boldsymbol{A}$ 与 $\boldsymbol{B}$ 相似,则 $\boldsymbol{B}$ 与 $\boldsymbol{A}$ 相似;

(iii) 传递性　若 $\boldsymbol{A}$ 与 $\boldsymbol{B}$ 相似,$\boldsymbol{B}$ 与 $\boldsymbol{C}$ 相似,则 $\boldsymbol{A}$ 与 $\boldsymbol{C}$ 相似.

证明留给读者作练习.

相似矩阵具有以下性质.

性质 1　相似矩阵具有相同的秩及相同的行列式.

证　若 $\boldsymbol{A}$ 与 $\boldsymbol{B}$ 相似,则存在可逆矩阵 $\boldsymbol{P}$,使 $\boldsymbol{P}^{-1}\boldsymbol{A}\boldsymbol{P}=\boldsymbol{B}$,则 $\boldsymbol{A}$ 与 $\boldsymbol{B}$ 等价,因而秩相同,且

$$|\boldsymbol{B}|=|\boldsymbol{P}^{-1}\boldsymbol{A}\boldsymbol{P}|=|\boldsymbol{P}^{-1}|\,|\boldsymbol{A}|\,|\boldsymbol{P}|=|\boldsymbol{A}|.$$

性质 2　相似矩阵如果可逆,则逆矩阵也相似.

证　若 $\boldsymbol{A}$ 与 $\boldsymbol{B}$ 相似,且 $\boldsymbol{A},\boldsymbol{B}$ 可逆,则由 $\boldsymbol{P}^{-1}\boldsymbol{A}\boldsymbol{P}=\boldsymbol{B}$,得

$$(\boldsymbol{P}^{-1}\boldsymbol{A}\boldsymbol{P})^{-1}=\boldsymbol{B}^{-1},$$

即 $\boldsymbol{P}^{-1}\boldsymbol{A}^{-1}\boldsymbol{P}=\boldsymbol{B}^{-1}$,所以 $\boldsymbol{A}^{-1}$ 与 $\boldsymbol{B}^{-1}$ 相似.

性质 3　若 $\boldsymbol{A}$ 与 $\boldsymbol{B}$ 相似,则 $\boldsymbol{A}^k$ 与 $\boldsymbol{B}^k$ 相似,其中 k 为自然数.

证　由 $\boldsymbol{P}^{-1}\boldsymbol{A}\boldsymbol{P}=\boldsymbol{B}$,得

$$(\boldsymbol{P}^{-1}\boldsymbol{A}\boldsymbol{P})^k=\boldsymbol{B}^k,$$

而

$$(\boldsymbol{P}^{-1}\boldsymbol{A}\boldsymbol{P})^k=(\boldsymbol{P}^{-1}\boldsymbol{A}\boldsymbol{P})(\boldsymbol{P}^{-1}\boldsymbol{A}\boldsymbol{P})\cdots(\boldsymbol{P}^{-1}\boldsymbol{A}\boldsymbol{P})=\boldsymbol{P}^{-1}\boldsymbol{A}^k\boldsymbol{P},$$

所以 $\boldsymbol{A}^k$ 与 $\boldsymbol{B}^k$ 相似.

注 此性质常用于计算 $\boldsymbol{A}^k$.

由性质 3 易得

性质 4 记 $f(x)=a_nx^n+a_{n-1}x^{n-1}+\cdots+a_1x+a_0$ 为多项式,若 $\boldsymbol{A}$ 与 $\boldsymbol{B}$ 相似,则 $f(\boldsymbol{A})$ 与 $f(\boldsymbol{B})$ 相似,这里

$$f(\boldsymbol{A})=a_n\boldsymbol{A}^n+a_{n-1}\boldsymbol{A}^{n-1}+\cdots+a_1\boldsymbol{A}+a_0\boldsymbol{E},$$
$$f(\boldsymbol{B})=a_n\boldsymbol{B}^n+a_{n-1}\boldsymbol{B}^{n-1}+\cdots+a_1\boldsymbol{B}+a_0\boldsymbol{E}.$$

特别,若 $\boldsymbol{A}$ 与 $\boldsymbol{B}$ 相似,k 为任意常数,则 $\boldsymbol{A}-k\boldsymbol{E}$ 与 $\boldsymbol{B}-k\boldsymbol{E}$ 相似.

定理 5.1 相似矩阵有相同的特征多项式及相同的特征值.

证 设 $\boldsymbol{A}$ 与 $\boldsymbol{B}$ 相似,且 $\boldsymbol{P}^{-1}\boldsymbol{AP}=\boldsymbol{B}$,则

$$\begin{aligned}|\lambda\boldsymbol{E}-\boldsymbol{B}|&=|\lambda\boldsymbol{E}-\boldsymbol{P}^{-1}\boldsymbol{AP}|=|\boldsymbol{P}^{-1}(\lambda\boldsymbol{E})\boldsymbol{P}-\boldsymbol{P}^{-1}\boldsymbol{AP}|\\&=|\boldsymbol{P}^{-1}(\lambda\boldsymbol{E}-\boldsymbol{A})\boldsymbol{P}|=|\boldsymbol{P}^{-1}||(\lambda\boldsymbol{E}-\boldsymbol{A})||\boldsymbol{P}|\\&=|\lambda\boldsymbol{E}-\boldsymbol{A}|.\end{aligned}$$

即 $\boldsymbol{A}$ 与 $\boldsymbol{B}$ 具有相同的特征多项式,从而也具有相同的特征值.

注 (1) 定理的逆命题并不成立,即特征多项式相同的矩阵不一定相似. 例如

$$\boldsymbol{A}=\begin{pmatrix}1&1\\0&1\end{pmatrix},\quad \boldsymbol{E}=\begin{pmatrix}1&0\\0&1\end{pmatrix},$$

$\boldsymbol{A}$ 与 $\boldsymbol{E}$ 的特征多项式相同,但 $\boldsymbol{A}$ 与 $\boldsymbol{E}$ 不相似(为什么?).

(2) 因为对角矩阵的特征值为对角线上的元素,从定理易知,若 $\boldsymbol{A}$ 与一个对角矩阵相似,则对角矩阵对角线上的元素也是 $\boldsymbol{A}$ 的特征值.

例 1 若 $\boldsymbol{A}$ 与 $\boldsymbol{B}$ 相似,证明 $\boldsymbol{A}^{\mathrm{T}}$ 与 $\boldsymbol{B}^{\mathrm{T}}$ 相似,但 $\boldsymbol{A}+\boldsymbol{A}^{\mathrm{T}}$ 与 $\boldsymbol{B}+\boldsymbol{B}^{\mathrm{T}}$ 不一定相似.

证 由 $\boldsymbol{P}^{-1}\boldsymbol{AP}=\boldsymbol{B}$,得 $(\boldsymbol{P}^{-1}\boldsymbol{AP})^{\mathrm{T}}=\boldsymbol{B}^{\mathrm{T}}$.

因为 $(\boldsymbol{P}^{-1}\boldsymbol{AP})^{\mathrm{T}}=\boldsymbol{P}^{\mathrm{T}}\boldsymbol{A}^{\mathrm{T}}(\boldsymbol{P}^{-1})^{\mathrm{T}}=\boldsymbol{P}^{\mathrm{T}}\boldsymbol{A}^{\mathrm{T}}(\boldsymbol{P}^{\mathrm{T}})^{-1}$,则 $((\boldsymbol{P}^{\mathrm{T}})^{-1})^{-1}\boldsymbol{A}^{\mathrm{T}}(\boldsymbol{P}^{\mathrm{T}})^{-1}=\boldsymbol{B}^{\mathrm{T}}$,所以 $\boldsymbol{A}^{\mathrm{T}}$ 与 $\boldsymbol{B}^{\mathrm{T}}$ 相似.

而 $\boldsymbol{P}^{-1}(\boldsymbol{A}+\boldsymbol{A}^{\mathrm{T}})\boldsymbol{P}=\boldsymbol{P}^{-1}\boldsymbol{AP}+\boldsymbol{P}^{-1}\boldsymbol{A}^{\mathrm{T}}\boldsymbol{P}$,在 $\boldsymbol{P}^{-1}\boldsymbol{AP}=\boldsymbol{B}$ 时,$\boldsymbol{P}^{-1}\boldsymbol{A}^{\mathrm{T}}\boldsymbol{P}$ 不一定等于 $\boldsymbol{B}^{\mathrm{T}}$,故 $\boldsymbol{A}+\boldsymbol{A}^{\mathrm{T}}$ 与 $\boldsymbol{B}+\boldsymbol{B}^{\mathrm{T}}$ 不一定相似.

例 2 设 $\boldsymbol{A}$ 为 3 阶方阵,$\boldsymbol{\alpha}_1,\boldsymbol{\alpha}_2,\boldsymbol{\alpha}_3$ 为线性无关的向量组,且 $\boldsymbol{A\alpha}_1=2\boldsymbol{\alpha}_1+\boldsymbol{\alpha}_2+\boldsymbol{\alpha}_3$,$\boldsymbol{A\alpha}_2=\boldsymbol{\alpha}_2+2\boldsymbol{\alpha}_3$,$\boldsymbol{A\alpha}_3=-\boldsymbol{\alpha}_2+\boldsymbol{\alpha}_3$,求 $\boldsymbol{A}$ 的实特征值.

解 因为 $\boldsymbol{A}(\boldsymbol{\alpha}_1,\boldsymbol{\alpha}_2,\boldsymbol{\alpha}_3)=(\boldsymbol{A\alpha}_1,\boldsymbol{A\alpha}_2,\boldsymbol{A\alpha}_3)=(\boldsymbol{\alpha}_1,\boldsymbol{\alpha}_2,\boldsymbol{\alpha}_3)\begin{pmatrix}2&0&0\\1&1&-1\\1&2&1\end{pmatrix}$,记

$$\boldsymbol{P}=(\boldsymbol{\alpha}_1,\boldsymbol{\alpha}_2,\boldsymbol{\alpha}_3),\quad \boldsymbol{C}=\begin{pmatrix}2&0&0\\1&1&-1\\1&2&1\end{pmatrix},$$

则 $\boldsymbol{AP}=\boldsymbol{PC}$,且 $\boldsymbol{P}$ 可逆,因此 $\boldsymbol{A}$ 与 $\boldsymbol{C}$ 相似,则 $\boldsymbol{A}$ 与 $\boldsymbol{C}$ 的特征值相同.

由$|\lambda \boldsymbol{E}-\boldsymbol{C}|=\begin{vmatrix}\lambda-2 & 0 & 0\\ -1 & \lambda-1 & 1\\ -1 & -2 & \lambda-1\end{vmatrix}=(\lambda-2)(\lambda^2-2\lambda+3)$，得$\boldsymbol{A}$的实特征值为$\lambda=2$.

下面讨论的主要问题是:对n阶方阵$\boldsymbol{A}$,在什么条件下能与一个对角矩阵相似?其相似变换矩阵具有什么样的结构?这就是矩阵的对角化问题.

二、方阵对角化

定理 5.2 n阶方阵$\boldsymbol{A}$与对角矩阵相似的充分必要条件是$\boldsymbol{A}$有n个线性无关的特征向量.

证 必要性.设n阶方阵$\boldsymbol{A}$与对角矩阵$\boldsymbol{\Lambda}$相似,记

$$\boldsymbol{\Lambda}=\begin{pmatrix}\lambda_1 & & & \\ & \lambda_2 & & \\ & & \ddots & \\ & & & \lambda_n\end{pmatrix},$$

$\lambda_1,\lambda_2,\cdots,\lambda_n$为$\boldsymbol{\Lambda}$的$n$个特征值.

由$\boldsymbol{P}^{-1}\boldsymbol{A}\boldsymbol{P}=\boldsymbol{\Lambda}$,即$\boldsymbol{A}\boldsymbol{P}=\boldsymbol{P}\boldsymbol{\Lambda}$.将$\boldsymbol{P}$按列分块,记$\boldsymbol{P}=(\boldsymbol{p}_1,\boldsymbol{p}_2,\cdots,\boldsymbol{p}_n)$,则上式成为

$$\boldsymbol{A}(\boldsymbol{p}_1,\boldsymbol{p}_2,\cdots,\boldsymbol{p}_n)=(\lambda_1\boldsymbol{p}_1,\lambda_2\boldsymbol{p}_2,\cdots,\lambda_n\boldsymbol{p}_n),$$

于是

$$\boldsymbol{A}\boldsymbol{p}_1=\lambda_1\boldsymbol{p}_1,\boldsymbol{A}\boldsymbol{p}_2=\lambda_2\boldsymbol{p}_2,\cdots,\boldsymbol{A}\boldsymbol{p}_n=\lambda_n\boldsymbol{p}_n,$$

则$\boldsymbol{p}_1,\boldsymbol{p}_2,\cdots,\boldsymbol{p}_n$为$\boldsymbol{A}$的分别属于特征值$\lambda_1,\lambda_2,\cdots,\lambda_n$的特征向量,由$\boldsymbol{P}$可逆,则$\boldsymbol{p}_1,\boldsymbol{p}_2,\cdots,\boldsymbol{p}_n$线性无关.

充分性.若$\boldsymbol{A}$有n个线性无关的特征向量$\boldsymbol{p}_1,\boldsymbol{p}_2,\cdots,\boldsymbol{p}_n$,假设它们对应的特征值分别为$\lambda_1,\lambda_2,\cdots,\lambda_n$,则$\boldsymbol{A}\boldsymbol{p}_i=\lambda_i\boldsymbol{p}_i(i=1,2,\cdots,n)$,即

$$\begin{aligned}\boldsymbol{A}(\boldsymbol{p}_1,\boldsymbol{p}_2,\cdots,\boldsymbol{p}_n)&=(\boldsymbol{A}\boldsymbol{p}_1,\boldsymbol{A}\boldsymbol{p}_2,\cdots,\boldsymbol{A}\boldsymbol{p}_n)=(\lambda_1\boldsymbol{p}_1,\lambda_2\boldsymbol{p}_2,\cdots,\lambda_n\boldsymbol{p}_n)\\&=(\boldsymbol{p}_1,\boldsymbol{p}_2,\cdots,\boldsymbol{p}_n)\begin{pmatrix}\lambda_1 & & & \\ & \lambda_2 & & \\ & & \ddots & \\ & & & \lambda_n\end{pmatrix},\end{aligned}$$

因为$\boldsymbol{p}_1,\boldsymbol{p}_2,\cdots,\boldsymbol{p}_n$线性无关,则

$$\boldsymbol{P}=(\boldsymbol{p}_1,\boldsymbol{p}_2,\cdots,\boldsymbol{p}_n)$$

为可逆矩阵,从而

$$\boldsymbol{P}^{-1}\boldsymbol{A}\boldsymbol{P}=\boldsymbol{\Lambda}=\begin{pmatrix}\lambda_1 & & & \\ & \lambda_2 & & \\ & & \ddots & \\ & & & \lambda_n\end{pmatrix}.$$

注　(1) 方阵 $\boldsymbol{A}$ 如果能够对角化，则对角矩阵 $\boldsymbol{\Lambda}$ 对角线上的元素为 $\boldsymbol{A}$ 的 n 个特征值，在不计 λ_k 的排列顺序时，$\boldsymbol{\Lambda}$ 是唯一的，称为 $\boldsymbol{A}$ 的**相似标准形**.

(2) 相似变换矩阵 $\boldsymbol{P}$ 就是 $\boldsymbol{A}$ 的与特征值对应的 n 个线性无关的特征向量作为列向量排列而成的.

推论 5.1　n 阶方阵 $\boldsymbol{A}$ 如果有 n 个不同的特征值，则 $\boldsymbol{A}$ 可对角化.

推论 5.2　如果对于 n 阶方阵 $\boldsymbol{A}$ 的任一 k 重特征值 λ，有 $r(\boldsymbol{A}-\lambda\boldsymbol{E})=n-k$，则 $\boldsymbol{A}$ 可对角化.

证　对 $\boldsymbol{A}$ 的任一 k 重特征值，$r(\boldsymbol{A}-\lambda\boldsymbol{E})=n-k$，则齐次线性方程组 $(\boldsymbol{A}-\lambda\boldsymbol{E})\boldsymbol{x}=\boldsymbol{0}$ 的解空间的维数为 k，则必对应 k 个线性无关的特征向量，从而 $\boldsymbol{A}$ 必有 n 个线性无关的特征向量.

第一节中的例 1 的矩阵 $\boldsymbol{A}$ 有特征值 $\lambda_1=-2,\lambda_2=\lambda_3=1$. 对 $\lambda_1=-2$，取特征向量 $\boldsymbol{p}_1=(-1,1,1)^{\mathrm{T}}$；对特征值 $\lambda_2=\lambda_3=1$，取特征向量 $\boldsymbol{p}_2=(-2,1,0)^{\mathrm{T}}$，$\boldsymbol{p}_3=(0,0,1)^{\mathrm{T}}$，则 $\boldsymbol{p}_1,\boldsymbol{p}_2,\boldsymbol{p}_3$ 线性无关，从而 $\boldsymbol{A}$ 可以对角化. 取 $\boldsymbol{P}=(\boldsymbol{p}_1,\boldsymbol{p}_2,\boldsymbol{p}_3)$，有 $\boldsymbol{P}^{-1}\boldsymbol{A}\boldsymbol{P}=\boldsymbol{\Lambda}$，其中 $\boldsymbol{\Lambda}=\begin{pmatrix}-2&&\\&1&\\&&1\end{pmatrix}$. 例 2 中的矩阵，由于特征值 $\lambda_2=\lambda_3=1$ 是二重根，对应的特征向量没有两个线性无关的特征向量，所以不可以对角化.

例 3　设矩阵 $\boldsymbol{A}$ 与 $\boldsymbol{B}$ 相似，其中

$$\boldsymbol{A}=\begin{pmatrix}-2&0&0\\2&x&2\\3&1&1\end{pmatrix},\quad \boldsymbol{B}=\begin{pmatrix}-1&0&0\\0&-2&0\\0&0&y\end{pmatrix},$$

求 x 与 y 的值.

解　$\boldsymbol{A}$ 的特征多项式为

$$|\boldsymbol{A}-\lambda\boldsymbol{E}|=\begin{vmatrix}-2-\lambda&0&0\\2&x-\lambda&2\\3&1&1-\lambda\end{vmatrix}=(-\lambda-2)[\lambda^2-(x+1)\lambda+x-2],$$

显然，$\boldsymbol{B}$ 的特征值为 $-1,-2,y$. 由于 $\boldsymbol{A}$ 与 $\boldsymbol{B}$ 相似，所以 $-1,-2,y$ 必定为 $\boldsymbol{A}$ 的特征值，将 $\lambda=-1$ 代入 $\boldsymbol{A}$ 的特征方程得 $x=0$，则 $\boldsymbol{A}$ 的特征多项式为

$$(-\lambda-2)(\lambda^2-\lambda-2),$$

特征值为 $-1,-2,2$，所以 $y=2$.

注　也可根据 $\boldsymbol{A}$ 与 $\boldsymbol{B}$ 相似，则 $\boldsymbol{A},\boldsymbol{B}$ 的特征值相同，因此 $|\boldsymbol{A}|=|\boldsymbol{B}|$，$\mathrm{tr}(\boldsymbol{A})=\mathrm{tr}(\boldsymbol{B})$ 得出.

例 4　已知 $\boldsymbol{\xi}=\begin{pmatrix}1\\1\\-1\end{pmatrix}$ 是矩阵 $\boldsymbol{A}=\begin{pmatrix}2&-1&2\\5&a&3\\-1&b&-2\end{pmatrix}$ 的一个特征向量.

(1) 试确定参数 a,b 及 $\boldsymbol{\xi}$ 所对应的特征值;

(2) $\boldsymbol{A}$ 能否对角化?

解 由 $\boldsymbol{A\xi}=\lambda\boldsymbol{\xi}$,即

$$(\boldsymbol{A}-\lambda\boldsymbol{E})\boldsymbol{\xi}=\begin{pmatrix}2-\lambda & -1 & 2\\ 5 & a-\lambda & 3\\ -1 & b & -2-\lambda\end{pmatrix}\begin{pmatrix}1\\1\\-1\end{pmatrix}=\begin{pmatrix}0\\0\\0\end{pmatrix},$$

解方程得 $\lambda=-1,a=-3,b=0$,-1 为 $\boldsymbol{\xi}$ 所对应的特征值.

由 $\boldsymbol{A}=\begin{pmatrix}2 & -1 & 2\\ 5 & -3 & 3\\ -1 & 0 & -2\end{pmatrix}$,则

$$|\boldsymbol{A}-\lambda\boldsymbol{E}|=\begin{vmatrix}2-\lambda & -1 & 2\\ 5 & -3-\lambda & 3\\ -1 & 0 & -2-\lambda\end{vmatrix}=-(\lambda+1)^3,$$

因此 $\boldsymbol{A}$ 的特征值为 $\lambda_1=\lambda_2=\lambda_3=-1$.

解方程组 $(\boldsymbol{A}+\boldsymbol{E})\boldsymbol{x}=\boldsymbol{0}$,由

$$\boldsymbol{A}+\boldsymbol{E}=\begin{pmatrix}3 & -1 & 2\\ 5 & -2 & 3\\ -1 & 0 & -1\end{pmatrix}\sim\begin{pmatrix}1 & 0 & 1\\ 0 & 1 & 1\\ 0 & 0 & 0\end{pmatrix},$$

则 $r(\boldsymbol{A}+\boldsymbol{E})=2$,得线性无关的特征向量只有一个,故 $\boldsymbol{A}$ 不能相似于对角矩阵.

例 5 设 $\boldsymbol{A}=\begin{pmatrix}1 & 4 & 2\\ 0 & -3 & 4\\ 0 & 4 & 3\end{pmatrix}$,求 $\boldsymbol{A}^n(n\in\mathbf{N})$.

解 $$|\boldsymbol{A}-\lambda\boldsymbol{E}|=\begin{vmatrix}1-\lambda & 4 & 2\\ 0 & -3-\lambda & 4\\ 0 & 4 & 3-\lambda\end{vmatrix}=(1-\lambda)(\lambda-5)(\lambda+5),$$

即 $\boldsymbol{A}$ 的特征值为 $\lambda_1=1,\lambda_2=5,\lambda_3=-5$,它们对应的特征向量分别为

$$\boldsymbol{\xi}_1=\begin{pmatrix}1\\0\\0\end{pmatrix},\quad \boldsymbol{\xi}_2=\begin{pmatrix}2\\1\\2\end{pmatrix},\quad \boldsymbol{\xi}_3=\begin{pmatrix}1\\-2\\1\end{pmatrix}.$$

令

$$\boldsymbol{P}=(\boldsymbol{\xi}_1,\boldsymbol{\xi}_2,\boldsymbol{\xi}_3)=\begin{pmatrix}1 & 2 & 1\\ 0 & 1 & -2\\ 0 & 2 & 1\end{pmatrix},$$

则

$$P^{-1}AP=\begin{pmatrix}1&0&0\\0&5&0\\0&0&-5\end{pmatrix}=\Lambda,$$

所以

$$A=P\Lambda P^{-1},$$

因此

$$A^k=P\Lambda^kP^{-1}.$$

易求得

$$P^{-1}=\begin{pmatrix}1&0&-1\\0&\frac{1}{5}&\frac{2}{5}\\0&-\frac{2}{5}&\frac{1}{5}\end{pmatrix},$$

所以

$$A^n=\begin{pmatrix}1&2&1\\0&1&-2\\0&2&1\end{pmatrix}\begin{pmatrix}1&0&0\\0&5^n&0\\0&0&(-5)^n\end{pmatrix}\begin{pmatrix}1&0&-1\\0&\frac{1}{5}&\frac{2}{5}\\0&-\frac{2}{5}&\frac{1}{5}\end{pmatrix}$$

$$=\begin{pmatrix}1&2\cdot5^{n-1}(1+(-1)^{n+1})&5^{n-1}(4+(-1)^n)+1\\0&5^{n-1}(1+4(-1)^n)&2\cdot5^{n-1}(1+(-1)^{n+1})\\0&2\cdot5^{n-1}(1+(-1)^{n+1})&5^{n-1}(4+(-1)^n)\end{pmatrix}.$$

三、实对称矩阵对角化

由前面的讨论可知，方阵 A 不一定能对角化，但当 A 为实对称矩阵时，则一定可对角化.

定义 5.3　如果 n 阶方阵 A 满足

$$A^{\mathrm{T}}A=E\quad(\text{即 } A^{-1}=A^{\mathrm{T}}),$$

那么称 A 为正交矩阵.

定理 5.3　设 A,B 都是 n 阶正交矩阵，则

(1) $|A|=\pm1$；

(2) A 的列(行)向量组是两两正交的单位向量；

(3) A^{T},A^{-1} 也是正交矩阵；

(4) AB 也是正交矩阵.

证明留给读者完成.

注　(2) 反之也成立，即 A 为正交矩阵当且仅当 A 的列(行)向量组为规范正

交向量组.

定理 5.4 实对称矩阵的特征值为实数.

证 假设复数λ为实对称矩阵$\boldsymbol{A}$的特征值,复向量$\boldsymbol{x}$为对应的特征向量,即

$$\boldsymbol{A}\boldsymbol{x}=\lambda\boldsymbol{x}, \quad \boldsymbol{x}\neq\boldsymbol{0}.$$

用$\bar{\lambda}$表示λ的共轭复数,$\overline{\boldsymbol{x}}$表示$\boldsymbol{x}$的共轭向量,则

$$\boldsymbol{A}\,\overline{\boldsymbol{x}}=\overline{\boldsymbol{A}\boldsymbol{x}}=\overline{\lambda\boldsymbol{x}}=\bar{\lambda}\,\overline{\boldsymbol{x}}.$$

于是有

$$\overline{\boldsymbol{x}}^{\mathrm{T}}\boldsymbol{A}\boldsymbol{x}=\overline{\boldsymbol{x}}^{\mathrm{T}}(\boldsymbol{A}\boldsymbol{x})=\overline{\boldsymbol{x}}^{\mathrm{T}}\lambda\boldsymbol{x}=\lambda\,\overline{\boldsymbol{x}}^{\mathrm{T}}\boldsymbol{x}$$

及

$$\overline{\boldsymbol{x}}^{\mathrm{T}}\boldsymbol{A}\boldsymbol{x}=(\overline{\boldsymbol{x}}^{\mathrm{T}}\boldsymbol{A}^{\mathrm{T}})\boldsymbol{x}=(\boldsymbol{A}\,\overline{\boldsymbol{x}})^{\mathrm{T}}\boldsymbol{x}=\bar{\lambda}\,\overline{\boldsymbol{x}}^{\mathrm{T}}\boldsymbol{x}.$$

则

$$(\lambda-\bar{\lambda})\overline{\boldsymbol{x}}^{\mathrm{T}}\boldsymbol{x}=0,$$

因为$\boldsymbol{x}\neq\boldsymbol{0}$,所以

$$\overline{\boldsymbol{x}}^{\mathrm{T}}\boldsymbol{x}=\sum_{i=1}^{n}\overline{x_i}x_i=\sum_{i=1}^{n}|x_i|^2\neq 0,$$

则$\lambda-\bar{\lambda}=0$,即$\lambda=\bar{\lambda}$,说明λ为实数.

显然,当特征值λ_i为实数时,齐次线性方程组

$$(\boldsymbol{A}-\lambda_i\boldsymbol{E})\boldsymbol{x}=\boldsymbol{0}$$

是实系数方程组,则可取实的基础解系,所以对应的特征向量可以取实向量.

定理 5.5 实对称矩阵不同特征值对应的特征向量正交.

证 设λ_1,λ_2是实对称矩阵$\boldsymbol{A}$的不同特征值,$\boldsymbol{x}_1,\boldsymbol{x}_2$为分别属于$\lambda_1,\lambda_2$的特征向量,则

$$\boldsymbol{A}\boldsymbol{x}_1=\lambda_1\boldsymbol{x}_1, \quad \boldsymbol{A}\boldsymbol{x}_2=\lambda_2\boldsymbol{x}_2,$$

因$\boldsymbol{A}$对称,故

$$\lambda_1\boldsymbol{x}_1^{\mathrm{T}}=(\lambda_1\boldsymbol{x}_1)^{\mathrm{T}}=(\boldsymbol{A}\boldsymbol{x}_1)^{\mathrm{T}}=\boldsymbol{x}_1^{\mathrm{T}}\boldsymbol{A},$$

于是

$$\lambda_1\boldsymbol{x}_1^{\mathrm{T}}\boldsymbol{x}_2=\boldsymbol{x}_1^{\mathrm{T}}\boldsymbol{A}\boldsymbol{x}_2=\boldsymbol{x}_1^{\mathrm{T}}(\lambda_2\boldsymbol{x}_2)=\lambda_2\boldsymbol{x}_1^{\mathrm{T}}\boldsymbol{x}_2,$$

即

$$(\lambda_1-\lambda_2)\boldsymbol{x}_1^{\mathrm{T}}\boldsymbol{x}_2=0.$$

但$\lambda_1\neq\lambda_2$,故$\boldsymbol{x}_1^{\mathrm{T}}\boldsymbol{x}_2=(\boldsymbol{x}_1,\boldsymbol{x}_2)=0$,即$\boldsymbol{x}_1$与$\boldsymbol{x}_2$正交.

定理 5.6 设$\boldsymbol{A}$为n阶实对称矩阵,λ是$\boldsymbol{A}$的r重特征值,则$r(\boldsymbol{A}-\lambda\boldsymbol{E})=n-r$,从而对应特征值$\lambda$恰有$r$个线性无关的特征向量.

证明略.

定理 5.6 说明,实对称矩阵必可对角化. 实际上对实对称矩阵,更有如下重要结论.

定理 5.7　$\boldsymbol{A}$ 为 n 阶实对称矩阵,必存在正交矩阵 $\boldsymbol{P}$,使得 $\boldsymbol{P}^{-1}\boldsymbol{A}\boldsymbol{P}=\boldsymbol{P}^{\mathrm{T}}\boldsymbol{A}\boldsymbol{P}=\boldsymbol{\Lambda}$,其中 $\boldsymbol{\Lambda}$ 是以 $\boldsymbol{A}$ 的 n 个特征值为对角线元素的对角矩阵.

证　设 $\boldsymbol{A}$ 的互不相同的特征值为 $\lambda_1,\lambda_2,\cdots,\lambda_s$,它们的重数分别为 $r_1,r_2,\cdots,r_s$,显然,$r_1+r_2+\cdots+r_s=n$.

根据定理 5.6,对应 $r_j(j=1,2,\cdots,s)$重特征值 λ_j,恰有 r_j 个线性无关的特征向量,把它们正交化并单位化,即得 r_j 个单位正交特征向量. 由 $r_1+r_2+\cdots+r_s=n$ 知,这样的特征向量共有 n 个,由定理 5.5 知,这 n 个单位特征向量两两正交. 以它们为列向量构成正交矩阵 $\boldsymbol{P}$,有

$$\boldsymbol{P}^{-1}\boldsymbol{A}\boldsymbol{P}=\boldsymbol{\Lambda},$$

其中 $\boldsymbol{\Lambda}$ 的对角元素恰为 $\boldsymbol{A}$ 的 n 个特征值.

注　定理的证明过程给出了求正交矩阵 $\boldsymbol{P}$ 的方法.

例 6　设 $\boldsymbol{A}=\begin{pmatrix}4&0&0\\0&3&1\\0&1&3\end{pmatrix}$,求一个正交矩阵 $\boldsymbol{P}$,使 $\boldsymbol{P}^{-1}\boldsymbol{A}\boldsymbol{P}=\boldsymbol{\Lambda}$ 为对角矩阵.

解　$|\boldsymbol{A}-\lambda\boldsymbol{E}|=\begin{vmatrix}4-\lambda&0&0\\0&3-\lambda&1\\0&1&3-\lambda\end{vmatrix}=(2-\lambda)(4-\lambda)^2$,故得 $\boldsymbol{A}$ 的特征值为 $\lambda_1=2,\lambda_2=\lambda_3=4$.

当 $\lambda_1=2$ 时,解方程组$(\boldsymbol{A}-2\boldsymbol{E})\boldsymbol{x}=\boldsymbol{0}$,由

$$\boldsymbol{A}-2\boldsymbol{E}=\begin{pmatrix}2&0&0\\0&1&1\\0&1&1\end{pmatrix}\sim\begin{pmatrix}1&0&0\\0&1&1\\0&0&0\end{pmatrix},$$

得基础解系 $\begin{pmatrix}0\\1\\-1\end{pmatrix}$,取单位特征向量

$$\boldsymbol{e}_1=\begin{pmatrix}0\\\frac{1}{\sqrt{2}}\\-\frac{1}{\sqrt{2}}\end{pmatrix}.$$

当 $\lambda_2=\lambda_3=4$ 时,解方程组$(\boldsymbol{A}-4\boldsymbol{E})\boldsymbol{x}=\boldsymbol{0}$,由

$$\boldsymbol{A}-4\boldsymbol{E}=\begin{pmatrix}0&0&0\\0&-1&1\\0&1&-1\end{pmatrix}\sim\begin{pmatrix}0&0&0\\0&1&-1\\0&0&0\end{pmatrix}$$

得正交的基础解系$\begin{pmatrix}1\\0\\0\end{pmatrix}$，$\begin{pmatrix}0\\1\\1\end{pmatrix}$，单位化即得

$$e_2=\begin{pmatrix}1\\0\\0\end{pmatrix},\quad e_3=\begin{pmatrix}0\\ \frac{1}{\sqrt{2}}\\ \frac{1}{\sqrt{2}}\end{pmatrix},$$

于是得正交矩阵

$$\boldsymbol{P}=(\boldsymbol{e}_1,\boldsymbol{e}_2,\boldsymbol{e}_3)=\begin{pmatrix}0 & 1 & 0\\ \frac{1}{\sqrt{2}} & 0 & \frac{1}{\sqrt{2}}\\ -\frac{1}{\sqrt{2}} & 0 & \frac{1}{\sqrt{2}}\end{pmatrix},$$

有

$$\boldsymbol{P}^{-1}\boldsymbol{AP}=\boldsymbol{P}^{\mathrm{T}}\boldsymbol{AP}=\begin{pmatrix}2 & & \\ & 4 & \\ & & 4\end{pmatrix}.$$

注　如果求得基础解系不正交，则需用施密特正交化过程把它正交规范化.

例 7　设三阶实对称矩阵 $\boldsymbol{A}$ 的特征值为$\lambda_1=-1,\lambda_2=\lambda_3=1$，对应 λ_1 的一个特征向量为 $\boldsymbol{\eta}_1=(0,1,1)^{\mathrm{T}}$，求 $\boldsymbol{A}$.

解　因 $\boldsymbol{A}$ 为实对称矩阵，则存在正交矩阵 $\boldsymbol{P}$，使

$$\boldsymbol{P}^{-1}\boldsymbol{AP}=\boldsymbol{\Lambda}=\begin{pmatrix}-1 & & \\ & 1 & \\ & & 1\end{pmatrix},$$

所以

$$\boldsymbol{A}=\boldsymbol{P\Lambda P}^{-1}=\boldsymbol{P\Lambda P}^{\mathrm{T}}.$$

记 $\boldsymbol{P}=(\boldsymbol{p}_1,\boldsymbol{p}_2,\boldsymbol{p}_3)$，则 $\boldsymbol{p}_1,\boldsymbol{p}_2,\boldsymbol{p}_3$ 为 $\boldsymbol{A}$ 的特征值$\lambda_1=-1,\lambda_2=\lambda_3=1$ 所对应的单位正交特征向量.

因为实对称矩阵不同特征值对应的特征向量正交，且 $\boldsymbol{\eta}_1=(0,1,1)^{\mathrm{T}}$ 为 $\lambda_1=-1$ 所对应的特征向量，则 $\lambda_2=\lambda_3=1$ 对应于的特征向量 $\boldsymbol{x}$ 应满足

$$\boldsymbol{x}^{\mathrm{T}}\boldsymbol{\eta}_1=0,$$

设 $\boldsymbol{x}=(x_1,x_2,x_3)^{\mathrm{T}}$，则上式即为

$$x_2+x_3=0,$$

可得正交的基础解系

$$\boldsymbol{\eta}_2=\begin{pmatrix}1\\0\\0\end{pmatrix},\quad \boldsymbol{\eta}_3=\begin{pmatrix}0\\1\\-1\end{pmatrix}.$$

把 $\boldsymbol{\eta}_1,\boldsymbol{\eta}_2,\boldsymbol{\eta}_3$ 单位化，得

$$\boldsymbol{p}_1=\begin{pmatrix}0\\\frac{1}{\sqrt{2}}\\\frac{1}{\sqrt{2}}\end{pmatrix},\quad \boldsymbol{p}_2=\begin{pmatrix}1\\0\\0\end{pmatrix},\quad \boldsymbol{p}_3=\begin{pmatrix}0\\\frac{1}{\sqrt{2}}\\-\frac{1}{\sqrt{2}}\end{pmatrix},$$

于是

$$\boldsymbol{P}=\begin{pmatrix}0&1&0\\\frac{1}{\sqrt{2}}&0&\frac{1}{\sqrt{2}}\\\frac{1}{\sqrt{2}}&0&-\frac{1}{\sqrt{2}}\end{pmatrix},$$

所以

$$\boldsymbol{A}=\begin{pmatrix}0&1&0\\\frac{1}{\sqrt{2}}&0&\frac{1}{\sqrt{2}}\\\frac{1}{\sqrt{2}}&0&-\frac{1}{\sqrt{2}}\end{pmatrix}\begin{pmatrix}-1&0&0\\0&1&0\\0&0&1\end{pmatrix}\begin{pmatrix}0&\frac{1}{\sqrt{2}}&\frac{1}{\sqrt{2}}\\1&0&0\\0&\frac{1}{\sqrt{2}}&-\frac{1}{\sqrt{2}}\end{pmatrix}=\begin{pmatrix}1&0&0\\0&0&-1\\0&-1&0\end{pmatrix}.$$

第三节　二次型及其标准形

在解析几何中讨论的有心二次曲线，若中心与坐标原点重合，则一般方程是

$$ax^2+bxy+cy^2=1.$$

上式左端是 x,y 的一个二次齐次多项式. 为了便于研究它的几何性质，我们可以选择适当的坐标旋转变换，把方程化为标准形

$$mx_1^2+nx_2^2=1.$$

这样的问题在许多理论和实际领域中常会遇到，我们把它一般化，讨论 n 个变量的二次齐次多项式的化简问题.

一、二次型的基本概念

定义 5.4　含有 n 个变量 $x_1,x_2,\cdots,x_n$ 的二次齐次函数

$$f(x_1,x_2,\cdots,x_n)=a_{11}x_1^2+a_{22}x_2^2+\cdots+a_{nn}x_n^2$$

$$+2a_{12}x_1x_2+2a_{13}x_1x_3+\cdots+2a_{n-1,n}x_{n-1}x_n \tag{5.4}$$

称为**二次型**.

当 a_{ij} 为复数时,称 f 为复二次型;当 a_{ij} 为实数时,称 f 为实二次型. 这里,我们只讨论实二次型.

取 $a_{ij}=a_{ji}$,则 $2a_{ij}x_ix_j=a_{ij}x_ix_j+a_{ji}x_jx_i$,二次型(5.4)可以写成

$$\begin{aligned} f=&a_{11}x_1^2+a_{12}x_1x_2+\cdots+a_{1n}x_1x_n\\ &+a_{21}x_2x_1+a_{22}x_2^2+\cdots+a_{2n}x_2x_n\\ &\cdots\cdots\\ &+a_{n1}x_nx_1+a_{n2}x_nx_2+\cdots+a_{nn}x_n^2\\ =&\sum_{i=1}^{n}\sum_{j=1}^{n}a_{ij}x_ix_j. \end{aligned} \tag{5.5}$$

把式(5.5)的系数排成一个矩阵

$$\boldsymbol{A}=\begin{pmatrix} a_{11} & a_{12} & \cdots & a_{1n}\\ a_{21} & a_{22} & \cdots & a_{2n}\\ \vdots & \vdots & & \vdots\\ a_{n1} & a_{n2} & \cdots & a_{nn} \end{pmatrix},$$

并记 $\boldsymbol{x}=(x_1,x_2,\cdots,x_n)^{\mathrm{T}}$,则

$$f=\boldsymbol{x}^{\mathrm{T}}\boldsymbol{A}\boldsymbol{x}, \tag{5.6}$$

其中 $\boldsymbol{A}$ 为实对称矩阵.

任给一个二次型,就唯一地确定一个对称阵;反之,任给一个对称阵,也可以唯一地确定一个二次型. 这样,二次型与对称阵之间存在一一对应关系. 因此,我们可以用对称矩阵讨论二次型,称对称阵 $\boldsymbol{A}$ 为**二次型 f 的矩阵**,也称 f 为对称矩阵 $\boldsymbol{A}$ 的二次型. 矩阵 $\boldsymbol{A}$ 的秩就叫作**二次型 f 的秩**.

例如,二次型 $f(x_1,x_2,x_3)=x_1x_2+x_1x_3+2x_2^2-x_2x_3$ 的矩阵为

$$\boldsymbol{A}=\begin{pmatrix} 0 & \frac{1}{2} & \frac{1}{2}\\ \frac{1}{2} & 2 & -\frac{1}{2}\\ \frac{1}{2} & -\frac{1}{2} & 0 \end{pmatrix},$$

而对称阵

$$\boldsymbol{A}=\begin{pmatrix} 1 & -1 & 0\\ -1 & 2 & \frac{3}{2}\\ 0 & \frac{3}{2} & 0 \end{pmatrix}$$

对应的二次型为

$$f=x_1^2+2x_2^2-2x_1x_2+3x_2x_3.$$

二、线性变换

定义 5.5　关系式

$$\begin{cases} x_1=c_{11}y_1+c_{12}y_2+\cdots+c_{1m}y_m, \\ x_2=c_{21}y_1+c_{22}y_2+\cdots+c_{2m}y_m, \\ \quad\cdots\cdots \\ x_n=c_{n1}y_1+c_{n2}y_2+\cdots+c_{nm}y_m \end{cases} \tag{5.7}$$

称为由变量 $y_1,y_2,\cdots,y_m$ 到变量 $x_1,x_2,\cdots,x_n$ 的一个**线性变换**.

写成矩阵形式

$$\boldsymbol{x}=\boldsymbol{C}\boldsymbol{y},$$

其中

$$\boldsymbol{x}=\begin{pmatrix} x_1 \\ x_2 \\ \vdots \\ x_n \end{pmatrix},\quad \boldsymbol{C}=\begin{pmatrix} c_{11} & c_{12} & \cdots & c_{1m} \\ c_{21} & c_{22} & \cdots & c_{2m} \\ \vdots & \vdots & & \vdots \\ c_{n1} & c_{n2} & \cdots & c_{nm} \end{pmatrix},\quad \boldsymbol{y}=\begin{pmatrix} y_1 \\ y_2 \\ \vdots \\ y_m \end{pmatrix},$$

$\boldsymbol{C}$ 称为线性变换(5.7)的矩阵.

特别,当线性变换为

$$\begin{cases} x_1=c_{11}y_1+c_{12}y_2+\cdots+c_{1n}y_n, \\ x_2=c_{21}y_1+c_{22}y_2+\cdots+c_{2n}y_n, \\ \quad\cdots\cdots \\ x_n=c_{n1}y_1+c_{n2}y_2+\cdots+c_{nn}y_n \end{cases} \tag{5.8}$$

时,则线性变换的矩阵 $\boldsymbol{C}$ 为 n 阶方阵.

当 $|\boldsymbol{C}|\neq0$ 时,称线性变换(5.8)为**可逆的线性变换**,或称**非退化的线性变换**.

当 $\boldsymbol{C}$ 为正交矩阵时,称线性变换(5.8)为**正交线性变换**,简称**正交变换**. 正交变换保持向量的长度(或范数)不变,因为 $\boldsymbol{x}=\boldsymbol{C}\boldsymbol{y}$,$\boldsymbol{C}$ 是正交矩阵,则 $\|\boldsymbol{x}\|=\sqrt{(\boldsymbol{x},\boldsymbol{x})}=\sqrt{\boldsymbol{x}^{\mathrm{T}}\boldsymbol{x}}=\sqrt{(\boldsymbol{C}\boldsymbol{y})^{\mathrm{T}}(\boldsymbol{C}\boldsymbol{y})}=\sqrt{\boldsymbol{y}^{\mathrm{T}}(\boldsymbol{C}^{\mathrm{T}}\boldsymbol{C})\boldsymbol{y}}=\sqrt{\boldsymbol{y}^{\mathrm{T}}\boldsymbol{y}}=\|\boldsymbol{y}\|$. 这是正交变换的优良特性.

二次型的化简问题就是寻求合适的线性变换把二次型变得简单. 本章讨论的中心问题就是如何寻找可逆的线性变换,使二次型只含平方项.

设二次型

$$f=\boldsymbol{x}^{\mathrm{T}}\boldsymbol{A}\boldsymbol{x}$$

经可逆的线性变换

$$\boldsymbol{x}=\boldsymbol{C}\boldsymbol{y}$$

后,变成

$$f=(\boldsymbol{C}\boldsymbol{y})^{\mathrm{T}}\boldsymbol{A}(\boldsymbol{C}\boldsymbol{y})=\boldsymbol{y}^{\mathrm{T}}(\boldsymbol{C}^{\mathrm{T}}\boldsymbol{A}\boldsymbol{C})\boldsymbol{y}=\boldsymbol{y}^{\mathrm{T}}\boldsymbol{B}\boldsymbol{y},$$

其中

$$\boldsymbol{B}=\boldsymbol{C}^{\mathrm{T}}\boldsymbol{A}\boldsymbol{C},$$

且

$$\boldsymbol{B}^{\mathrm{T}}=(\boldsymbol{C}^{\mathrm{T}}\boldsymbol{A}\boldsymbol{C})^{\mathrm{T}}=\boldsymbol{C}^{\mathrm{T}}\boldsymbol{A}\boldsymbol{C}=\boldsymbol{B},$$

即 $\boldsymbol{B}$ 是对称矩阵.

定义 5.6 设 $\boldsymbol{A},\boldsymbol{B}$ 为 n 阶方阵,如果存在 n 阶可逆方阵 $\boldsymbol{C}$,使

$$\boldsymbol{C}^{\mathrm{T}}\boldsymbol{A}\boldsymbol{C}=\boldsymbol{B},$$

则称 $\boldsymbol{A}$ 与 $\boldsymbol{B}$ 合同.

易知合同关系也是一种等价关系,因此合同的矩阵有相同的秩,且满足自反性、对称性、传递性.

由此可见,二次型经可逆的线性变换后,对应的矩阵合同.

三、二次型的标准形

定义 5.7 二次型 $f(x_1,x_2,\cdots x_n)=\boldsymbol{x}^{\mathrm{T}}\boldsymbol{A}\boldsymbol{x}$,经过可逆线性变换 $\boldsymbol{x}=\boldsymbol{C}\boldsymbol{y}$ 后,变成只含平方项

$$d_1y_1^2+d_2y_2^2+\cdots+d_ny_n^2 \tag{5.9}$$

的二次型,称为二次型的**标准形**.

显然,标准形对应的矩阵是对角矩阵. 因此,二次型化标准形的问题,就是矩阵与对角阵合同的问题.

下面介绍两种基本方法.

(1) 正交变换法.

由于实二次型的矩阵 $\boldsymbol{A}$ 是一个实的对称矩阵,由定理 5.7 知,必存在一个正交矩阵 $\boldsymbol{P}$ 使 $\boldsymbol{P}^{-1}\boldsymbol{A}\boldsymbol{P}=\boldsymbol{P}^{\mathrm{T}}\boldsymbol{A}\boldsymbol{P}=\boldsymbol{\Lambda}$,$\boldsymbol{A}$ 与对角矩阵是合同的,所以二次型必可通过正交变换化为标准形.

定理 5.8(主轴定理) 任意一个 n 元实二次型 $f=\boldsymbol{x}^{\mathrm{T}}\boldsymbol{A}\boldsymbol{x}$,一定存在正交变换 $\boldsymbol{x}=\boldsymbol{P}\boldsymbol{y}$,使 f 化为标准形

$$\lambda_1y_1^2+\lambda_2y_2^2+\cdots+\lambda_ny_n^2, \tag{5.10}$$

其中 $\lambda_1,\lambda_2,\cdots,\lambda_n$ 是 $\boldsymbol{A}$ 的 n 个特征值,正交矩阵 $\boldsymbol{P}$ 的 n 个列向量为 $\boldsymbol{A}$ 的对应于特征值 $\lambda_1,\lambda_2,\cdots,\lambda_n$ 的单位正交特征向量.

例 1 求一个正交变换,化二次型

$$f(x_1,x_2,x_3)=2x_1x_2+2x_1x_3+2x_2x_3$$

为标准形.

解　二次型的矩阵为

$$A=\begin{pmatrix}0&1&1\\1&0&1\\1&1&0\end{pmatrix},$$

A 的特征多项式

$$|A-\lambda E|=(\lambda+1)^2(2-\lambda),$$

则 A 的特征值 $\lambda_1=\lambda_2=-1,\lambda_3=2$.

对 $\lambda_1=\lambda_2=-1$，解方程组 $(A+E)x=0$，取正交的基础解系

$$\xi_1=\begin{pmatrix}1\\-1\\0\end{pmatrix},\quad \xi_2=\begin{pmatrix}1\\1\\-2\end{pmatrix},$$

将 ξ_1,ξ_2 单位化，得

$$e_1=\begin{pmatrix}\frac{1}{\sqrt{2}}\\-\frac{1}{\sqrt{2}}\\0\end{pmatrix},\quad e_2=\begin{pmatrix}\frac{1}{\sqrt{6}}\\\frac{1}{\sqrt{6}}\\-\frac{2}{\sqrt{6}}\end{pmatrix}.$$

对 $\lambda_3=2$，解方程组 $(A-2E)x=0$，得基础解系

$$\xi_3=\begin{pmatrix}1\\1\\1\end{pmatrix},$$

单位化，得

$$e_3=\begin{pmatrix}\frac{1}{\sqrt{3}}\\\frac{1}{\sqrt{3}}\\\frac{1}{\sqrt{3}}\end{pmatrix}.$$

令

$$P=(e_1,e_2,e_3)=\begin{pmatrix}\frac{1}{\sqrt{2}}&\frac{1}{\sqrt{6}}&\frac{1}{\sqrt{3}}\\-\frac{1}{\sqrt{2}}&\frac{1}{\sqrt{6}}&\frac{1}{\sqrt{3}}\\0&-\frac{2}{\sqrt{6}}&\frac{1}{\sqrt{3}}\end{pmatrix},$$

则经过正交变换 $\boldsymbol{x}=\boldsymbol{P}\boldsymbol{y}$ 后,二次型化成标准形 $f=-y_1^2-y_2^2+2y_3^2$.

(2) 配方法.

定理 5.9 任何一个二次型都可通过非退化线性变换化为标准形.

证 证明过程就是实施配方法的过程.

我们对二次型(5.4)的变量个数 n 作归纳法.

当 $n=1$ 时,$f(x_1)=a_{11}x_1^2$ 已是标准形.

假如对 $n-1$ 元二次型结论成立,现证明 n 元二次型也成立.分两种情况讨论:

①平方项系数 $a_{ii}(1\leqslant i\leqslant n)$ 中至少有一个不等于零.不妨设 $a_{11}\neq0$,这时

$$\begin{aligned}f=&a_{11}\left[x_1+\frac{1}{a_{11}}(a_{12}x_2+\cdots+a_{1n}x_n)\right]^2-\frac{1}{a_{11}}(a_{12}x_2+\cdots+a_{1n}x_n)^2\\&+a_{22}x_2^2+2a_{23}x_2x_3+\cdots+a_{nn}x_n^2.\end{aligned}$$

令

$$\begin{cases}x_1=y_1-\dfrac{1}{a_{11}}(a_{12}y_2+\cdots+a_{1n}y_n),\\x_2=y_2,\\\cdots\cdots\\x_n=y_n,\end{cases}$$

则变换为可逆变换,且

$$f=a_{11}y_1^2-\frac{1}{a_{11}}(a_{12}y_2+\cdots+a_{1n}y_n)^2+a_{22}y_2^2+2a_{23}y_2y_3+\cdots+a_{nn}y_n^2,$$

式中除了第一项外,其余各项是 $y_2,y_3,\cdots,y_n$ 的 $n-1$ 元二次型,由归纳假设即得.

②所有平方项系数都为零,但至少有一个 $a_{ij}\neq0(i\neq j)$,不妨设 $a_{12}\neq0$.令

$$\begin{cases}x_1=y_1-y_2,\\x_2=y_1+y_2,\\x_3=y_3,\\\cdots\cdots\\x_n=y_n,\end{cases}$$

则变换是可逆的,此时

$$\begin{aligned}f&=2a_{12}(y_1+y_2)(y_1-y_2)+2a_{13}(y_1-y_2)y_3+\cdots\\&=2a_{12}y_1^2-2a_{12}y_2^2+2a_{13}y_1y_3+\cdots,\end{aligned}$$

上式是关于 $y_1,y_2,\cdots,y_n$ 的一个 n 元二次型,且 y_1^2 的系数不为零,由①可知,结论成立.

定理 5.9 说明任何一个二次型都可通过配方法化成标准形.

例 2 用配方法化二次型

$$f=2x_1^2+5x_2^2+5x_3^2+4x_1x_2-4x_1x_3-8x_2x_3$$

为标准形,并求所用的变换矩阵.

解 按 x_1^2 及含有 x_1 的混合项配成完全平方

$$f=2[x_1^2+2x_1(x_2-x_3)+(x_2-x_3)^2]-2(x_2-x_3)^2+5x_2^2+5x_3^2-8x_2x_3$$
$$=2(x_1+x_2-x_3)^2+3x_2^2+3x_3^2-4x_2x_3,$$

再将 $3x_2^2-4x_2x_3$ 配成完全平方,得

$$f=2(x_1+x_2-x_3)^2+3\left(x_2-\frac{2}{3}x_3\right)^2+\frac{5}{3}x_3^2.$$

令

$$\begin{cases}y_1=x_1+x_2-x_3,\\ y_2=x_2-\dfrac{2}{3}x_3,\\ y_3=x_3,\end{cases}$$

即

$$\begin{cases}x_1=y_1-y_2+\dfrac{1}{3}x_3,\\ x_2=y_2+\dfrac{2}{3}y_3,\\ x_3=y_3,\end{cases}$$

即得标准形

$$f=2y_1^2+3y_2^2+\frac{5}{3}y_3^2.$$

而所用的变换矩阵

$$\boldsymbol{C}=\begin{pmatrix}1 & -1 & \dfrac{1}{3}\\ 0 & 1 & \dfrac{2}{3}\\ 0 & 0 & 1\end{pmatrix},$$

所用的非退化的线性变换为 $\boldsymbol{x}=\boldsymbol{C}\boldsymbol{y}$.

例 3 化二次型

$$f=2x_1x_2-2x_1x_3+2x_2x_3$$

为标准形,并求所作的可逆线性变换.

解 f 中不含平方项. 令

$$\begin{cases}x_1=y_1+y_2,\\ x_2=y_1-y_2,\\ x_3=y_3.\end{cases}\quad \boldsymbol{x}=\boldsymbol{C}_1\boldsymbol{y}=\begin{pmatrix}1 & 1 & 0\\ 1 & -1 & 0\\ 0 & 0 & 1\end{pmatrix}\boldsymbol{y},$$

代入可得

$$f=2y_1^2-2y_2^2-4y_2y_3.$$

再配方,得

$$f=2y_1^2-2(y_2+y_3)^2+2y_3^2.$$

令

$$\begin{cases} z_1=y_1, \\ z_2=y_2+y_3, \\ z_3=y_3, \end{cases}$$

即

$$\begin{cases} y_1=z_1, \\ y_2=z_2-z_3, \\ y_3=z_3, \end{cases} \quad \boldsymbol{y}=\boldsymbol{C}_2\boldsymbol{z}=\begin{pmatrix} 1 & 0 & 0 \\ 0 & 1 & -1 \\ 0 & 0 & 1 \end{pmatrix}\boldsymbol{z}.$$

即得标准形

$$f=2z_1^2-2z_2^2+2z_3^2.$$

而变换为

$$\boldsymbol{x}=\boldsymbol{C}_1\boldsymbol{y}=\boldsymbol{C}_1(\boldsymbol{C}_2\boldsymbol{z})=(\boldsymbol{C}_1\boldsymbol{C}_2)\boldsymbol{z}=\boldsymbol{C}\boldsymbol{z},$$

其中

$$\boldsymbol{C}=\boldsymbol{C}_1\boldsymbol{C}_2=\begin{pmatrix} 1 & 1 & 0 \\ 1 & -1 & 0 \\ 0 & 0 & 1 \end{pmatrix}\cdot\begin{pmatrix} 1 & 0 & 0 \\ 0 & 1 & -1 \\ 0 & 0 & 1 \end{pmatrix}=\begin{pmatrix} 1 & 1 & -1 \\ 1 & -1 & 1 \\ 0 & 0 & 1 \end{pmatrix}.$$

第四节　正定二次型

一、惯性定理与规范形

二次型的标准形显然是不唯一的,但标准形中所含平方项的项数(即二次型的秩)是不变的. 不仅如此,在限定变换为实变换时,标准形中正系数个数也是不变的(从而负系数个数不变),也就是

定理 5.10(惯性定理)　实二次型 $f=\boldsymbol{x}^{\mathrm{T}}\boldsymbol{A}\boldsymbol{x}$ 的标准形中正系数个数及负系数个数是唯一确定的,它与可逆线性变换无关.

证明略.

定义 5.8　在实二次型 f 的标准形中,正系数个数 p 称为二次型 f 的**正惯性指数**,负系数个数 q 称为二次型 f 的**负惯性指数**.

显然,二次型 f 的正惯性指数就是矩阵 $\boldsymbol{A}$ 的正特征值的个数,负惯性指数就是矩阵 $\boldsymbol{A}$ 的负特征值的个数.

设二次型 f 的标准形为

$$f(x_1,x_2,\cdots,x_n)=d_1y_1^2+\cdots+d_py_p^2-c_1y_{p+1}^2-\cdots-c_qy_r^2, \tag{5.11}$$

其中 $d_i>0(1\leqslant i\leqslant p)$，$c_j>0(1\leqslant j\leqslant q)$，且 $p+q=r$.

作可逆的线性变换

$$y_1=\frac{1}{\sqrt{d_1}}z_1,\cdots,y_p=\frac{1}{\sqrt{d_p}}z_p,y_{p+1}=\frac{1}{\sqrt{c_1}}z_{p+1},\cdots,y_r=\frac{1}{\sqrt{c_q}}z_r,y_{r+1}=z_{r+1},\cdots,$$

$$y_n=z_n,$$

式(5.11)变成了

$$f=z_1^2+\cdots+z_p^2-z_{p+1}^2-\cdots-z_r^2. \tag{5.12}$$

式(5.12)称为二次型的**规范形**.

显然，由惯性定理可知，任一实二次型的规范形唯一.

例 1 求二次型 $f(x_1,x_2,x_3)=x_1^2+3x_2^2+x_3^2+2x_1x_2+2x_1x_3+2x_2x_3$ 的正惯性指数.

解 配方得 $f(x_1,x_2,x_3)=(x_1+x_2+x_3)^2+2x_2^2$，则正惯性指数为 2.

注 也可以通过写出二次型的矩阵 $\boldsymbol{A}$，求得 $\boldsymbol{A}$ 的三个特征值为 0，1，4 得出结论.

例 2 设 $\boldsymbol{A}$ 为 3 阶实对称矩阵，满足 $\boldsymbol{A}^2+\boldsymbol{A}=2\boldsymbol{E}$，且 $|\boldsymbol{A}|=4$，求二次型 $f=\boldsymbol{x}^{\mathrm{T}}\boldsymbol{A}\boldsymbol{x}$ 的规范形.

解 由 $\boldsymbol{A}^2+\boldsymbol{A}=2\boldsymbol{E}$，可知矩阵 $\boldsymbol{A}$ 的特征值满足方程 $\lambda^2+\lambda-2=0$，得 $\lambda=1$ 或 $\lambda=-2$，又因为 $|\boldsymbol{A}|=4$，则 $\boldsymbol{A}$ 的特征值为 $\lambda_1=1,\lambda_2=\lambda_3=-2$，因此，二次型 $\boldsymbol{x}^{\mathrm{T}}\boldsymbol{A}\boldsymbol{x}$ 的规范形为 $y_1^2-y_2^2-y_3^2$.

二、二次型的有定性

定义 5.9 设实二次型 $f=\boldsymbol{x}^{\mathrm{T}}\boldsymbol{A}\boldsymbol{x}$，如果对任一非零向量 $\boldsymbol{x}$，有

(1) $f>0$，则称二次型 f 是**正定二次型**，而称对称矩阵 $\boldsymbol{A}$ 为**正定矩阵**；

(2) $f<0$，则称二次型 f 是**负定二次型**，而称对称矩阵 $\boldsymbol{A}$ 为**负定矩阵**；

(3) $f\geqslant0$（或 $f\leqslant0$），则称二次型 f 是**半正定**（**或半负定**）**二次型**，同时称对阵矩阵 $\boldsymbol{A}$ 是**半正定矩阵**（**或半负定矩阵**）；

(4) f 的值有正有负，则称二次型 f 是**不定的**.

在二次型中，最常见的是正定与负定的二次型，下面主要讨论这两类二次型.

定理 5.11 n 元实二次型 $f=\boldsymbol{x}^{\mathrm{T}}\boldsymbol{A}\boldsymbol{x}$ 正（负）定的充分必要条件是它的正（负）惯性指数为 n.

证 充分性. 设经可逆线性变换 $\boldsymbol{x}=\boldsymbol{C}\boldsymbol{y}$，使

$$f=k_1y_1^2+k_2y_2^2+\cdots+k_ny_n^n,$$

因为 $k_i>0(1\leqslant k\leqslant n)$，任取 $\boldsymbol{x}\neq\boldsymbol{0}$，则 $\boldsymbol{y}=\boldsymbol{C}^{-1}\boldsymbol{x}\neq\boldsymbol{0}$，故 $f>0$.

必要性. 用反证法. 设有 $k_i\leqslant0$，则取 $\boldsymbol{y}=(0,\cdots,0,1,0,\cdots,0)^{\mathrm{T}}$，它的第 i 个坐标为 1，有 $f(\boldsymbol{x})=f(\boldsymbol{C}\boldsymbol{y})=k_i\leqslant0$，与 f 正定矛盾.

推论 5.3 对称矩阵 $\boldsymbol{A}$ 为正(负)定矩阵的充分必要条件是 $\boldsymbol{A}$ 的特征值全为正(负).

推论 5.4 实二次型 $f=\boldsymbol{x}^{\mathrm{T}}\boldsymbol{A}\boldsymbol{x}$ 半正(负)定的充分必要条件是它的正(负)惯性指数等于二次型的秩.

推论 5.5 二次型经非退化线性变换不改变它的有定性.

推论 5.6 实对称矩阵 $\boldsymbol{A}$ 为正定矩阵的充分必要条件是 $\boldsymbol{A}$ 与单位矩阵合同.

推论 5.7 实对称矩阵 $\boldsymbol{A}$ 为正定矩阵的充分必要条件是存在可逆矩阵 $\boldsymbol{C}$,使

$$\boldsymbol{A}=\boldsymbol{C}^{\mathrm{T}}\boldsymbol{C}.$$

下面从实对称矩阵本身给出正定矩阵的性质及判别法.

定理 5.12 设 $\boldsymbol{A}$ 为正定矩阵,则

(1) $\boldsymbol{A}$ 的主对角元 $a_{ii}>0(i=1,2,\cdots,n)$;

(2) $|\boldsymbol{A}|>0$.

证 (1) 设

$$f=\boldsymbol{x}^{\mathrm{T}}\boldsymbol{A}\boldsymbol{x}=\sum_{i=1}^{n}\sum_{j=1}^{n}a_{ij}x_ix_j,$$

因 $\boldsymbol{A}$ 正定,则 f 为正定二次型.

取 $\boldsymbol{e}_i=(0,0,\cdots,0,1,0,\cdots,0)^{\mathrm{T}}$(第 i 个坐标等于 1),则

$$f(\boldsymbol{e}_i)=a_{ii}x_i^2=a_{ii}>0\quad(i=1,2,\cdots,n).$$

(2) 由 $\boldsymbol{A}$ 正定,则 $\boldsymbol{A}$ 的特征值全大于零,因此 $|\boldsymbol{A}|>0$.

注 从定理 5.12 易知,正定矩阵必为可逆矩阵.

注意到,$\boldsymbol{A}$ 负定当且仅当 $-\boldsymbol{A}$ 正定,因此有

推论 5.8 $\boldsymbol{A}$ 为负定矩阵,则

(1) $\boldsymbol{A}$ 的主对角线元 $a_{ii}<0(i=1,2,\cdots,n)$;

(2) $|-\boldsymbol{A}|=(-1)^n|\boldsymbol{A}|>0$.

定义 5.10 设 $\boldsymbol{A}=(a_{ij})_{n\times n}$,称

$$|\boldsymbol{A}_k|=\begin{vmatrix}a_{11}&a_{12}&\cdots&a_{1k}\\a_{21}&a_{22}&\cdots&a_{2k}\\\vdots&\vdots&&\vdots\\a_{k1}&a_{k2}&\cdots&a_{kk}\end{vmatrix}$$

为 $\boldsymbol{A}$ 的 k 阶**顺序主子式**.

定理 5.13 n 阶实对称矩阵 $\boldsymbol{A}$ 正定的充分必要条件是 $\boldsymbol{A}$ 的所有顺序主子式(n 个)全大于零.

这个定理称为赫尔维茨定理,这里不予证明.

类似定理 5.13 的推论,我们有

推论 5.9 实对称矩阵 $\boldsymbol{A}$ 负定的充分必要条件是:奇数阶顺序主子式为负,偶

数阶顺序主子式为正.

例 3　证明:若 $\boldsymbol{A}$ 是正定矩阵,则 $\boldsymbol{A}^{-1}$ 也是正定矩阵.

证　方法 1:因 $\boldsymbol{A}$ 是正定矩阵,则 $\boldsymbol{A}$ 的特征值 $\lambda_i\ (i=1,2,\cdots,n)$ 全为正,则 $\dfrac{1}{\lambda_i}$ 是 $\boldsymbol{A}^{-1}$ 的特征值,且 $\dfrac{1}{\lambda_i}>0$,所以 $\boldsymbol{A}^{-1}$ 是正定矩阵.

方法 2:因 $\boldsymbol{A}$ 是正定矩阵,则存在可逆矩阵 $\boldsymbol{C}$,使

$$\boldsymbol{A}=\boldsymbol{C}^{\mathrm{T}}\boldsymbol{C},$$

所以

$$\boldsymbol{A}^{-1}=(\boldsymbol{C}^{\mathrm{T}}\boldsymbol{C})^{-1}=\boldsymbol{C}^{-1}(\boldsymbol{C}^{\mathrm{T}})^{-1}=\boldsymbol{C}^{-1}(\boldsymbol{C}^{-1})^{\mathrm{T}},$$

且

$$(\boldsymbol{A}^{-1})^{\mathrm{T}}=(\boldsymbol{A}^{\mathrm{T}})^{-1}=\boldsymbol{A}^{-1},$$

则 $\boldsymbol{A}^{-1}$ 是正定矩阵.

例 4　判定二次型

$$f(x_1,x_2,x_3)=5x_1^2+x_2^2+5x_3^2+4x_1x_2-8x_1x_3-4x_2x_3$$

的有定性.

解　方法 1:用配方法化二次型为标准形

$$\begin{aligned}f&=5x_1^2+[x_2^2+4x_2(x_1-x_3)]+5x_3^2-8x_1x_3\\&=5x_1^2+[x_2+2(x_1-x_3)]^2-4(x_1-x_3)^2+5x_3^2-8x_1x_3\\&=[2(x_1-x_3)+x_2]^2+x_1^2+x_3^2\geqslant 0,\end{aligned}$$

且等号成立当且仅当 $x_1=x_2=x_3=0$,因此,f 正定.

方法 2:f 的矩阵

$$\boldsymbol{A}=\begin{pmatrix}5&2&-4\\2&1&-2\\-4&-2&5\end{pmatrix},$$

各阶顺序主子式为

$$|5|>0,\quad \begin{vmatrix}5&2\\2&1\end{vmatrix}=1>0,\quad \begin{vmatrix}5&2&4\\2&1&-2\\-4&-2&5\end{vmatrix}=1>0,$$

所以 $\boldsymbol{A}$ 正定,即 f 为正定二次型.

例 5　t 为何值时,二次型

$$f=t(x_1^2+x_2^2+x_3^2)+2x_1x_2+2x_1x_3-2x_2x_3$$

负定?

解　f 的矩阵

$$\boldsymbol{A}=\begin{pmatrix} t & 1 & 1 \\ 1 & t & -1 \\ 1 & -1 & t \end{pmatrix},$$

要 f 负定,则 $\boldsymbol{A}$ 的奇数阶顺序主子式小于零,偶数阶顺序主子式大于零. 即

$$t<0, \quad \begin{vmatrix} t & 1 \\ 1 & t \end{vmatrix}=t^2-1>0, \quad \begin{vmatrix} t & 1 & 1 \\ 1 & t & -1 \\ 1 & -1 & t \end{vmatrix}=(t+1)^2(t-2)<0,$$

则 $t<-1$ 时,f 负定.

例 6 设 $\boldsymbol{A}$ 为 m 阶实对称矩阵,且 $\boldsymbol{A}$ 正定,$\boldsymbol{B}$ 为 $m\times n$ 实矩阵,试证:$\boldsymbol{B}^{\mathrm{T}}\boldsymbol{A}\boldsymbol{B}$ 正定的充分必要条件是 $r(\boldsymbol{B})=n$.

证 必要性. 设 $\boldsymbol{B}^{\mathrm{T}}\boldsymbol{A}\boldsymbol{B}$ 正定,则对任意 n 维列向量 $\boldsymbol{x}\neq\boldsymbol{0}$,有

$$\boldsymbol{x}^{\mathrm{T}}(\boldsymbol{B}^{\mathrm{T}}\boldsymbol{A}\boldsymbol{B})\boldsymbol{x}>0,$$

即

$$(\boldsymbol{B}\boldsymbol{x})^{\mathrm{T}}\boldsymbol{A}(\boldsymbol{B}\boldsymbol{x})>0,$$

因矩阵 $\boldsymbol{A}$ 正定,则 $\boldsymbol{B}\boldsymbol{x}\neq\boldsymbol{0}$,因此 $\boldsymbol{B}\boldsymbol{x}=\boldsymbol{0}$ 只有零解,故 $r(\boldsymbol{B})=n$.

充分性. 因 $(\boldsymbol{B}^{\mathrm{T}}\boldsymbol{A}\boldsymbol{B})^{\mathrm{T}}=\boldsymbol{B}^{\mathrm{T}}\boldsymbol{A}^{\mathrm{T}}\boldsymbol{B}=\boldsymbol{B}^{\mathrm{T}}\boldsymbol{A}\boldsymbol{B}$,知 $\boldsymbol{B}^{\mathrm{T}}\boldsymbol{A}\boldsymbol{B}$ 为实对称矩阵.

若 $r(\boldsymbol{B})=n$,则 $\boldsymbol{B}\boldsymbol{x}=\boldsymbol{0}$ 只有零解,即对任意 n 维列向量 $\boldsymbol{x}\neq\boldsymbol{0}$ 时,$\boldsymbol{B}\boldsymbol{x}\neq\boldsymbol{0}$. 又 $\boldsymbol{A}$ 正定,则

$$(\boldsymbol{B}\boldsymbol{x})^{\mathrm{T}}\boldsymbol{A}(\boldsymbol{B}\boldsymbol{x})>0,$$

即

$$\boldsymbol{x}^{\mathrm{T}}(\boldsymbol{B}^{\mathrm{T}}\boldsymbol{A}\boldsymbol{B})\boldsymbol{x}>0.$$

故 $\boldsymbol{B}^{\mathrm{T}}\boldsymbol{A}\boldsymbol{B}$ 正定.

第五节 内容概要与典型例题分析

一、内容概要

本章主要内容为矩阵与对角矩阵相似的问题及二次型化成标准形、二次型的有定性的判别.

(一) 矩阵与对角矩阵相似

1. 方阵的特征值与特征向量及性质

若存在数 λ 使 $|\boldsymbol{A}-\lambda\boldsymbol{E}|=0$,则 λ 称为方阵 $\boldsymbol{A}$ 的特征值;$|\boldsymbol{A}-\lambda\boldsymbol{E}|=0$ 称为特征方程,解特征方程,可得 $\boldsymbol{A}$ 全部的特征值.

若存在非零向量 $\boldsymbol{x}$ 使 $\boldsymbol{A}\boldsymbol{x}=\lambda\boldsymbol{x}$,则称 $\boldsymbol{x}$ 为对应特征值 λ 的特征向量,齐次线性方程组 $(\boldsymbol{A}-\lambda\boldsymbol{E})\boldsymbol{x}=\boldsymbol{0}$ 的所有非零解即为对应于 λ 的特征向量.

如果 λ 是方阵 $\boldsymbol{A}$ 的特征值，则 $f(\lambda)=a_0\lambda^n+a_1\lambda^{n-1}+\cdots+a_n$ 为 $f(\boldsymbol{A})=a_0\boldsymbol{A}^n+a_1\boldsymbol{A}^{n-1}+\cdots+a_n\boldsymbol{E}$ 的特征值；若 $\boldsymbol{A}$ 可逆，则 $\lambda\neq 0$，λ^{-1} 为 $\boldsymbol{A}^{-1}$ 的特征值，$\lambda^{-1}|\boldsymbol{A}|$ 为 $\boldsymbol{A}^*$ 的特征值；设 $\boldsymbol{A}$ 的特征值为 $\lambda_1,\lambda_2,\cdots,\lambda_n$，则 $\mathrm{tr}(\boldsymbol{A})=\sum_{i=1}^{n}a_{ii}=\sum_{i=1}^{n}\lambda_i$，$|\boldsymbol{A}|=\lambda_1\lambda_2\cdots\lambda_n$.

2. 相似矩阵及性质

设 $\boldsymbol{A},\boldsymbol{B}$ 都是 n 阶方阵，如果存在一个可逆矩阵 $\boldsymbol{P}$，使 $\boldsymbol{P}^{-1}\boldsymbol{AP}=\boldsymbol{B}$，则称 $\boldsymbol{A}$ 与 $\boldsymbol{B}$ 是相似的. 称 $\boldsymbol{P}^{-1}\boldsymbol{AP}$ 为对 $\boldsymbol{A}$ 作相似变换，可逆矩阵 $\boldsymbol{P}$ 称为把 $\boldsymbol{A}$ 变成 $\boldsymbol{B}$ 的相似变换矩阵.

若 $\boldsymbol{A}$ 与 $\boldsymbol{B}$ 相似，则

(1) $\boldsymbol{A}$ 与 $\boldsymbol{B}$ 具有相同的特征多项式，从而它们有相同的特征值，有相同的迹及相同的行列式，即：$|\lambda\boldsymbol{E}-\boldsymbol{A}|=|\lambda\boldsymbol{E}-\boldsymbol{B}|$，$\mathrm{tr}(\boldsymbol{A})=\mathrm{tr}(\boldsymbol{B})$，$|\boldsymbol{A}|=|\boldsymbol{B}|$.

(2) $\boldsymbol{A}^{-1}$ 与 $\boldsymbol{B}^{-1}$ 相似(如可逆)，$\boldsymbol{A}^{\mathrm{T}}$ 与 $\boldsymbol{B}^{\mathrm{T}}$ 相似，$f(\boldsymbol{A})$ 与 $f(\boldsymbol{B})$ 相似，其中 $f(x)$ 是多项式.

3. 矩阵对角化

矩阵可对角化也就是矩阵能与对角矩阵相似. n 阶矩阵 $\boldsymbol{A}$ 可对角化的充分必要条件是矩阵 $\boldsymbol{A}$ 有 n 个线性无关的特征向量. 矩阵可对角化的条件：若 n 阶矩阵 $\boldsymbol{A}$ 有 n 个线性无关的特征向量，则矩阵 $\boldsymbol{A}$ 可对角化；若 n 阶矩阵 $\boldsymbol{A}$ 有 n 个不同的特征值，则矩阵 $\boldsymbol{A}$ 可对角化；若矩阵 $\boldsymbol{A}$ 的任一 k 重特征值，对应的线性无关的特征向量恰有 k 个，则矩阵 $\boldsymbol{A}$ 可对角化.

矩阵对角化的方法：

第一步　由 $|\boldsymbol{A}-\lambda\boldsymbol{E}|=0$，求出 $\boldsymbol{A}$ 的特征值；

第二步　对每一个特征值 λ，求相应的线性无关的特征向量，一般取齐次线性方程组 $(\boldsymbol{A}-\lambda\boldsymbol{E})\boldsymbol{x}=\boldsymbol{0}$ 的基础解系，对重根，基础解系中向量的个数应与特征根的重数相等，否则不可以对角化；

第三步　取上述 n 个线性无关的特征向量 $\boldsymbol{p}_1,\boldsymbol{p}_2,\cdots,\boldsymbol{p}_n$ 作为矩阵的列，得可逆矩阵 $\boldsymbol{P}=(\boldsymbol{p}_1,\boldsymbol{p}_2,\cdots,\boldsymbol{p}_n)$，则 $\boldsymbol{P}^{-1}\boldsymbol{AP}=\boldsymbol{\Lambda}$，其中对角阵 $\boldsymbol{\Lambda}$ 的对角线上的元素为 $\boldsymbol{A}$ 的 n 个特征值，排列顺序与特征向量的顺序一致.

4. 实对称矩阵的对角化

实对称矩阵一定可以对角化，且不同特征值对应的特征向量正交.

求一个正交矩阵 $\boldsymbol{P}$，使实对称矩阵 $\boldsymbol{A}$ 相似于对角阵的方法：

第一步　由 $|\boldsymbol{A}-\lambda\boldsymbol{E}|=0$，求出 $\boldsymbol{A}$ 的特征值.

第二步　对每一个特征值 λ，求相应的线性无关的特征向量. 对重根，应取与重数相同个数的线性无关的特征向量，将其正交化、单位化；对单根，取基础解系，将其单位化.

第三步　取上述正交的单位特征向量作矩阵的列得正交矩阵 $\boldsymbol{P}=(\boldsymbol{p}_1,\boldsymbol{p}_2,\cdots,\boldsymbol{p}_n)$,有 $\boldsymbol{P}^{-1}\boldsymbol{AP}=\boldsymbol{\Lambda}$,其中对角阵 $\boldsymbol{\Lambda}$ 的对角线上的元素为 $\boldsymbol{A}$ 的 n 个特征值,排列顺序与特征向量的顺序一致.

(二) 二次型及其标准形

1. 化二次型为标准形的方法

方法一　正交变换法:写出二次型对应的对称矩阵 $\boldsymbol{A}$,由对称矩阵对角化中同样的方法找一个正交矩阵 $\boldsymbol{P}$ 使 $\boldsymbol{P}^{-1}\boldsymbol{AP}=\boldsymbol{P}^{\mathrm{T}}\boldsymbol{AP}=\boldsymbol{\Lambda}$,$\boldsymbol{A}$ 与对角矩阵合同,作正交变换 $\boldsymbol{x}=\boldsymbol{Py}$,相应的二次型化成了标准形 $f=\lambda_1 y_1^2+\lambda_2 y_2^2+\cdots+\lambda_n y_n^2$,系数 $\lambda_1,\lambda_2,\cdots,\lambda_n$ 为 $\boldsymbol{A}$ 的 n 个特征值.

方法二　配方法:如果二次型中有平方项,可直接利用完全平方公式,先将有平方项的一个变元及含这个变元的所有项配成完全平方,再配另一个,以此下去;若二次型中不含平方项,则先作线性变换生成平方项,再利用完全平方公式配方.

2. 有定性的判别

二次型 $f(x_1,x_2,\cdots,x_n)=\boldsymbol{x}^{\mathrm{T}}\boldsymbol{Ax}$ 正定的充要条件为以下条件之一成立.

(1) 正惯性指数为 n;

(2) $\boldsymbol{A}$ 的特征值全大于零;

(3) $\boldsymbol{A}$ 的所有阶顺序主子式都大于零;

(4) 存在可逆阵 $\boldsymbol{P}$,使 $\boldsymbol{A}=\boldsymbol{PP}^{\mathrm{T}}$.

$\boldsymbol{A}$ 为负定,可由 $-\boldsymbol{A}$ 正定来判别.

3. 矩阵正定的性质

若 $\boldsymbol{A}$ 为正定矩阵,则 $k\boldsymbol{A}(k>0)$,$\boldsymbol{A}^{\mathrm{T}}$,$\boldsymbol{A}^{-1}$,$\boldsymbol{A}^*$ 也是正定矩阵;$|\boldsymbol{A}|>0$,从而 $\boldsymbol{A}$ 可逆;$\boldsymbol{A}$ 的主对角线上的元素 $a_{ii}>0(i=1,2,\cdots,n)$.

二、典型例题分析

例 1　下列矩阵中,与矩阵 $\boldsymbol{H}=\begin{pmatrix}1&1&0\\0&1&1\\0&0&1\end{pmatrix}$ 相似的是(　　).

A. $\begin{pmatrix}1&1&-1\\0&1&1\\0&0&1\end{pmatrix}$　　B. $\begin{pmatrix}1&0&-1\\0&1&1\\0&0&1\end{pmatrix}$

C. $\begin{pmatrix}1&1&-1\\0&1&0\\0&0&1\end{pmatrix}$　　D. $\begin{pmatrix}1&0&-1\\0&1&0\\0&0&1\end{pmatrix}$

答案　A.

记 A，B，C，D 四个选项中的矩阵分别为 $\boldsymbol{A},\boldsymbol{B},\boldsymbol{C},\boldsymbol{D}$，则矩阵 $\boldsymbol{A},\boldsymbol{B},\boldsymbol{C},\boldsymbol{D}$ 与 $\boldsymbol{H}$ 具有相同的秩为 3、行列式为 1、特征值为 $\lambda=1$(三重)，由相似矩阵的性质：若 $\boldsymbol{X}$ 与 $\boldsymbol{Y}$ 相似，则 $\lambda\boldsymbol{E}-\boldsymbol{X}$ 与 $\lambda\boldsymbol{E}-\boldsymbol{Y}$ 也相似，而 $r(\lambda\boldsymbol{E}-\boldsymbol{H})=2$，$r(\lambda\boldsymbol{E}-\boldsymbol{A})=2$，$r(\lambda\boldsymbol{E}-\boldsymbol{B})=1$，$r(\lambda\boldsymbol{E}-\boldsymbol{C})=1$，$r(\lambda\boldsymbol{E}-\boldsymbol{D})=1$，故 A 正确.

例 2　已知矩阵 $\boldsymbol{A}=\begin{pmatrix}2&0&0\\0&2&1\\0&0&1\end{pmatrix}$，$\boldsymbol{B}=\begin{pmatrix}2&1&0\\0&2&0\\0&0&1\end{pmatrix}$，$\boldsymbol{C}=\begin{pmatrix}1&0&0\\0&2&0\\0&0&2\end{pmatrix}$，则(　　).

A. $\boldsymbol{A},\boldsymbol{C}$ 相似，$\boldsymbol{B},\boldsymbol{C}$ 相似　　B. $\boldsymbol{A},\boldsymbol{C}$ 相似，$\boldsymbol{B},\boldsymbol{C}$ 不相似

C. $\boldsymbol{A},\boldsymbol{C}$ 不相似，$\boldsymbol{B},\boldsymbol{C}$ 相似　　D. $\boldsymbol{A},\boldsymbol{C}$ 不相似，$\boldsymbol{B},\boldsymbol{C}$ 不相似

答案　B.

矩阵 $\boldsymbol{A},\boldsymbol{B},\boldsymbol{C}$ 的特征值都是 $\lambda_1=\lambda_2=2,\lambda_3=1$，且 $\boldsymbol{C}$ 为对角矩阵，$\boldsymbol{A},\boldsymbol{B}$ 能否对角化，只需讨论 $\lambda=2$ 对应的特征向量.

易得 $r(2\boldsymbol{E}-\boldsymbol{A})=1$，$r(2\boldsymbol{E}-\boldsymbol{B})=2$，则矩阵 $\boldsymbol{A}$ 属于 $\lambda=2$ 存在两个线性无关的特征向量，矩阵 $\boldsymbol{B}$ 属于 $\lambda=2$ 只有一个线性无关的特征向量，因此，矩阵 $\boldsymbol{A}$ 可以对角化，矩阵 $\boldsymbol{B}$ 不可以对角化，故 B 正确.

例 3　设方阵

$$\boldsymbol{A}=\begin{pmatrix}3&2&-2\\-5&-1&5\\4&2&-3\end{pmatrix},$$

求(1) $\boldsymbol{A}$ 的特征值；

(2) $2\boldsymbol{E}+\boldsymbol{A}^{-1}$ 的特征值.

分析：(1)可直接求解；对(2)，可计算出 $\boldsymbol{A}^{-1}$，然后得出 $2\boldsymbol{E}+\boldsymbol{A}^{-1}$ 的特征值，这样计算比较麻烦. 还可根据特征值的性质，由 $\boldsymbol{A}$ 的特征值得到 $\boldsymbol{A}^{-1}$ 的特征值，由 $\boldsymbol{A}^{-1}$ 的特征值得到 $a\boldsymbol{E}+\boldsymbol{A}^{-1}$ 的特征值.

解　(1) 由 $\boldsymbol{A}$ 的特征方程

$$|\lambda\boldsymbol{E}-\boldsymbol{A}|=\begin{vmatrix}\lambda-3&-2&2\\5&\lambda+1&-5\\-4&-2&\lambda+3\end{vmatrix}=\begin{vmatrix}\lambda-1&-2&2\\0&\lambda+1&-5\\\lambda-1&-2&\lambda+3\end{vmatrix}$$

$$=\begin{vmatrix}\lambda-1&-2&2\\0&\lambda+1&-5\\0&0&\lambda+1\end{vmatrix}=(\lambda+1)^2(\lambda-1)=0,$$

得 $\boldsymbol{A}$ 的特征值 $\lambda_1=\lambda_2=-1,\lambda_3=1$.

(2) 由 $\boldsymbol{A}$ 的特征值不为零，则 $\boldsymbol{A}$ 可逆，且 $\boldsymbol{A}^{-1}$ 的特征值为 $\lambda_1=\lambda_2=-1,\lambda_3=1$，由 $\boldsymbol{A}^{-1}\boldsymbol{x}=\lambda\boldsymbol{x}$，得

$$2\boldsymbol{E}\boldsymbol{x}+\boldsymbol{A}^{-1}\boldsymbol{x}=2\boldsymbol{x}+\lambda\boldsymbol{x},$$

即

$$(2\boldsymbol{E}+\boldsymbol{A}^{-1})\boldsymbol{x}=(2+\lambda)\boldsymbol{x},$$

则如果$\boldsymbol{A}^{-1}$有特征值λ,则$2\boldsymbol{E}+\boldsymbol{A}^{-1}$有特征值$2+\lambda$,因此,$2\boldsymbol{E}+\boldsymbol{A}^{-1}$的特征值为$\lambda_1=\lambda_2=1,\lambda_3=3$.

例 4　设矩阵$\boldsymbol{A}=\begin{pmatrix}3&2&2\\2&3&2\\2&2&3\end{pmatrix}$,$\boldsymbol{P}=\begin{pmatrix}0&1&0\\1&0&1\\0&0&1\end{pmatrix}$,$\boldsymbol{B}=\boldsymbol{P}^{-1}\boldsymbol{A}^*\boldsymbol{P}$,求$\boldsymbol{B}+2\boldsymbol{E}$的特征值与特征向量.

分析:此题可直接计算出$\boldsymbol{A}^*$,$\boldsymbol{P}^{-1}$,得出矩阵$\boldsymbol{B}=\begin{pmatrix}7&0&0\\-2&5&-4\\-2&-2&3\end{pmatrix}$,从而得出$\boldsymbol{B}+2\boldsymbol{E}=\begin{pmatrix}9&0&0\\-2&7&-4\\-2&-2&5\end{pmatrix}$,再求出$\boldsymbol{B}+2\boldsymbol{E}$的特征值与特征向量. 下面我们介绍另一种求法.

解　设$\boldsymbol{A}$的特征值为λ,对应的特征向量为$\boldsymbol{\eta}$,即$\boldsymbol{A\eta}=\lambda\boldsymbol{\eta}$,由于$|\boldsymbol{A}|=7\neq0$,所以$\boldsymbol{A}$的特征值不为零,即$\lambda\neq0$.

因为$\boldsymbol{A}^*\boldsymbol{A}=|\boldsymbol{A}|\boldsymbol{E}$,故有$\boldsymbol{A}^*\boldsymbol{A\eta}=|\boldsymbol{A}|\boldsymbol{E\eta}$,则

$$\boldsymbol{A}^*\boldsymbol{\eta}=\frac{|\boldsymbol{A}|}{\lambda}\boldsymbol{E\eta}.$$

于是有

$$\boldsymbol{B}(\boldsymbol{P}^{-1}\boldsymbol{\eta})=(\boldsymbol{P}^{-1}\boldsymbol{A}^*\boldsymbol{P})(\boldsymbol{P}^{-1}\boldsymbol{\eta})=\boldsymbol{P}^{-1}\boldsymbol{A}^*\boldsymbol{\eta}=\frac{|\boldsymbol{A}|}{\lambda}(\boldsymbol{P}^{-1}\boldsymbol{\eta}),$$

则

$$(\boldsymbol{B}+2\boldsymbol{E})\boldsymbol{P}^{-1}\boldsymbol{\eta}=\left(\frac{|\boldsymbol{A}|}{\lambda}+2\right)\boldsymbol{P}^{-1}\boldsymbol{\eta}.$$

因此,$\frac{|\boldsymbol{A}|}{\lambda}+2$为$\boldsymbol{B}+2\boldsymbol{E}$的特征值,对应的特征向量为$\boldsymbol{P}^{-1}\boldsymbol{\eta}$.

由于

$$|\lambda\boldsymbol{E}-\boldsymbol{A}|=\begin{vmatrix}\lambda-3&-2&-2\\-2&\lambda-3&-2\\-2&-2&\lambda-3\end{vmatrix}=(\lambda-1)^2(\lambda-7).$$

故$\boldsymbol{A}$的特征值为$\lambda_1=\lambda_2=1,\lambda_3=7$.

当$\lambda_1=\lambda_2=1$时,解线性方程组$(\boldsymbol{A}-\lambda_1\boldsymbol{E})\boldsymbol{x}=\boldsymbol{0}$,得基础解系为

$$\boldsymbol{\eta}_1=(-1,1,0)^{\mathrm{T}},\quad \boldsymbol{\eta}_2=(-1,0,1)^{\mathrm{T}}.$$

当 $\lambda_3=7$ 时,解线性方程组 $(\boldsymbol{A}-\lambda_3\boldsymbol{E})\boldsymbol{x}=\boldsymbol{0}$,得基础解系为

$$\boldsymbol{\eta}_3=(1,1,1)^{\mathrm{T}}.$$

由于 $\boldsymbol{P}^{-1}=\begin{pmatrix}0&1&-1\\1&0&0\\0&0&1\end{pmatrix}$,得

$$\boldsymbol{P}^{-1}\boldsymbol{\eta}_1=\begin{pmatrix}1\\-1\\0\end{pmatrix},\quad \boldsymbol{P}^{-1}\boldsymbol{\eta}_2=\begin{pmatrix}-1\\-1\\1\end{pmatrix},\quad \boldsymbol{P}^{-1}\boldsymbol{\eta}_3=\begin{pmatrix}0\\1\\1\end{pmatrix}.$$

因此,$\boldsymbol{B}+2\boldsymbol{E}$ 的特征值为 9,9,3.

对应于 $\lambda=9$ 的全部特征向量为

$$k_1\begin{pmatrix}1\\-1\\0\end{pmatrix}+k_2\begin{pmatrix}-1\\-1\\1\end{pmatrix}\quad(k_1,k_2\text{ 不全为零的常数}).$$

对应于 $\lambda=3$ 的全部特征向量为

$$k_3\begin{pmatrix}0\\1\\1\end{pmatrix}\quad(k_3\text{ 不为零的常数}).$$

例 5 已知矩阵 $\boldsymbol{A}=\begin{pmatrix}-2&-2&1\\2&x&-2\\0&0&-2\end{pmatrix}$,$\boldsymbol{B}=\begin{pmatrix}2&1&0\\0&-1&0\\0&0&y\end{pmatrix}$ 相似,

(1) 求 x 与 y 的值;

(2) 求可逆矩阵 $\boldsymbol{P}$ 使 $\boldsymbol{P}^{-1}\boldsymbol{AP}=\boldsymbol{B}$.

解 (1) 相似矩阵有相同的迹与行列式,则

$$\begin{cases}-2+x-2=2-1+y,\\-2(4-2x)=-2y,\end{cases}$$

得 $x=3$, $y=-2$.

注 也可由特征值相同得出. 易得矩阵 $\boldsymbol{A}$ 有一个特征值 $\lambda=-2$,则 $y=-2$,再由迹相等得 $x=3$.

(2) 易知 $\boldsymbol{B}$ 的特征值为 $\lambda_1=2,\lambda_2=-1,\lambda_3=-2$, 则 $\boldsymbol{A}$ 的特征值也为 $\lambda_1=2$, $\lambda_2=-1$, $\lambda_3=-2$. 由

$$\boldsymbol{A}-2\boldsymbol{E}=\begin{pmatrix}-4&-2&1\\2&1&-2\\0&0&-4\end{pmatrix}\sim\begin{pmatrix}2&1&0\\0&0&1\\0&0&0\end{pmatrix},\text{ 取 }\boldsymbol{\xi}_1=(-1,2,0)^{\mathrm{T}};$$

$$\boldsymbol{A}+\boldsymbol{E}=\begin{pmatrix}-1&-2&1\\2&4&-2\\0&0&-1\end{pmatrix}\sim\begin{pmatrix}1&2&0\\0&0&1\\0&0&0\end{pmatrix},\text{ 取 }\boldsymbol{\xi}_2=(-2,1,0)^{\mathrm{T}};$$

$$A+2E=\begin{pmatrix}0 & -2 & 1\\2 & 5 & -2\\0 & 0 & 0\end{pmatrix}\sim\begin{pmatrix}4 & 0 & 1\\0 & 2 & -1\\0 & 0 & 0\end{pmatrix}\text{，取 }\boldsymbol{\xi}_3=(-1,2,4)^{\mathrm{T}}.$$

令 $\boldsymbol{H}=(\boldsymbol{\xi}_1,\boldsymbol{\xi}_2,\boldsymbol{\xi}_3)$，有 $\boldsymbol{H}^{-1}\boldsymbol{AH}=\begin{pmatrix}2 & 0 & 0\\0 & -1 & 0\\0 & 0 & -2\end{pmatrix}$.

同理可得，对于矩阵 $\boldsymbol{B}$，有 $\boldsymbol{Q}=(\boldsymbol{\eta}_1,\boldsymbol{\eta}_2,\boldsymbol{\eta}_3)=\begin{pmatrix}1 & -1 & 0\\0 & 3 & 0\\0 & 0 & 1\end{pmatrix}$，使得

$$\boldsymbol{Q}^{-1}\boldsymbol{BQ}=\begin{pmatrix}2 & 0 & 0\\0 & -1 & 0\\0 & 0 & -2\end{pmatrix}.$$

所以，$\boldsymbol{H}^{-1}\boldsymbol{AH}=\boldsymbol{Q}^{-1}\boldsymbol{BQ}$，即 $\boldsymbol{B}=(\boldsymbol{HQ}^{-1})^{-1}\boldsymbol{AHQ}^{-1}$. 因此

$$\boldsymbol{P}=\boldsymbol{HQ}^{-1}=\begin{pmatrix}-1 & -1 & -1\\2 & 1 & 2\\0 & 0 & 4\end{pmatrix}.$$

例 6 设矩阵

$$\boldsymbol{A}=\begin{pmatrix}a & -1 & c\\5 & b & 3\\1-c & 0 & -a\end{pmatrix},$$

其行列式 $|\boldsymbol{A}|=-1$，又 $\boldsymbol{A}$ 的伴随矩阵 $\boldsymbol{A}^*$ 有一个特征值 λ_0，属于 λ_0 的一个特征向量为 $\boldsymbol{\alpha}=(-1,-1,1)^{\mathrm{T}}$，求 a,b,c 和 λ_0 的值.

解 由题设有 $\boldsymbol{AA}^*=|\boldsymbol{A}|\boldsymbol{E}=-\boldsymbol{E}$ 及 $\boldsymbol{A}^*\boldsymbol{\alpha}=\lambda_0\boldsymbol{\alpha}$，于是有

$$\boldsymbol{AA}^*\boldsymbol{\alpha}=-\boldsymbol{\alpha}\quad\text{和}\quad\boldsymbol{AA}^*\boldsymbol{\alpha}=\boldsymbol{A}(\lambda_0\boldsymbol{\alpha})=\lambda_0\boldsymbol{A\alpha}.$$

由此得

$$\lambda_0\boldsymbol{A\alpha}=-\boldsymbol{\alpha},$$

即

$$\lambda_0\begin{pmatrix}a & -1 & c\\5 & b & 3\\1-c & 0 & -a\end{pmatrix}\begin{pmatrix}-1\\-1\\1\end{pmatrix}=-\begin{pmatrix}-1\\-1\\1\end{pmatrix},$$

得

$$\begin{cases}\lambda_0(-a+1+c)=1, & ①\\\lambda_0(-5-b+3)=1, & ②\\\lambda_0(-1+c-a)=-1, & ③\end{cases}$$

由①减③得 $\lambda_0=1$，代入②和①，得 $b=-3$，$a=c$，再由 $|\boldsymbol{A}|=-1$ 和 $a=c$，得 $a=c=$

2,所以 $a=2, b=-3, c=2, \lambda_0=1$.

例 7　设二次型 $f(x_1,x_2,x_3)=(x_1-x_2+x_3)^2+(x_2+x_3)^2+(x_1+ax_3)^2$, a 为参数,求

(1) $f(x_1,x_2,x_3)=0$ 的解;

(2) $f(x_1,x_2,x_3)$的规范形.

分析:求二次型的规范形只需求出其正惯性指数与负惯性指数.

解　(1) 由 $f(x_1,x_2,x_3)=0$ 得齐次线性方程组

$$\begin{cases} x_1-x_2+x_3=0, \\ x_2+x_3=0, \\ x_1+ax_3=0. \end{cases}$$

对方程组的系数矩阵 $\boldsymbol{A}$ 施行初等行变换

$$\boldsymbol{A}=\begin{pmatrix} 1 & -1 & 1 \\ 0 & 1 & 1 \\ 1 & 0 & a \end{pmatrix} \sim \begin{pmatrix} 1 & -1 & 1 \\ 0 & 1 & 1 \\ 0 & 0 & a-2 \end{pmatrix}$$

当 $a\neq 2$ 时, $f(x_1,x_2,x_3)=0$ 只有零解 $\boldsymbol{x}=(0,0,0)^{\mathrm{T}}$;

当 $a=2$ 时, $\boldsymbol{A}\sim\begin{pmatrix} 1 & 0 & 2 \\ 0 & 1 & 1 \\ 0 & 0 & 0 \end{pmatrix}$,则 $f(x_1,x_2,x_3)=0$ 有解 $\boldsymbol{x}=k(-2,-1,1)^{\mathrm{T}}$($k$ 为任意常数).

(2) 当 $a\neq 2$ 时, 二次型 $f(x_1,x_2,x_3)$显然正定, 则规范形为 $f=y_1^2+y_2^2+y_3^2$.

当 $a=2$ 时, $f(x_1,x_2,x_3)=2x_1^2+2x_2^2+6x_3^2-2x_1x_2+6x_1x_3$

$$=2\left(x_1-\frac{1}{2}x_2+\frac{3}{2}x_3\right)^2+\frac{3}{2}(x_2+x_3)^2,$$

可知 f 的正惯性指数为 2,负惯性指数为 0,则规范形为 $f=y_1^2+y_2^2$.

例 8　设二次型 $f(x_1,x_2,x_3)=x_1^2+x_2^2+x_3^2+2\alpha x_1x_2+2\beta x_2x_3+2x_1x_3$ 经正交变换 $\boldsymbol{x}=\boldsymbol{P}\boldsymbol{y}$,化为 $f=y_2^2+2y_3^2$,其中 $\boldsymbol{x},\boldsymbol{y}$ 是三维列向量,$\boldsymbol{P}$ 是三阶方阵,求 α, β 值.

分析:只要注意二次型 $f(x_1,x_2,x_3)$经正交变换 $\boldsymbol{x}=\boldsymbol{P}\boldsymbol{y}$ 后变成 $f(y_1,y_2,y_3)$,所对应的矩阵是相似的.

解　二次型 $f(x_1,x_2,x_3)$的矩阵

$$\boldsymbol{A}=\begin{pmatrix} 1 & \alpha & 1 \\ \alpha & 1 & \beta \\ 1 & \beta & 1 \end{pmatrix}.$$

经正交变换 $\boldsymbol{x}=\boldsymbol{P}\boldsymbol{y}$ 后,所对应的矩阵为

$$\boldsymbol{B}=\begin{pmatrix} 0 & 0 & 0 \\ 0 & 1 & 0 \\ 0 & 0 & 2 \end{pmatrix}.$$

由 $\boldsymbol{P}^{\mathrm{T}}\boldsymbol{A}\boldsymbol{P}=\boldsymbol{P}^{-1}\boldsymbol{A}\boldsymbol{P}=\boldsymbol{B}$,则 $\boldsymbol{A}$ 与 $\boldsymbol{B}$ 相似,因此,$\boldsymbol{A}$ 与 $\boldsymbol{B}$ 具有相同的特征值,则 $\boldsymbol{A}$ 的特征值为 $\lambda_1=0,\lambda_2=1,\lambda_3=2$. 由

$$|\boldsymbol{A}-0\boldsymbol{E}|=\begin{vmatrix}1&\alpha&1\\\alpha&1&\beta\\1&\beta&1\end{vmatrix}=-(\beta-\alpha)^2=0,$$

$$|\boldsymbol{A}-1\boldsymbol{E}|=\begin{vmatrix}0&\alpha&1\\\alpha&0&\beta\\1&\beta&0\end{vmatrix}=2\alpha\beta=0,$$

得 $\alpha=\beta=0$.

例 9　设二次型 $f(x_1,x_2,x_3)=x_1^2+x_2^2+x_3^2+2ax_1x_2+2ax_1x_3+2ax_2x_3$ 经可逆线性变换 $\boldsymbol{x}=\boldsymbol{P}\boldsymbol{y}$ 化为 $g(y_1,y_2,y_3)=y_1^2+y_2^2+4y_3^2+2y_1y_2$. 求

(1) a 的值;

(2) 可逆矩阵 $\boldsymbol{P}$.

分析:二次型 $f(x_1,x_2,x_3)$ 经可逆线性变换 $\boldsymbol{x}=\boldsymbol{P}\boldsymbol{y}$ 后变成 $g(y_1,y_2,y_3)$,所对应的矩阵秩相等,且 $f(x_1,x_2,x_3)$ 与 $g(y_1,y_2,y_3)$ 的规范形相同.

解　(1) 二次型 $f(x_1,x_2,x_3)$ 的矩阵为 $\boldsymbol{A}=\begin{pmatrix}1&a&a\\a&1&a\\a&a&1\end{pmatrix}$;

二次型 $g(y_1,y_2,y_3)$ 的矩阵为 $\boldsymbol{B}=\begin{pmatrix}1&1&0\\1&1&0\\0&0&4\end{pmatrix}$.

经可逆线性变换 $\boldsymbol{x}=\boldsymbol{P}\boldsymbol{y}$ 后,秩不变,由 $r(\boldsymbol{B})=2$,则 $r(\boldsymbol{A})=2$. 又

$$|\boldsymbol{A}|=\begin{vmatrix}1&a&a\\a&1&a\\a&a&1\end{vmatrix}=\begin{vmatrix}1+2a&1+2a&1+2a\\a&1&a\\a&a&1\end{vmatrix}$$

$$=(1+2a)\begin{vmatrix}1&1&1\\a&1&a\\a&a&1\end{vmatrix}=(1+2a)(a-1)^2.$$

由 $|\boldsymbol{A}|=0$,得 $a=1$ 或 $a=-\dfrac{1}{2}$,而 $a=1$ 时, $r(\boldsymbol{A})=1\neq2$, 因此,$a=-\dfrac{1}{2}$.

(2) 由 $a=-\dfrac{1}{2}$,得 $f(x_1,x_2,x_3)=x_1^2+x_2^2+x_3^2-x_1x_2-x_1x_3-x_2x_3$,配方得

$$f(x_1,x_2,x_3)=\left(x_1-\frac{1}{2}x_2-\frac{1}{2}x_3\right)^2+\frac{3}{4}(x_2-x_3)^2,$$

作可逆线性变换

$$\begin{cases} z_1=x_1-\frac{1}{2}x_2-\frac{1}{2}x_3, \\ z_2=\frac{\sqrt{3}}{2}(x_2-x_3), \\ z_3=x_3 \end{cases} \quad 即 \quad \begin{pmatrix} z_1 \\ z_2 \\ z_3 \end{pmatrix}=\begin{pmatrix} 1 & -\frac{1}{2} & -\frac{1}{2} \\ 0 & \frac{\sqrt{3}}{2} & -\frac{\sqrt{3}}{2} \\ 0 & 0 & 1 \end{pmatrix}\begin{pmatrix} x_1 \\ x_2 \\ x_3 \end{pmatrix},$$

得 $f(z_1,z_2,z_3)=z_1^2+z_2^2$.

又 $g(y_1,y_2,y_3)=y_1^2+y_2^2+4y_3^2+2y_1y_2=(y_1+y_2)^2+4y_3^2$，作可逆线性变换

$$\begin{cases} z_1=y_1+y_2, \\ z_2=y_2, \\ z_3=2y_3 \end{cases} \quad 即 \quad \begin{pmatrix} z_1 \\ z_2 \\ z_3 \end{pmatrix}=\begin{pmatrix} 1 & 1 & 0 \\ 0 & 1 & 0 \\ 0 & 0 & 2 \end{pmatrix}\begin{pmatrix} y_1 \\ y_2 \\ y_3 \end{pmatrix},$$

得 $g(z_1,z_2,z_3)=z_1^2+z_2^2$. 则

$$\begin{pmatrix} 1 & -\frac{1}{2} & -\frac{1}{2} \\ 0 & \frac{\sqrt{3}}{2} & -\frac{\sqrt{3}}{2} \\ 0 & 0 & 1 \end{pmatrix}\begin{pmatrix} x_1 \\ x_2 \\ x_3 \end{pmatrix}=\begin{pmatrix} 1 & 1 & 0 \\ 0 & 1 & 0 \\ 0 & 0 & 2 \end{pmatrix}\begin{pmatrix} y_1 \\ y_2 \\ y_3 \end{pmatrix},$$

所以 $\begin{pmatrix} x_1 \\ x_2 \\ x_3 \end{pmatrix}=\begin{pmatrix} 1 & -\frac{1}{2} & -\frac{1}{2} \\ 0 & \frac{\sqrt{3}}{2} & -\frac{\sqrt{3}}{2} \\ 0 & 0 & 1 \end{pmatrix}^{-1}\begin{pmatrix} 1 & 1 & 0 \\ 0 & 1 & 0 \\ 0 & 0 & 2 \end{pmatrix}\begin{pmatrix} y_1 \\ y_2 \\ y_3 \end{pmatrix}=\begin{pmatrix} 1 & \frac{3+\sqrt{3}}{3} & 2 \\ 0 & \frac{2\sqrt{3}}{3} & 2 \\ 0 & 0 & 2 \end{pmatrix}\begin{pmatrix} y_1 \\ y_2 \\ y_3 \end{pmatrix}$，则

$$\boldsymbol{P}=\begin{pmatrix} 1 & \frac{3+\sqrt{3}}{3} & 2 \\ 0 & \frac{2\sqrt{3}}{3} & 2 \\ 0 & 0 & 2 \end{pmatrix}.$$

例 10　设二次型 $f(x_1,x_2,x_3)=ax_1^2+2x_2^2-2x_3^2+2bx_1x_3(b<0)$，其中二次型 f 的矩阵 $\boldsymbol{A}$ 的特征值之和为 1，特征值之积为 -12.

(1) 求 a,b 的值；

(2) 求正交变换将二次型 f 化为标准形.

分析：利用特征值的性质，先计算特征值多项式，再利用根与系数的关系确定.

解　(1) 二次型的矩阵为

$$\boldsymbol{A}=\begin{pmatrix} a & 0 & b \\ 0 & 2 & 0 \\ b & 0 & -2 \end{pmatrix}.$$

设 $\boldsymbol{A}$ 的特征值为 $\lambda_1,\lambda_2,\lambda_3$，则

$$\lambda_1+\lambda_2+\lambda_3=a+2+(-2)=a=1,$$

$$\lambda_1\lambda_2\lambda_3=|\boldsymbol{A}|=\begin{vmatrix} a & 0 & b \\ 0 & 2 & 0 \\ b & 0 & -2 \end{vmatrix}=2(-2a-b^2)=-12,$$

解得 $a=1,b=-2$.

(2) 由矩阵 $\boldsymbol{A}$ 的特征多项式

$$|\lambda\boldsymbol{E}-\boldsymbol{A}|=\begin{vmatrix} \lambda-1 & 0 & 2 \\ 0 & \lambda-2 & 0 \\ 2 & 0 & \lambda+2 \end{vmatrix}=(\lambda-2)^2(\lambda+3),$$

得 $\boldsymbol{A}$ 的特征值 $\lambda_1=\lambda_2=2,\lambda_3=-3$.

当 $\lambda_1=\lambda_2=2$ 时，解方程 $(2\boldsymbol{E}-\boldsymbol{A})\boldsymbol{x}=\boldsymbol{0}$，得正交的基础解系 $\boldsymbol{\xi}_1=(-2,0,1)^{\mathrm{T}}$，$\boldsymbol{\xi}_2=(0,1,0)^{\mathrm{T}}$；

当 $\lambda_3=-3$ 时，解方程 $(-3\boldsymbol{E}-\boldsymbol{A})\boldsymbol{x}=\boldsymbol{0}$，得基础解系 $\boldsymbol{\xi}_3=(1,0,2)^{\mathrm{T}}$.

将 $\boldsymbol{\xi}_1,\boldsymbol{\xi}_2,\boldsymbol{\xi}_3$ 单位化，令

$$\boldsymbol{Q}=\begin{pmatrix} -\frac{2}{\sqrt{5}} & 0 & \frac{1}{\sqrt{5}} \\ 0 & 1 & 0 \\ \frac{1}{\sqrt{5}} & 0 & \frac{2}{\sqrt{5}} \end{pmatrix},$$

则二次型经正交变换 $\boldsymbol{x}=\boldsymbol{Q}\boldsymbol{y}$ 后，化为标准形 $f=2y_1^2+2y_2^2-3y_3^2$.

例 11　设 $\boldsymbol{A}$ 为 $m\times n$ 实矩阵，$\boldsymbol{E}$ 为 n 阶单位阵，已知矩阵 $\boldsymbol{B}=\lambda\boldsymbol{E}+\boldsymbol{A}^{\mathrm{T}}\boldsymbol{A}$，试证：当 $\lambda>0$ 时，矩阵 $\boldsymbol{B}$ 为正定矩阵.

证　$\boldsymbol{B}^{\mathrm{T}}=(\lambda\boldsymbol{E}+\boldsymbol{A}^{\mathrm{T}}\boldsymbol{A})^{\mathrm{T}}=\lambda\boldsymbol{E}+\boldsymbol{A}^{\mathrm{T}}\boldsymbol{A}=\boldsymbol{B}$，则 $\boldsymbol{B}$ 为 n 阶对称矩阵. 对任意的 n 维实向量 $\boldsymbol{x}$，有

$$\boldsymbol{x}^{\mathrm{T}}\boldsymbol{B}\boldsymbol{x}=\boldsymbol{x}^{\mathrm{T}}(\lambda\boldsymbol{E}+\boldsymbol{A}^{\mathrm{T}}\boldsymbol{A})\boldsymbol{x}=\lambda\boldsymbol{x}^{\mathrm{T}}\boldsymbol{x}+\boldsymbol{x}^{\mathrm{T}}\boldsymbol{A}^{\mathrm{T}}\boldsymbol{A}\boldsymbol{x}=\lambda\boldsymbol{x}^{\mathrm{T}}\boldsymbol{x}+(\boldsymbol{A}\boldsymbol{x})^{\mathrm{T}}(\boldsymbol{A}\boldsymbol{x}),$$

当 $\boldsymbol{x}\neq\boldsymbol{0}$ 时，$\boldsymbol{x}^{\mathrm{T}}\boldsymbol{x}>0$，$(\boldsymbol{A}\boldsymbol{x})^{\mathrm{T}}(\boldsymbol{A}\boldsymbol{x})\geqslant 0$，因此，$\lambda>0$ 时，对任意 $\boldsymbol{x}\neq\boldsymbol{0}$，有

$$\boldsymbol{x}^{\mathrm{T}}\boldsymbol{B}\boldsymbol{x}>0,$$

即 $\boldsymbol{B}$ 为正定矩阵.

例 12　设 $\boldsymbol{D}=\begin{pmatrix} \boldsymbol{A} & \boldsymbol{C} \\ \boldsymbol{C}^{\mathrm{T}} & \boldsymbol{B} \end{pmatrix}$ 为正定矩阵，其中 $\boldsymbol{A},\boldsymbol{B}$ 分别为 m 阶，n 阶对称矩阵，$\boldsymbol{C}$ 为 $m\times n$ 矩阵.

(1) 计算 $\boldsymbol{P}^{\mathrm{T}}\boldsymbol{D}\boldsymbol{P}$，其中 $\boldsymbol{P}=\begin{pmatrix} \boldsymbol{E}_m & -\boldsymbol{A}^{-1}\boldsymbol{C} \\ \boldsymbol{0} & \boldsymbol{E}_n \end{pmatrix}$；

(2) 利用(1)的结果判断矩阵 $\boldsymbol{B}-\boldsymbol{C}^{\mathrm{T}}\boldsymbol{A}^{-1}\boldsymbol{C}$ 是否为正定矩阵，并证明所得结论.

解　(1) 因

$$P^{\mathrm{T}}=\begin{pmatrix} E_m & 0 \\ -C^{\mathrm{T}}(A^{-1})^{\mathrm{T}} & E_n \end{pmatrix}=\begin{pmatrix} E_m & 0 \\ -C^{\mathrm{T}}A^{-1} & E_n \end{pmatrix},$$

有

$$\begin{aligned} P^{\mathrm{T}}DP &= \begin{pmatrix} E_m & 0 \\ -C^{\mathrm{T}}(A^{-1})^{\mathrm{T}} & E_n \end{pmatrix}\begin{pmatrix} A & C \\ C^{\mathrm{T}} & B \end{pmatrix}\begin{pmatrix} E_m & -A^{-1}C \\ 0 & E_n \end{pmatrix} \\ &= \begin{pmatrix} A & C \\ 0 & B-C^{\mathrm{T}}A^{-1}C \end{pmatrix}\begin{pmatrix} E_m & -A^{-1}C \\ 0 & E_n \end{pmatrix} \\ &= \begin{pmatrix} A & 0 \\ 0 & B-C^{\mathrm{T}}A^{-1}C \end{pmatrix}. \end{aligned}$$

(2) 由(1)可知矩阵 D 合同于矩阵

$$M=\begin{pmatrix} A & 0 \\ 0 & B-C^{\mathrm{T}}A^{-1}C \end{pmatrix}.$$

因 D 为正定矩阵，则 M 也为正定矩阵.

因 $M^{\mathrm{T}}=M$，从而 $B-C^{\mathrm{T}}A^{-1}C$ 为对称阵，对 $x=(0,0,\cdots,0)^{\mathrm{T}}$（$m$ 维）及 $y=(y_1,y_2,\cdots,y_n)^{\mathrm{T}}\neq 0$，有

$$(x^{\mathrm{T}},y^{\mathrm{T}})\begin{pmatrix} A & 0 \\ 0 & B-C^{\mathrm{T}}A^{-1}C \end{pmatrix}\begin{pmatrix} x \\ y \end{pmatrix}>0,$$

即 $y^{\mathrm{T}}(B-C^{\mathrm{T}}A^{-1}C)y>0$，故 $B-C^{\mathrm{T}}A^{-1}C$ 为正定矩阵.

习　题　五

1. 求下列矩阵的特征值和特征向量.

(1) $\begin{pmatrix} 1 & -1 \\ 2 & 4 \end{pmatrix}$；　(2) $\begin{pmatrix} 1 & 2 & 3 \\ 2 & 1 & 3 \\ 3 & 3 & 6 \end{pmatrix}$.

2. 设 $A=\begin{pmatrix} -1 & 2 & 2 \\ 2 & -1 & -2 \\ 2 & -2 & -1 \end{pmatrix}$，

(1) 求 A 的特征值；

(2) 求$(A^{-1})^*$ 的特征值；

(3) 利用(1)的结果求$(E+A^{-1})$的特征值.

3. 设 $A=\begin{pmatrix} 0 & 0 & 1 \\ x & 1 & y \\ 1 & 0 & 0 \end{pmatrix}$ 有三个线性无关的特征向量，求 x 和 y 满足的条件.

4. A 为 n 阶方阵，$A^2=A$，证明：A 的特征值是 1 或 0.

5. 设 $\boldsymbol{x}$ 为 n 维列向量，$\boldsymbol{x}^{\mathrm{T}}\boldsymbol{x}=1$，令 $\boldsymbol{A}=\boldsymbol{E}-2\boldsymbol{x}\boldsymbol{x}^{\mathrm{T}}$，求证：$\boldsymbol{A}$ 是对称的正交矩阵.

6. 设方阵

$$\boldsymbol{A}=\begin{pmatrix}1&-2&-4\\-2&x&-2\\-4&-2&1\end{pmatrix}\quad 与\quad \boldsymbol{\Lambda}=\begin{pmatrix}5&&\\&y&\\&&-4\end{pmatrix}$$

相似，求 $\boldsymbol{x},\boldsymbol{y}$.

7. 已知矩阵 $\boldsymbol{A}=\begin{pmatrix}0&2&-3\\-1&3&-3\\1&-2&a\end{pmatrix}$，$\boldsymbol{B}=\begin{pmatrix}1&-2&0\\0&b&0\\0&3&1\end{pmatrix}$相似，

(1) 求 a 与 b 的值；

(2) 求可逆矩阵 $\boldsymbol{P}$ 使 $\boldsymbol{P}^{-1}\boldsymbol{A}\boldsymbol{P}=\boldsymbol{B}$.

8. $\boldsymbol{A}=\begin{pmatrix}0&-1&1\\2&-3&0\\0&0&0\end{pmatrix}$，求 $\boldsymbol{A}^{99}$.

9. 证明 n 阶矩阵 $\boldsymbol{A}=\begin{pmatrix}1&1&\cdots&1\\1&1&\cdots&1\\\vdots&\vdots&&\vdots\\1&1&\cdots&1\end{pmatrix}$ 与 $\boldsymbol{B}=\begin{pmatrix}0&0&\cdots&1\\0&0&\cdots&2\\\vdots&\vdots&&\vdots\\0&0&\cdots&n\end{pmatrix}$ 相似.

10. 设 $\boldsymbol{A}$ 为 3 阶实对称矩阵，$r(\boldsymbol{A})=2$，且 $\boldsymbol{A}\begin{pmatrix}1&1\\0&0\\-1&1\end{pmatrix}=\begin{pmatrix}-1&1\\0&0\\1&1\end{pmatrix}$，

(1) 求 $\boldsymbol{A}$ 的所有特征值与特征向量；

(2) 求 $\boldsymbol{A}$.

11. 设三阶实对称矩阵 $\boldsymbol{A}$ 的特征值为 6，3，3，与特征值 6 对应的一个特征向量为 $\boldsymbol{p}_1=(1,1,1)^{\mathrm{T}}$，求 $\boldsymbol{A}$.

12. 试求一个正交的相似变换矩阵，将下列对称矩阵化为对角阵：

(1) $\begin{pmatrix}2&-2&0\\-2&1&-2\\0&-2&0\end{pmatrix}$；　(2) $\begin{pmatrix}2&2&-2\\2&5&-4\\-2&-4&5\end{pmatrix}$.

13. 用矩阵记号表示下列二次型.

(1) $f=x^2+y^2-7z^2-2xy-4xz-4yz$；

(2) $f=x_1^2+x_2^2+x_3^2+x_4^2-2x_1x_2+4x_1x_3-2x_1x_4+6x_2x_3-4x_2x_4$.

14. 求一个正交变换化下列二次型为标准形.

(1) $f=2x_1^2+3x_2^2+3x_3^2+4x_2x_3$；

(2) $f=x_1^2+x_2^2+x_3^2+x_4^2+2x_1x_2-2x_1x_4-2x_2x_3+2x_3x_4$；

(3) $f=2x_1x_2+2x_1x_3-2x_1x_4-2x_2x_3+2x_2x_4+2x_3x_4$.

15. 用配方法化下列二次型为标准形,并求所作的可逆线性变换.

(1) $f=x_1^2+5x_2^2+6x_3^2-10x_2x_3-6x_1x_3-4x_1x_2$;

(2) $f=2x_1x_2-6x_2x_3+2x_1x_3$.

16. 设二次型 $f=x_1^2-x_2^2+2ax_1x_3+4x_2x_3$ 的负惯性指数为 1,求 a 的取值范围.

17. 判别下列二次型的有定性.

(1) $f=x_1^2+3x_2^2+9x_3^2+19x_4^2-2x_1x_2+4x_1x_3+2x_1x_4-6x_2x_4-12x_3x_4$;

(2) $f=-x_1^2-2x_2^2-3x_3^2+2x_1x_2+2x_2x_3$;

(3) $f=\sum\limits_{i=1}^{n}x_i^2+\sum\limits_{1\leqslant i<j\leqslant n}^{n}x_ix_j$.

18. 确定参数的取值范围,使下列二次型正定.

(1) $f=x_1^2+4x_2^2+2x_3^2+2tx_1x_2+2x_1x_3$;

(2) $f=x_1^2+x_2^2+x_3^2+t(x_1x_2+x_1x_3+x_2x_3)$.

19. 若 $\boldsymbol{A}$ 是正定矩阵,证明:$\boldsymbol{A}^*$ 也是正定矩阵.

20. 若 $\boldsymbol{A},\boldsymbol{B}$ 都是 n 阶正定矩阵,证明:$\boldsymbol{A}+\boldsymbol{B}$ 也是正定矩阵.

21. 若 $\boldsymbol{A},\boldsymbol{B}$ 都是 n 阶正定矩阵,证明 $\boldsymbol{AB}$ 为正定矩阵的充分必要条件是 $\boldsymbol{AB}=\boldsymbol{BA}$.

22. 设 $\boldsymbol{A}$ 可逆,证明:$\boldsymbol{A}^{\mathrm{T}}\boldsymbol{A}$ 正定.

23. 已知二次型 $f(x_1,x_2,x_3)=5x_1^2+5x_2^2+cx_3^2-2x_1x_2+6x_1x_3-6x_2x_3$ 的秩为 2.

(1) 求参数 c 及此二次型对应的矩阵的特征值;

(2) 指出方程 $f(x_1,x_2,x_3)=1$ 表示何种二次曲面.

习题答案

习　题　一

1. (1) $\tau(354216)=8$,偶排列;

(2) $\tau(215463)=5$,奇排列;

(3) $\tau[(n-1)(n-2)\cdots 21n]=\frac{(n-1)(n-2)}{2}$,当 $n=4k,4k+3$ 时,排列为奇排列;当 $n=4k+1,4k+2$ 时,排列为偶排列($k\in\mathbf{N}^*$);

(4) $\tau[13\cdots(2n-1)(2n)(2n-2)\cdots 2]=n(n-1)$,偶排列.

2. (1) $i=5,j=7$; (2) $i=7$,$j=3$.

3. $\tau(j_n\cdots j_2j_1)=\frac{n(n-1)}{2}-k$.

4. 含因子 $a_{11}a_{23}$ 的项分别是 $-a_{11}a_{23}a_{32}a_{44}$ 及 $a_{11}a_{23}a_{34}a_{42}$.

5. (1) 符号为"+"; (2) 符号为"+".

6. (1) -4; (2) $3abc-a^3-b^3-c^3$;

(3) $(a-b)(b-c)(c-a)$;

(4) $-2(x^3+y^3)$.

7. (1) $a_{11}a_{22}a_{33}a_{44}-a_{11}a_{23}a_{32}a_{44}+a_{14}a_{23}a_{32}a_{41}-a_{14}a_{22}a_{33}a_{41}$;

(2) $(-1)^{\frac{n(n-1)}{2}}n!$;

(3) $(-1)^{(n-1)}n!$;

(4) $(-1)^{\frac{(n-1)(n-2)}{2}}n!$.

8. x^4 的系数为 1;x^3 的系数为 -5.

9. (1) -726; (2) $1-a^4$;

(3) x^2y^2; (4) 0.

10. $x=3$.

11. (1) $A_{11}+A_{12}+A_{13}+A_{14}=4$;

(2) $M_{11}+M_{21}+M_{31}+M_{41}=0$.

12. (1) $D_n=\begin{cases}a_1-b_1, & n=1,\\ (a_1-a_2)(b_1-b_2), & n=2,\\ 0, & n\geqslant 3;\end{cases}$

(2) $D_n=a^{n-2}(a^2-1)$;

(3) $D_n=[x+(n-1)a](x-a)^{n-1}$;

(4) $D_n=a^n+(-1)^{n+1}b^n$;

(5) $D_n=a_1a_2\cdots a_n\left(1+\sum_{i=1}^{n}\frac{1}{a_i}\right)$;

(6) $D_n=n+1$.

13. (1) $x_1=-1,x_2=0,x_3=1,x_4=2$;

(2) $x_1=1,x_2=2,x_3=3,x_4=-1$.

14. 当 $\mu=0$ 或 $\lambda=1$ 时齐次线性方程组有非零解.

15. 当 $\lambda\neq 0$ 且 $\lambda\neq 2$ 且 $\lambda\neq 3$ 时,该齐次线性方程组只有零解.

习　题　二

1. (1) $\begin{pmatrix}-2 & 7\\ 11 & -12\\ -16 & 13\end{pmatrix}$;

(2) $\begin{pmatrix}-3 & -2 & -2\\ 0 & -1 & -8\\ -2 & 0 & 13\end{pmatrix}$.

2. $\boldsymbol{X}=\begin{pmatrix}4 & 0 & -\frac{1}{2}\\ 7 & \frac{17}{2} & \frac{3}{2}\\ -\frac{3}{2} & 15 & 2\end{pmatrix}$.

3. (1) 7; (2) $\begin{pmatrix}-7 & 4 & 1\\ 5 & -2 & -1\\ 1 & 2 & -1\end{pmatrix}$;

(3) $\begin{pmatrix}9 & -2 & -1\\ 9 & 9 & 11\end{pmatrix}$; (4) $\begin{pmatrix}0 & 0\\ 0 & 0\end{pmatrix}$;

(5) $\begin{pmatrix}0 & 0\\ 0 & 0\\ 0 & 0\end{pmatrix}$; (6) $\begin{pmatrix}0 & b_1 & 2c_1\\ 0 & b_2 & 2c_2\\ \vdots & \vdots & \vdots\\ 0 & b_n & 2c_n\end{pmatrix}$.

4. $3\boldsymbol{AB}-2\boldsymbol{A}=\begin{pmatrix}-2 & 13 & 22\\ -2 & -17 & 20\\ 4 & 29 & -2\end{pmatrix}$,

$$A^{T}B=\begin{pmatrix}0 & 5 & 8\\0 & -5 & 6\\2 & 9 & 0\end{pmatrix}.$$

5. (1) $a_1b_1+a_2b_2+\cdots+a_nb_n$;

(2) $\begin{pmatrix}a_1b_1 & a_1b_2 & \cdots & a_1b_n\\a_2b_1 & a_2b_2 & \cdots & a_2b_n\\\vdots & \vdots & & \vdots\\a_nb_1 & a_nb_2 & \cdots & a_nb_n\end{pmatrix}$;

(3) $a_{11}x_1^2+a_{22}x_2^2+a_{33}x_3^2+2a_{12}x_1x_2+2a_{13}x_1x_3+2a_{23}x_2x_3$.

6. 略. 7. 略.

8. $\begin{pmatrix}a_1 & b_1 & c_1\\0 & a_1 & b_1\\0 & 0 & a_1\end{pmatrix}$,其中 a_1,b_1,c_1 是任意数.

9. 略.

10. (1) $\begin{pmatrix}13 & -14\\21 & -22\end{pmatrix}$;

(2) $\begin{pmatrix}\cos\frac{n\pi}{2} & -\sin\frac{n\pi}{2}\\\sin\frac{n\pi}{2} & \cos\frac{n\pi}{2}\end{pmatrix}$;

(3) 当 n 为奇数时,结果为 $\begin{pmatrix}2 & -1\\3 & -2\end{pmatrix}$,当 n 为偶数时,结果为 $\begin{pmatrix}1 & 0\\0 & 1\end{pmatrix}$;

(4) $\begin{pmatrix}\lambda_1^k & & & \\ & \lambda_2^k & & \\ & & \ddots & \\ & & & \lambda_n^k\end{pmatrix}$;

(5) $\begin{pmatrix}1 & 0 & n\\0 & 1 & 0\\0 & 0 & 1\end{pmatrix}$;

(6) $\begin{pmatrix}\lambda^n & n\lambda^{n-1} & \frac{n(n-1)}{2}\lambda^{n-2}\\0 & \lambda^n & n\lambda^{n-1}\\0 & 0 & \lambda^n\end{pmatrix}$.

11. $4^{n-1}\begin{pmatrix}1 & \frac{1}{2} & \frac{1}{3} & \frac{1}{4}\\2 & 1 & \frac{2}{3} & \frac{1}{2}\\3 & \frac{3}{2} & 1 & \frac{3}{4}\\4 & 2 & \frac{4}{3} & 1\end{pmatrix}$.

12. $\begin{pmatrix}1 & 0 & 0 & 0\\0 & 1 & 0 & 0\\0 & 0 & 1 & 0\\0 & 0 & 0 & 1\end{pmatrix}$.

13. (1) $\begin{pmatrix}x_1\\x_2\\\vdots\\x_n\end{pmatrix}$; (2) $\begin{pmatrix}5 & -2 & 1\\3 & 4 & -1\end{pmatrix}$.

14～16. 略.

17. (1) $\frac{1}{ad-bc}\begin{pmatrix}d & -b\\-c & a\end{pmatrix}$;

(2) $\begin{pmatrix}\cos\theta & \sin\theta\\-\sin\theta & \cos\theta\end{pmatrix}$;

(3) $\begin{pmatrix}-2 & 1 & 0\\-\frac{13}{2} & 3 & -\frac{1}{2}\\-16 & 7 & -1\end{pmatrix}$;

(4) $\begin{pmatrix}a_1^{-1} & & & \\ & a_2^{-1} & & \\ & & \ddots & \\ & & & a_n^{-1}\end{pmatrix}$.

18. (1) $\begin{pmatrix}-1 & -1\\2 & 3\end{pmatrix}$; (2) $\begin{pmatrix}1 & 2\\3 & 4\end{pmatrix}$;

(3) $\begin{pmatrix}1 & 2 & 3\\4 & 5 & 6\\7 & 8 & 9\end{pmatrix}$; (4) $\begin{pmatrix}3 & -1\\2 & 0\\1 & -1\end{pmatrix}$.

19. $\begin{pmatrix}3 & 0 & 0\\0 & 2 & 0\\0 & 0 & 1\end{pmatrix}$.

20. $\begin{pmatrix}3 & -8 & -6\\2 & -9 & -6\\-2 & 12 & 9\end{pmatrix}$.

21. $\begin{pmatrix} 2 & 0 & 1 \\ 0 & 3 & 0 \\ 1 & 0 & 2 \end{pmatrix}$.

22. $-m^3 a$.

23. 16.

24. $\begin{pmatrix} 6 & 0 & 0 & 0 \\ 0 & 6 & 0 & 0 \\ -6 & 0 & 6 & 0 \\ 0 & 3 & 0 & -1 \end{pmatrix}$.

25. 略.　26. 略.

27. $-\frac{1}{5}(\boldsymbol{A}-2\boldsymbol{E})$.

28. 略.　29. 略.

30. $\begin{pmatrix} 1 & 0 & 0 \\ 2 & 0 & 0 \\ 6 & -1 & -1 \end{pmatrix}$.

31. (1) 略；(2) 略；(3) $\begin{pmatrix} 0 & 0 \\ 0 & 0 \end{pmatrix}$.

32. 略.

33. (1) $\begin{pmatrix} 23 & 20 & 0 & 0 \\ 10 & 9 & 0 & 0 \\ 0 & 0 & 50 & 14 \\ 0 & 0 & 32 & 9 \end{pmatrix}$；

(2) $\begin{pmatrix} 1 & 0 & 4 & 0 & 0 \\ 0 & 4 & -3 & 0 & 0 \\ 3 & 2 & 3 & 0 & 0 \\ 0 & 0 & 0 & 2 & -6 \\ 0 & 0 & 0 & -8 & -4 \end{pmatrix}$.

34. (1) $\begin{pmatrix} \boldsymbol{0} & \boldsymbol{C}^{-1} \\ \boldsymbol{B}^{-1} & \boldsymbol{0} \end{pmatrix}$；

(2) $\begin{pmatrix} \boldsymbol{B}^{-1} & \boldsymbol{0} \\ -\boldsymbol{C}^{-1}\boldsymbol{A}\boldsymbol{B}^{-1} & \boldsymbol{C}^{-1} \end{pmatrix}$.

35. (1) $\begin{pmatrix} \frac{1}{3} & 0 & 0 & 0 & 0 \\ 0 & -\frac{5}{2} & \frac{1}{2} & 0 & 0 \\ 0 & 1 & 0 & 0 & 0 \\ 0 & 0 & 0 & 1 & 0 \\ 0 & 0 & 0 & 0 & 1 \end{pmatrix}$；

(2) $\begin{pmatrix} 0 & 0 & 1 & -1 & 0 \\ 0 & 0 & 0 & 1 & -1 \\ 0 & 0 & 0 & 0 & 1 \\ 2 & -1 & 0 & 0 & 0 \\ -\frac{7}{4} & 1 & 0 & 0 & 0 \end{pmatrix}$.

36. $r(\boldsymbol{A})=r(\boldsymbol{B})$ 或 $r(\boldsymbol{A})=r(\boldsymbol{B})+1$.

37. (1) 2；(2) 4；(3) 3；(4) 3.

38. (1) $\begin{pmatrix} \frac{7}{6} & \frac{2}{3} & -\frac{3}{2} \\ -1 & -1 & 2 \\ -\frac{1}{2} & 0 & \frac{1}{2} \end{pmatrix}$；

(2) $\begin{pmatrix} -2 & 4 & -1 \\ 1 & -\frac{3}{2} & \frac{1}{2} \\ 2 & -\frac{7}{2} & \frac{1}{2} \end{pmatrix}$；

(3) $\begin{pmatrix} 1 & 1 & -2 & -4 \\ 0 & 1 & 0 & -1 \\ -1 & -1 & 3 & 6 \\ 2 & 1 & -6 & -10 \end{pmatrix}$；

(4) $\begin{pmatrix} 2 & -1 & 0 & 0 \\ -3 & 2 & 0 & 0 \\ \frac{45}{7} & -\frac{31}{7} & -\frac{1}{7} & -\frac{8}{7} \\ \frac{4}{7} & -\frac{4}{7} & \frac{1}{7} & \frac{1}{7} \end{pmatrix}$.

习　题　三

1. $\boldsymbol{\alpha}_1-\boldsymbol{\alpha}_2=(1,0,-1)$，$3\boldsymbol{\alpha}_1+2\boldsymbol{\alpha}_2-\boldsymbol{\alpha}_3=(0,1,2)$.

2. $\boldsymbol{\alpha}=(1,2,3,4)$.

3. $\lambda\neq12$.

4～6. 略.

7. (1)线性相关；(2)线性无关.

8. (1) $t=5$；(2) $t\neq5$；

(3) $\boldsymbol{\alpha}_3=-\boldsymbol{\alpha}_1+2\boldsymbol{\alpha}_2$.

9. $k=2$.

10. 略.　11. 略.

12. (1)能；(2) 不能.

13～16. 略.

17. (1) 线性相关; (2) 线性无关;

(3) 线性无关.

18. $\begin{pmatrix} 1 & 0 & 1 & 0 & 0 \\ 1 & -1 & 0 & 0 & 0 \\ 0 & 0 & 1 & 0 & 0 \\ 0 & 0 & 0 & 1 & 0 \\ 0 & 0 & 0 & 0 & 0 \end{pmatrix}$.

19. 略.

20. $\boldsymbol{\alpha}_1,\boldsymbol{\alpha}_2$; $\boldsymbol{\alpha}_1,\boldsymbol{\alpha}_3$; $\boldsymbol{\alpha}_1,\boldsymbol{\alpha}_4$; $\boldsymbol{\alpha}_2,\boldsymbol{\alpha}_3$; $\boldsymbol{\alpha}_2,\boldsymbol{\alpha}_4$; $\boldsymbol{\alpha}_3,\boldsymbol{\alpha}_4$.

21. (1) 秩为 3, $\boldsymbol{\alpha}_1,\boldsymbol{\alpha}_2,\boldsymbol{\alpha}_3$ 是一个最大无关组, $\boldsymbol{\alpha}_4=-\frac{3}{2}\boldsymbol{\alpha}_1+\frac{1}{2}\boldsymbol{\alpha}_2-\frac{3}{2}\boldsymbol{\alpha}_3$;

(2) 秩为 3, $\boldsymbol{\alpha}_1,\boldsymbol{\alpha}_2,\boldsymbol{\alpha}_3$ 是一个最大无关组, $\boldsymbol{\alpha}_4=\frac{2}{3}\boldsymbol{\alpha}_1+\frac{1}{3}\boldsymbol{\alpha}_2+\boldsymbol{\alpha}_3$, $\boldsymbol{\alpha}_5=-\frac{1}{3}\boldsymbol{\alpha}_1+\frac{1}{3}\boldsymbol{\alpha}_2$;

(3) 秩为 3, $\boldsymbol{\alpha}_1,\boldsymbol{\alpha}_2,\boldsymbol{\alpha}_3$ 是一个最大无关组, $\boldsymbol{\alpha}_4=\boldsymbol{\alpha}_1-\boldsymbol{\alpha}_2+\boldsymbol{\alpha}_3$, $\boldsymbol{\alpha}_5=\boldsymbol{\alpha}_1+\boldsymbol{\alpha}_2$;

22. (1) $a=5$. (2) $\boldsymbol{\beta}_1=2\boldsymbol{\alpha}_1+4\boldsymbol{\alpha}_2-\boldsymbol{\alpha}_3$, $\boldsymbol{\beta}_2=\boldsymbol{\alpha}_1+2\boldsymbol{\alpha}_2$, $\boldsymbol{\beta}_3=5\boldsymbol{\alpha}_1+10\boldsymbol{\alpha}_2-2\boldsymbol{\alpha}_3$.

23. 略.

24. (1)-12; (2)40.

25. 略. 26. 略.

27. (1) $\begin{pmatrix} 1 & 0 & -1 \\ 0 & 1 & 1 \\ -2 & 1 & 0 \end{pmatrix}$. (2) $\begin{pmatrix} 1 \\ 2 \\ -6 \end{pmatrix}$.

(3) $\begin{pmatrix} 2 \\ 2 \\ 1 \end{pmatrix}$.

习 题 四

1. (1) 一个基础解系 $\boldsymbol{\xi}=\left(-\frac{11}{2},-\frac{7}{2},1\right)^{\mathrm{T}}$, 通解 $\boldsymbol{x}=k(-11,-7,2)^{\mathrm{T}}$, k 为任意常数;

(2) 一个基础解系 $\boldsymbol{\xi}_1=\begin{pmatrix} -\frac{3}{2} \\ \frac{7}{2} \\ 1 \\ 0 \end{pmatrix}$, $\boldsymbol{\xi}_2=\begin{pmatrix} -1 \\ -2 \\ 0 \\ 1 \end{pmatrix}$, 通解为 $\begin{pmatrix} x_1 \\ x_2 \\ x_3 \\ x_4 \end{pmatrix}=k_1\begin{pmatrix} -\frac{3}{2} \\ \frac{7}{2} \\ 1 \\ 0 \end{pmatrix}+k_2\begin{pmatrix} -1 \\ -2 \\ 0 \\ 1 \end{pmatrix}$;

(3) 一个基础解系 $\boldsymbol{\xi}_1=(1,-2,1,0,0)^{\mathrm{T}}$, $\boldsymbol{\xi}_2=(1,-2,0,1,0)^{\mathrm{T}}$, $\boldsymbol{\xi}_3=(5,-6,0,0,1)^{\mathrm{T}}$, 通解为

$$\boldsymbol{x}=k_1\begin{pmatrix} 1 \\ -2 \\ 1 \\ 0 \\ 0 \end{pmatrix}+k_2\begin{pmatrix} 1 \\ -2 \\ 0 \\ 1 \\ 0 \end{pmatrix}+k_3\begin{pmatrix} 5 \\ -6 \\ 0 \\ 0 \\ 1 \end{pmatrix},$$

其中 k_1,k_2,k_3 为任意常数;

(4) 一个基础解系为 $\boldsymbol{\eta}_1=(-1,1,1,0,0)^{\mathrm{T}}$, $\boldsymbol{\eta}_2=\left(\frac{7}{6},\frac{5}{6},0,\frac{1}{3},1\right)^{\mathrm{T}}$, 通解为

$$\boldsymbol{x}=k_1\begin{pmatrix} -1 \\ 1 \\ 1 \\ 0 \\ 0 \end{pmatrix}+k_2\begin{pmatrix} \frac{7}{6} \\ \frac{5}{6} \\ 0 \\ \frac{1}{3} \\ 1 \end{pmatrix},$$

其中 k_1,k_2 为任意常数.

2. (1) 方程组无解;

(2) 方程组有唯一解 $\begin{cases} x_1=-1, \\ x_2=-2, \\ x_3=2; \end{cases}$

(3) $\boldsymbol{x}=\begin{pmatrix} 0 \\ 1 \\ 0 \\ 0 \end{pmatrix}+k_1\begin{pmatrix} 1 \\ -2 \\ 0 \\ 0 \end{pmatrix}+k_2\begin{pmatrix} 0 \\ 1 \\ 1 \\ 0 \end{pmatrix}$, $k_1,k_2\in\mathbf{R}$;

(4) $\boldsymbol{x}=\begin{pmatrix} -16 \\ 23 \\ 0 \\ 0 \\ 0 \end{pmatrix}+k_1\begin{pmatrix} 1 \\ -2 \\ 1 \\ 0 \\ 0 \end{pmatrix}+k_2\begin{pmatrix} 1 \\ -2 \\ 0 \\ 1 \\ 0 \end{pmatrix}+$

$k_3\begin{pmatrix}5\\-6\\0\\0\\1\end{pmatrix}$,其中 k_1,k_2,k_3 为任意常数.

3. 答案无穷多种.如可取

$$B=\begin{pmatrix}-1&-2&0\\1&0&0\\0&1&0\end{pmatrix}.$$

4. $x=\xi_1+k\eta=\begin{pmatrix}2\\3\\4\\5\end{pmatrix}+k\begin{pmatrix}3\\4\\5\\6\end{pmatrix}$,$k$ 为任意常数.

5. $x=\begin{pmatrix}\frac{1}{2}\\0\\0\end{pmatrix}+k_1\begin{pmatrix}0\\-1\\0\end{pmatrix}+k_2\begin{pmatrix}0\\0\\1\end{pmatrix}$. k_1, k_2 为任意常数.

6. (1) $x_1+2x_2-3x_3=0$;

(2) $\begin{cases}-5x_1-x_2+x_3+x_4=0,\\-x_1-x_2+x_3+x_5=0.\end{cases}$

7. (1) 当 $a\neq1$ 且 $a\neq-2$ 时,原方程组有唯一解

$$\begin{cases}x_1=-\dfrac{a+1}{a+2},\\x_2=\dfrac{1}{a+2},\\x_3=\dfrac{(a+1)^2}{a+2};\end{cases}$$

当 $a=-2$ 时,方程组无解;

当 $a=1$ 时,方程组有无穷解

$$\begin{pmatrix}x_1\\x_2\\x_3\end{pmatrix}=k_1\begin{pmatrix}-1\\1\\0\end{pmatrix}+k_2\begin{pmatrix}-1\\0\\1\end{pmatrix}+\begin{pmatrix}1\\0\\0\end{pmatrix},\ k_1,k_2\in\mathbf{R}.$$

(2) 当 $a\neq1$ 且 $b\neq0$ 时,方程组有唯一解

$$\begin{cases}x_1=\dfrac{2b-1}{b(a-1)},\\x_2=\dfrac{1}{b},\\x_3=\dfrac{1+2ab-4b}{b(a-1)};\end{cases}$$

当 $a=1,b\neq\frac{1}{2}$ 或 $b=0$ 时,原方程组无解;

当 $a=1,b=\frac{1}{2}$ 时,原方程组有无穷多个解,且其解为 $\begin{cases}x_1=2-k,\\x_2=2,\\x_3=k,\end{cases}$ 其中 k 为任意常数.

(3) 当 $b\neq-52$ 时,方程组有唯一解

$$\begin{cases}x_1=\dfrac{a}{3}-\dfrac{4(a+1)}{b+52},\\x_2=\dfrac{a-3}{3}-\dfrac{26(a+1)}{b+52},\\x_3=-\dfrac{a-3}{3}+\dfrac{18(a+1)}{b+52},\\x_4=-\dfrac{2(a+1)}{b+52};\end{cases}$$

当 $b=-52,a\neq-1$ 时,方程组无解;

当 $b=-52,a=-1$ 时,方程组有无穷解

$$x=\begin{pmatrix}-\frac{1}{3}\\-\frac{4}{3}\\\frac{4}{3}\\0\end{pmatrix}+k\begin{pmatrix}2\\13\\-9\\1\end{pmatrix},k\text{ 为任意常数}.$$

(4) 当 $a\neq\pm1$ 时,方程组有唯一解

$$x=\begin{pmatrix}-\dfrac{1+a}{a^4-1}\\\dfrac{1+a^3}{a^4-1}\\-\dfrac{a^2+a^3}{a^4-1}\\\dfrac{a+a^2}{a^4-1}\end{pmatrix}.$$

当 $a=1$ 时,方程组无解.

当 $a=-1$ 时,则方程组有无穷解.

$$x=k\begin{pmatrix}1\\1\\1\\1\end{pmatrix}+\begin{pmatrix}0\\-1\\0\\0\end{pmatrix},\quad k\text{ 为任意常数}.$$

8. (1) $a=0$. (2) $\boldsymbol{x}=k\begin{pmatrix}0\\-1\\1\end{pmatrix}+\begin{pmatrix}1\\-2\\0\end{pmatrix}$.

9. (1) $\boldsymbol{\xi}=(-1,2,3,1)^{\mathrm{T}}$. (2) $\boldsymbol{B}=\begin{pmatrix}2-k_1 & 6-k_2 & -1-k_3\\-1+2k_1 & -3+2k_2 & 1+2k_3\\-1+3k_1 & -4+3k_2 & 1+3k_3\\k_1 & k_2 & k_3\end{pmatrix}$, k_1,k_2 为任意常数.

10. (1) $\boldsymbol{x}=k\begin{pmatrix}1\\1\\2\\1\end{pmatrix}+\begin{pmatrix}-2\\-4\\-5\\0\end{pmatrix}$, k 为任意常数;

(2) $m=2,n=4,t=6$.

11. (1) $(0,0,1,0)^{\mathrm{T}},(-1,1,0,1)^{\mathrm{T}}$;

(2) $k(1,-1,-1,-1)^{\mathrm{T}}$.

12. $a=1$ 或 $a=2$.

当 $a=1$ 时,公共解为 $k\begin{pmatrix}-1\\0\\1\end{pmatrix}$, k 为任意常数. 当 $a=2$ 时,公共解为 $\begin{pmatrix}0\\1\\-1\end{pmatrix}$.

13. 略. 14. 略.

15. 提示:(1)可用反证法;(2) 可用(1)作已知.

16. 略. 17. 略.

18. 提示:考虑矩阵方程 $\boldsymbol{AB}=\boldsymbol{0}$ 与方程组 $\boldsymbol{Ax}=\boldsymbol{0}$ 的解的关系.

19. 略.

20. $x_1=100,x_2=70,x_3=120$.

习 题 五

1. (1) $\lambda_1=2,\lambda_2=3,\boldsymbol{p}_1=k\begin{pmatrix}1\\-1\end{pmatrix},\boldsymbol{p}_2=k\begin{pmatrix}1\\-2\end{pmatrix}(k\neq 0)$;

(2) $\lambda_1=-1,\lambda_2=0,\lambda_3=9,\boldsymbol{p}_1=c_1\begin{pmatrix}1\\-1\\0\end{pmatrix},\boldsymbol{p}_2=c_2\begin{pmatrix}-1\\-1\\1\end{pmatrix},\boldsymbol{p}_3=c_3\begin{pmatrix}1\\1\\2\end{pmatrix}$, $(c_1,c_2,c_3\neq 0)$.

2. (1) $\lambda_1=1,\lambda_2=1,\lambda_3=-5$;

(2) $\lambda_1=-\dfrac{1}{5},\lambda_2=-\dfrac{1}{5},\lambda_3=1$;

(3) $\lambda_1=2,\lambda_2=2,\lambda_3=\dfrac{4}{5}$.

3. $x+y=0$.

4. 略. 5. 略.

6. $x=4,y=5$.

7. (1) $a=4,\ b=5$;

(2) $\boldsymbol{P}=\begin{pmatrix}2 & 3 & -3\\1 & \dfrac{1}{4} & 0\\1 & -\dfrac{1}{2} & 1\end{pmatrix}$.

8. $\begin{pmatrix}-2+2^{99} & 1-2^{99} & 2-2^{99}\\-2+2^{99} & 1-2^{99} & 2-2^{99}\\0 & 0 & 0\end{pmatrix}$.

9. 提示:记 $\boldsymbol{A}=\begin{pmatrix}1\\\vdots\\1\end{pmatrix}(1,\cdots,1)$, $\boldsymbol{B}=\begin{pmatrix}1\\2\\\vdots\\n\end{pmatrix}(0,0,\cdots,1)$.

10. (1) 特征值为 $\lambda_1=-1,\lambda_2=1,\ \lambda_3=0$,对应的特征向量分别为 $k_1(1,0,-1)^{\mathrm{T}},k_2(1,0,1)^{\mathrm{T}},k_3(0,1,0)^{\mathrm{T}}$($k_1,k_2,k_3$ 不为 0).

(2) $\boldsymbol{A}=\begin{pmatrix}0 & 0 & 1\\0 & 0 & 0\\1 & 0 & 0\end{pmatrix}$.

11. $\begin{pmatrix}4 & 1 & 1\\1 & 4 & 1\\1 & 1 & 4\end{pmatrix}$.

12. (1) $\begin{pmatrix} \frac{1}{3} & -\frac{2}{3} & \frac{2}{3} \\ \frac{2}{3} & -\frac{1}{3} & -\frac{2}{3} \\ \frac{2}{3} & \frac{2}{3} & \frac{1}{3} \end{pmatrix}$;

(2) $\begin{pmatrix} -\frac{2}{\sqrt{5}} & \frac{2}{3\sqrt{5}} & -\frac{1}{3} \\ -\frac{2}{\sqrt{5}} & \frac{4}{3\sqrt{5}} & -\frac{2}{3} \\ 0 & \frac{5}{3\sqrt{5}} & \frac{2}{3} \end{pmatrix}$.

13. (1) $f=(x,y,z)\begin{pmatrix} 1 & -1 & -2 \\ -1 & 1 & -2 \\ -2 & -2 & 7 \end{pmatrix}\begin{pmatrix} x \\ y \\ z \end{pmatrix}$;

(2) $f=$

$$(x_1,x_2,x_3,x_4)\begin{pmatrix} 1 & -1 & 2 & -1 \\ -1 & 1 & 3 & -2 \\ 2 & 3 & 1 & 0 \\ -1 & -2 & 0 & 1 \end{pmatrix}\begin{pmatrix} x_1 \\ x_2 \\ x_3 \\ x_4 \end{pmatrix}.$$

14. (1) $x=\begin{pmatrix} 0 & 1 & 0 \\ -\frac{1}{\sqrt{2}} & 0 & \frac{1}{\sqrt{2}} \\ \frac{1}{\sqrt{2}} & 0 & \frac{1}{\sqrt{2}} \end{pmatrix}y$, 则 $f=y_1^2+2y_2^2+5y_3^2$;

(2) $x=\begin{pmatrix} \frac{1}{2} & \frac{1}{2} & \frac{1}{\sqrt{2}} & 0 \\ -\frac{1}{2} & \frac{1}{2} & 0 & \frac{1}{\sqrt{2}} \\ -\frac{1}{2} & -\frac{1}{2} & \frac{1}{\sqrt{2}} & 0 \\ \frac{1}{2} & -\frac{1}{2} & 0 & \frac{1}{\sqrt{2}} \end{pmatrix}y$, 则

$f=-y_1^2+3y_2^2+y_3^2+y_4^2$;

(3) $x=\begin{pmatrix} \frac{1}{2} & \frac{1}{\sqrt{2}} & 0 & \frac{1}{2} \\ -\frac{1}{2} & \frac{1}{\sqrt{2}} & 0 & -\frac{1}{2} \\ -\frac{1}{2} & 0 & \frac{1}{\sqrt{2}} & \frac{1}{2} \\ \frac{1}{2} & 0 & \frac{1}{\sqrt{2}} & -\frac{1}{2} \end{pmatrix}y$, 则 $f=-3y_1^2+y_2^2+y_3^2+y_4^2$.

15. (1) $\begin{cases} x_1=y_1+2y_2+25y_3, \\ x_2=y_2+11y_3, \\ x_3=y_3, \end{cases}$ $f=y_1^2+y_2^2-124y_3^2$;

(2) $\begin{cases} x_1=z_1+z_2+3z_3, \\ x_2=z_1-z_2-z_3, \\ x_3=z_3, \end{cases}$ $f=2z_1^2-2z_2^2+6z_3^2$.

16. $-2\leqslant a\leqslant 2$.

17. (1) 正定; (2) 负定; (3) 正定.

18. (1) $-\sqrt{2}<t<\sqrt{2}$; (2) $-1<t<2$.

19. 略. 20. 略.

21. 提示:必要性易证.

充分性:$(\boldsymbol{AB})^{\mathrm{T}}=\boldsymbol{AB}$, $\boldsymbol{AB}$ 是对称矩阵;

$\boldsymbol{A},\boldsymbol{B}$ 正定,则有 $\boldsymbol{A}=\boldsymbol{P}_1\boldsymbol{P}_1^{\mathrm{T}}$, $\boldsymbol{B}=\boldsymbol{P}_2\boldsymbol{P}_2^{\mathrm{T}}$, $\boldsymbol{P}_1$, $\boldsymbol{P}_2$ 为可逆矩阵, $\boldsymbol{AB}=\boldsymbol{P}_1\boldsymbol{P}_1^{\mathrm{T}}\boldsymbol{P}_2\boldsymbol{P}_2^{\mathrm{T}}$,

$\boldsymbol{P}_1^{-1}\boldsymbol{ABP}_1=\boldsymbol{P}_1^{\mathrm{T}}\boldsymbol{P}_2\boldsymbol{P}_2^{\mathrm{T}}\boldsymbol{P}_1=(\boldsymbol{P}_1^{\mathrm{T}}\boldsymbol{P}_2)(\boldsymbol{P}_1^{\mathrm{T}}\boldsymbol{P}_2)^{\mathrm{T}}$,

所以 $\boldsymbol{P}_1^{-1}\boldsymbol{ABP}_1$ 正定,特征值全为正,而 $\boldsymbol{P}_1^{-1}\boldsymbol{ABP}_1$ 与 $\boldsymbol{AB}$ 相似,则 $\boldsymbol{AB}$ 的特征值全为正,所以 $\boldsymbol{AB}$ 正定.

22. 略.

23. (1) $c=3,\lambda_1=0,\lambda_2=4,\lambda_3=9$;

(2) $4y_2^2+9y_3^2=1$,表示椭圆柱面.

参 考 文 献

陈维新. 2001. 线性代数简明教程. 北京：科学出版社.

陈治中. 2001. 线性代数. 北京：科学出版社.

同济大学数学系. 2007. 工程数学：线性代数. 5 版. 北京：高等教育出版社.

赵树嫄. 2017. 线性代数. 5 版. 北京：中国人民大学出版社.

朱砾，周勇. 2006. 线性代数. 北京：科学出版社.

David C L. 2003. Linear Algebra and Its Applications. 3rd ed. Hong Kong: Pearson Education Asia Limited.

Steven J L. 2010. 线性代数. 张文博，张丽静，译. 北京：机械工业出版社.